U0273450

黄河流域生态保护研究丛书·黄河三角洲生态保护卷

总主编　王仁卿

黄河三角洲
植被分布格局及其动态变化

主　编　郑培明

山东科学技术出版社

·济南·

图书在版编目（CIP）数据

黄河三角洲植被分布格局及其动态变化 / 郑培明主编 . -- 济南 : 山东科学技术出版社 , 2022.5
（黄河流域生态保护研究丛书 / 王仁卿总主编 . 黄河三角洲生态保护卷）
ISBN 978-7-5723-1214-4

Ⅰ . ①黄… Ⅱ . ①郑… Ⅲ . ①黄河—三角洲—植被—地区分布—研究 Ⅳ . ① Q948.525.2

中国版本图书馆 CIP 数据核字 (2022) 第 061290 号

黄河流域生态保护研究丛书·黄河三角洲生态保护卷
黄河三角洲植被分布格局及其动态变化
HUANGHE LIUYU SHENGTAI BAOHU YANJIU CONGSHU
HUANGHE SANJIAOZHOU SHENGTAIBAOHU JUAN
HUANGHE SANJIAOZHOU ZHIBEI FENBU GEJU JIQI
DONGTAI BIANHUA

责任编辑：陈 昕 徐丽叶 庞 婕

主管单位：山东出版传媒股份有限公司
出 版 者：山东科学技术出版社
　　　　　地址：济南市市中区舜耕路 517 号
　　　　　邮编：250003 电话：（0531）82098088
　　　　　网址：www.lkj.com.cn
　　　　　电子邮件：sdkj@sdcbcm.com
发 行 者：山东科学技术出版社
　　　　　地址：济南市市中区舜耕路 517 号
　　　　　邮编：250003 电话：（0531）82098067
印 刷 者：山东彩峰印刷股份有限公司
　　　　　地址：山东省潍坊市潍城经济开发区玉清西街 7887 号
　　　　　邮编：261031 电话：（0536）8311811

规格：16 开（184 mm×260 mm）
印张：67.25 字数：920 千
版次：2022 年 5 月第 1 版 印次：2022 年 5 月第 1 次印刷
定价：498.00 元（全三册）
审图号：GS 鲁（2022）0002 号

内 容 简 介

本书聚焦于黄河三角洲植被的分布格局及动态变化。作者在充分调研文献资料的基础上，综合研究团队20余年野外调查及统计分析数据，较为系统地阐述了黄河三角洲植被的演替规律、影响因素、动态变化及生态功能。全书共8章，第一、二章为黄河三角洲概况和植被研究进展，第三章叙述了黄河三角洲植被的主要特征，第四章分析了植被演替的基本规律，第五章探讨了植被与环境因子的关系，第六章阐述了植被的动态变化，第七章进行了植被生态功能价值核算，第八章为结论与展望。本书内容可为黄河三角洲生态保护和植被恢复提供科学依据，为生态文明建设和黄河重大国家战略实施做出贡献。

本书可供植被生态、自然保护地、自然资源、环境保护、自然地理以及农林牧业方面的科研、教学和管理人员参考。

作 者 简 介

总主编

王仁卿

　　生态学博士，山东大学生命科学学院博士生导师、荣聘教授，山东大学黄河国家战略研究院副院长，山东省生态学会理事长。任山东省人民政府首届决策咨询特聘专家、国家级自然保护区评审专家、《生态学报》和《植物生态学报》编委等职。获得"教育部跨世纪优秀人才""山东省有突出贡献的中青年专家""山东省教学名师"等称号。曾任中国生态学会常务理事、山东大学教务处处长等。长期从事中国暖温带植被研究，主持和参加《中国植被志》编研、华北植物群落资源清查、黄河三角洲生态恢复与重建等国家项目。副主编《中华人民共和国 1:100 万植被图》，主编《山东植被》《中国大百科全书》第三版《生态学卷》植被生态分支等专著；发表论文 120 多篇（SCI 论文 60 多篇）。1982 年以来从事黄河三角洲湿地和植被生态基础理论、湿地恢复方面的研究。

本册主编

郑培明

　　日本名古屋大学生态学博士，山东大学生命科学学院博士生导师，山东省生态学会理事、副秘书长，青岛市生态学会理事、农林专委会副主任委员。长期从事植被生态学、群落生态学研究。主持和参加《中国植被志》编研（落叶栎林卷、针叶林卷）、新一代中国植被图绘制、山东省生态系统现状总体评估暨生态系统优化与修复、山东省省级及以上自然保护区考核与评估、黄河三角洲生态监测等多项国家级和省部级科研项目，在高水平 SCI 期刊发表学术论文 20 余篇。

编 委 会

总 主 编　王仁卿

主　　编　郑培明

副 主 编　王　蕙　　王安东　　范培先　　韩　美　　孙淑霞　　张高生
　　　　　　　吴大千　　赵亚杰

编　　委　于琳倩　　王　宁　　王　蕙　　王乃仙　　王仁卿　　王安东
（按姓氏笔画排序）
　　　　　　　王希明　　由　超　　刘　建　　刘洪祥　　孙淑霞　　杨文军
　　　　　　　吴　盼　　吴大千　　迟仁平　　张　延　　张　晴　　张高生
　　　　　　　张淑萍　　范培先　　郑培明　　赵亚杰　　贺同利　　高　群
　　　　　　　崔可宁　　韩　美　　翟艺诺

资 助 单 位

山东大学黄河国家战略研究院

山东大学人文社会科学青岛研究院

山东青岛森林生态系统国家定位观测研究站

山东省植被生态示范工程技术研究中心

山东黄河三角洲国家级自然保护区

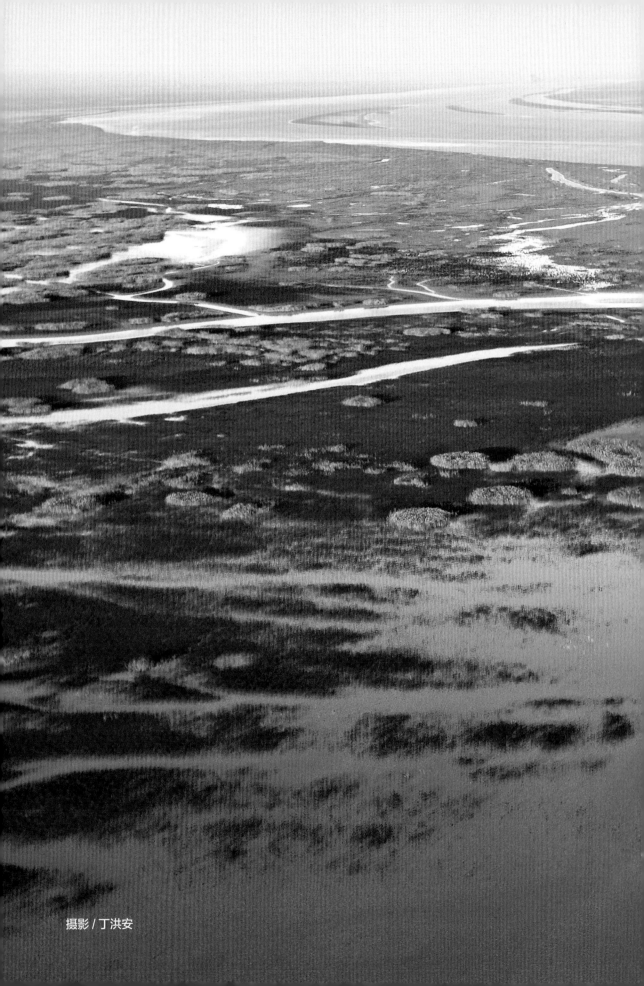

摄影 / 丁洪安

摄影 / 刘月良

摄影 / 杨斌

序 一

黄河三角洲是我国三大河口三角洲之一，拥有中国暖温带保存最完整、最广阔、最年轻的河口湿地生态系统，分布着中国沿海面积最大的新生湿地及湿地植被，是众多湿地鸟类的栖息繁衍地。1992年国务院批准建立了山东黄河三角洲国家级自然保护区，经过近30年的保护，取得了重大成效，生态系统质量明显提升。2013年国际湿地组织将黄河三角洲国家级自然保护区正式列入国际重要湿地名录，2020年国家确定建立黄河口国家公园，这都表明黄河三角洲在国际、国内具有重要生态地位。

2019年9月，习近平总书记在郑州主持召开黄河流域生态保护和高质量发展座谈会，会上提出要把黄河流域生态保护和高质量发展上升为重大国家战略，并强调黄河生态保护"要充分考虑上中下游的差异"，"下游的黄河三角洲是我国暖温带最完整的湿地生态系统，要做好保护工作，促进河流生态系统健康，提高生物多样性"。建设黄河口国家公园标志着黄河三角洲的生物多样性保护进入一个新的发展阶段。黄河三角洲生物多样性保护与提高既是黄河重大国家战略的重要内容之一，也是区域生态保护的首要任务。因此，加强黄河三角洲湿地生态和生物多样性的研究，探讨生物多样性形成、维持、丧失和动态变化机制，在提高生物多样性、维持区域生态安全和可持续发展以及建设黄河口国家公园等方面，都具有重要的学术价值和指导意义。

黄河三角洲拥有类型多样、特色明显的生物多样性，是黄河三角洲生态保护的基础。在物种多样性方面，有以盐生湿地植物为特色的植物多样性，如柽柳、芦苇、盐地碱蓬、补血草、罗布麻等；有以鸟类为代表的动物多样性，如东方白鹳、丹顶鹤、黑嘴鸥、灰鹤，以及多种雁鸭类；浮游动物、植物和土壤微生物种类更是繁多。在遗传多样性方面，黄河三角洲也具有区域性特色，如植物方面，野大豆、芦苇、盐地碱蓬等的遗传多样性丰富而有特色，是发现耐盐基因和培育耐盐植物种质不可多得的遗传资源；鸟类方面，通过演化生物学与生态学等研究，对探讨黄河三角洲鸟类的适应演化、物种多样性、繁殖多样性及迁徙规律等都至关重要。黄河三角洲湿地生态系统颇具特色，富有以不同植被类型为生产者的亚系统，如以旱柳林为代表的林地生态系统、以柽柳林为代表的灌丛生态系统、以盐地碱蓬群落为代表的盐生草甸生态系统和以芦苇沼泽为代表的沼泽生态系统等。

自 20 世纪 50 年代以来，山东大学生态学科在黄河三角洲开展了以湿地植被为重点方向的生态学研究，涉及植物分类、植被组成与结构特征、植被动态与退化、植被保护和利用、植被与土壤微生物、植被与动物多样性等多个方面，通过长期调查研究，积累了丰富的第一手资料，取得了许多重要的原创性研究成果，在此基础上编写完成《黄河流域生态保护研究丛书·黄河三角洲生态保护卷》，包括《黄河三角洲湿地植被及其多样性》《黄河三角洲植被分布格局及其动态变化》和《黄河三角洲生物多样性及其生态服务功能》三部专著。该丛书是山东大学王仁卿教授课题组有关黄河三角洲生态研究成果的概括和总结，将为黄河三角洲生物多样性保护、监测、评估和国家公园建设提供重要科学资料。

我相信，《黄河流域生态保护研究丛书·黄河三角洲生态保护卷》的出版，对助力黄河国家战略的实施，特别是黄河三角洲生态保护与恢复以及国家公园的建设将发挥重要作用。

魏辅文
中国科学院院士 中国生态学学会副理事长
2022 年 4 月

序　二

　　黄河是中华民族的母亲河，孕育了灿烂的中华文化和黄河文化，也造就了壮丽的黄河三角洲。黄河三角洲作为我国三大河口三角洲之一，拥有中国暖温带保存最完整、最广阔、最年轻的河口湿地生态系统。2019 年 9 月 18 日，习近平总书记在郑州主持召开黄河流域生态保护和高质量发展座谈会时指出，"黄河生态系统是一个有机整体，要充分考虑上中下游的差异"，"下游的黄河三角洲是我国暖温带最完整的湿地生态系统，要做好保护工作，促进河流生态系统健康，提高生物多样性"。他强调，"黄河流域生态保护和高质量发展，同京津冀协同发展、长江经济带发展、粤港澳大湾区建设、长三角一体化发展一样，是重大国家战略"，因此，黄河三角洲生物多样性保护与提高既是黄河重大国家战略的重要任务之一，也是区域生态保护的首要目标。

　　山东大学地处黄河下游中心城市——济南，是我国世界一流大学建设 A 类高校，服务黄河重大国家战略是义不容辞的责任和义务。2020 年 11 月，山东大学响应时代需求，发挥学科综合交叉优势，成立了以生态学、经济学等为骨干学科的山东大学黄河国家战略研究院，围绕黄河流域生态保护、生态文明指数、经济发展与乡村振兴、新旧动能转换、黄河文化等多个重点方向开展研究，充分发挥智库的作用。《黄河流域生态保护研究丛书·黄河三角洲生态保护卷》正是其中的重要成果之一。该成果包括《黄河三角洲湿地植被及其多样性》《黄河三角洲植被分布格局及其动态变化》和《黄河三角洲生物多样性及其生态服务功能》三部专著，由我国著名生态学家王仁卿教授及其团队完成。该丛书全面、系统、深入地从植被和生物多样性角度对黄河三角洲生态保护研究成果进行总结，不仅是山东大学黄河国家战略研究院生态保护方面的重要的阶段性成果，而且对助力黄河三角洲生态保护和生态恢复，提供自然保护地建设和黄河口国家公园监测、评估等所需的生态本底资料和数据等，都具有重要参考意义。

我从成为山东大学土建和水利学院院长时起，就一直支持我们学院湿地生态的专家教授与王仁卿教授团队在湿地生态方面开展合作研究，因而对湿地生态的研究有一定的了解。自 20 世纪 50 年代以来，山东大学生态学科师生在黄河三角洲开展了一系列生态调查研究，在湿地生态系统及其生物多样性，特别是湿地植被研究等方面，获得了大量的第一手资料和原始数据。该丛书的出版，凝聚着几代人的付出和心血，是广大生态学科师生们长期以来对黄河三角洲生态研究的概括和总结，也是王仁卿教授团队对黄河三角洲湿地生态系统和生物多样性研究方面的最新成果的反映，值得祝贺和学习。

丛书即将出版，王仁卿教授邀请我作序，我深感荣幸，欣然接受。《黄河流域生态保护研究丛书·黄河三角洲生态保护卷》侧重黄河三角洲生态保护，聚焦黄河重大国家战略，突出生态保护优先和绿色发展理念，是富有特色和水平的著作。我相信该丛书的出版，无论对黄河三角洲湿地生态保护和生物多样性的提高，对国家和山东生态文明的建设，还是对黄河国家战略的顺利实施等，都将起到积极的推动作用。同时，期待王仁卿教授团队产出更多有价值的成果，为黄河流域生态保护和高质量发展做出更多贡献。

李术才

中国工程院院士 山东大学副校长

2022 年 4 月于济南

前　言

　　党的十八大以来，以习近平同志为核心的党中央把生态文明建设纳入中国特色社会主义事业"五位一体"总体布局，将绿水青山就是金山银山的理念作为党的重要执政理念之一，倡导生态优先、绿色发展。随着推进新一轮西部大开发、大力促进中部地区崛起、积极支持东部地区率先发展等国家区域发展战略的实施，黄河生态经济带将成为我国经济重点开发的主要轴线之一，与"一带一路"、沿海经济带、长江经济带、京津冀协同发展一起，构成我国生产力布局的重要板块。2019年9月，习近平总书记亲自主持召开了黄河流域生态保护和高质量发展座谈会并发表重要讲话。他强调，要坚持绿水青山就是金山银山的理念，坚持生态优先、绿色发展，以水而定、量水而行，因地制宜、分类施策，上下游、干支流、左右岸统筹谋划，共同抓好大保护，协同推进大治理，着力加强生态保护治理、保障黄河长治久安、促进全流域高质量发展、改善人民群众生活、保护传承弘扬黄河文化，让黄河成为造福人民的幸福河。而针对下游的黄河三角洲地区的任务和目标，习近平总书记指出要做好保护工作，促进河流生态系统健康，提高生物多样性。习近平总书记的重要讲话、重要指示，为做好黄河流域生态保护提供了方向性指导，并为其高质量发展带来了重大机遇。2021年10月8日，中共中央、国务院印发《黄河流域生态保护和高质量发展规划纲要》，标志着黄河国家战略的正式实施。

　　黄河流域是我国重要的经济地带与生态屏障，是打赢脱贫攻坚战的重点区域，在我国经济社会发展和生态安全方面具有十分显著的地位。保护黄河是事关中华民族伟大复兴和永续发展的千秋大计。黄河流域生态保护和高质量发展，同京津冀协同发展、长江经济带发展、粤港澳大湾区建设、长三角一体化发展一样，是重大国家战略。加强黄河流域生态保护和治理，推动黄河流域高质量发展，积极支持流域各省区打赢脱贫攻坚战，解决好流域人民群众关心的防洪安全、饮水安全、生态安全等问题，对维护社会稳定、促进民族团结具有重要意义。

山东省是沿黄九省区唯一地处东部并拥有广大开放地带的省份，基础设施比较完备，科技创新能力较强，在黄河生态经济带协调发展中不断发挥着引领示范的作用。但山东省沿黄地区也面临着经济高速增长与环境承载力有限、短期经济开发与长期可持续发展之间的矛盾。特别是山东省内的黄河三角洲，拥有中国暖温带最广阔、最完整的新生河口湿地生态系统，也是东北亚内陆和环西太平洋鸟类迁徙的重要越冬栖息地和繁殖地，是生物多样性保护的热点地区和生态保育的难点地区。黄河三角洲特有的多种物质交汇、多种动力系统相互作用的多重生态界面决定了黄河三角洲植被特殊、自然灾害频发、生态系统脆弱的特点，是研究植被分布格局的理想区域。而植被对于维持区域生物多样性，促进可持续发展起着重要作用。特别是黄河三角洲植被，是黄河三角洲湿地生态系统的重要组成部分，在维持黄河三角洲生态健康和安全、合理开发和保护植被资源、加速建设国家公园等方面均具有重要的意义。同时，黄河三角洲还是黄河流域最便捷的出海通道，是蓝黄经济区的重要组成部分，在推动黄河流域生态保护和高质量发展中具有十分重要的战略地位。

本书旨在分析黄河三角洲植被分布格局及其动态变化，以期为湿地植被保护和恢复提供科学依据。综合多项相关研究，首先对黄河三角洲植物群落演替数量与空间分布特征进行分析，这是黄河三角洲植被研究的基础工作，对黄河三角洲植被的动态特征、分类与分区研究，以及该区域的植被恢复与重建、植被开发与利用研究都具有重要意义。然后通过遥感技术和地理信息系统技术解译了黄河三角洲地区的植被信息，搜集、获取区域重要的环境变量，在GIS平台上进行了多尺度的排序分析，探讨了黄河三角洲多尺度植被与环境之间的关系。之后利用3S技术对黄河三角洲植被与景观的动态变化进行分析，这是系统研究黄河三角洲动态变化的重要组成部分，对今后数字黄河三角洲的建设和该区域的资源开发与保护具有一定的应用价值。最后以植被与景观动态变化的研究结果为基础，探讨了依据生态价值损失和市场价值损失的黄河三角洲湿地的生态补偿标准，为黄河三角洲地区实施湿地的生态补偿提供了重要的科学依据。

本书在深入理解习近平总书记关于黄河流域生态保护和高质量发展的重要指示精神、认真贯彻《黄河流域生态保护和高质量发展规划纲要》的总体部署和要求的高度上编写，旨在促进山东省沿黄地区生态保护与资源开发的协调发展，维护生态安全，推动经济和社会可持续发展，为黄河三角洲生态保护和恢复提供科学基础和支撑，为山东省生态文明建设和黄河国家战略实施做出贡献。

本书的核心内容源自主要作者的长期研究积累与成果。作者在充分利用历史资料的基础上，开展了大量的社会调查与野外考察，经过多年艰辛工作，完成此书，在此向提供资料以及参与野外考察的有关单位和个人表示衷心的感谢。由于植被分布格局及其生态补偿的研究领域广泛，涉及内容多而复杂，且受到编写人员水平和时间所限，本书难免有错误和不足，敬请批评指正。

王仁卿　郑培明

2021年10月于青岛

摄影 / 刘月良

目　录

第一章
黄河三角洲概况

第一节 黄河三角洲自然条件

一、地理位置和范围

黄河三角洲是黄河入海地带的扇形冲积平原，位于渤海湾南岸和莱州湾西岸，地处 117°31′~119°18′ E 和 36°55′~38°16′ N 之间。从植被分区意义上讲，这一区域属于暖温带落叶阔叶林范围。

黄河三角洲的概念与范围，有许多不同的理解，包括狭义、广义、经济地理意义上的黄河三角洲等。狭义的黄河三角洲，指地理意义上的黄河三角洲，包括近代黄河三角洲、现代黄河三角洲和新黄河三角洲。近代黄河三角洲是指以垦利区胜坨镇宁海为顶点，北起套尔河，南至支脉河的扇形地域，总面积约 5 400 km²，主体在东营市，约 5 200 km²，少部分涉及滨州市，约 200 km²。经济地理意义上的黄河三角洲主要包括东营和滨州两市及周边地区，面积约 2.1 万 km²。更大范围的概念是 2009 年国家确定的黄河三角洲高效生态经济区，范围涵盖德州、淄博、东营、滨州、潍坊和烟台 6 个市的 19 个县（市、区），面积约 2.65 万 km²（图 1-1）。

二、本书调查研究范围

本书以近代黄河三角洲为主要调查区域，涉及经济地理意义的黄河三角洲，重点调查研究的是黄河三角洲国家级自然保护区的陆域部分（图 1-2）。

三、黄河三角洲的自然条件

1. 气候条件

黄河三角洲的气候属于暖温带半湿润大陆性气候，主要特点是春季少雨多风，夏季炎热湿润，秋季气候凉爽，冬季寒冷干燥。虽然地处沿海，但具有明显的大陆性气候特征。

热量条件是决定植被分布的主导因子之一。黄河三角洲年平均气温

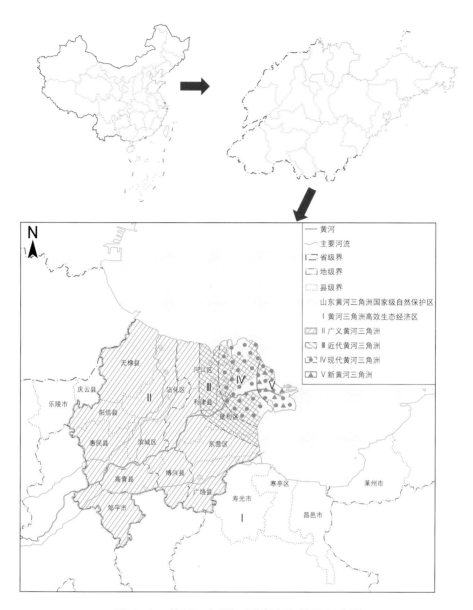

图1-1 黄河三角洲不同含义和范围示意图

12.1℃~13.1℃，地域间差异不太明显。7月气温最高，达26.2℃~26.8℃，极端高温为41.9℃；1月为最冷月，平均气温为-3℃~-4.5℃，极端低温达-24℃。年均无霜期为193~197 d，最长为225 d，最短为166 d。≥10℃的年积温为4 200℃~4 400℃。年平均日照时数为2 609~2 761 h，日照百分率为60%~62%，太阳年辐射量在494~544 kJ/cm² 之间，高于全国和山东的平均值。由此可见，黄河三角洲的光能资源丰富，光照时间长，辐射强度大，且大部分生理辐射集中于植物生长季节，对植物的生长发育十分有利（赵延茂等，1995）。

图 1-2　主要调查研究位点示意图

降水量是影响和决定植被分布的另一个主导因子。黄河三角洲多年平均降水量为 560~590 mm，地域分配无明显差异，但年际变化较大，最多年份达 1 000 mm 以上，最少年份仅 300 mm 上下。降水季节分配也不均衡，夏季降水最多，占全年降水的 66%~70%；秋季占 15%~17%；冬春两季最低，分别占 4% 和 12%。由于降水的季节差异，夏季易发生涝灾，春秋又常常出现旱情。因而，降水条件对黄河三角洲的植被形成和分布影响极大（赵延茂等，1995）。

2. 地质地貌条件

地质作为植被的生态条件，主要是通过成土母质的差异和地形形态的空间变化引起水热条件的再分配而间接影响植被的分布和动态。

黄河三角洲在地质构造上属于华北地台中的鲁西北凹陷的一部分，凹陷内褶皱变动较小，断裂活动频繁。成土母质主要是黄河冲积物，自第四纪以来，由于以黄河冲积物为主的物质的堆积和填充，形成了今日地貌起伏的冲积平原，而且这一过程还在进行，使得黄河三角洲不断向渤海推进，堆积的厚度为 250~400 m 不等。

在地貌地势上，黄河三角洲属于黄泛平原的一部分，但微地貌变化较为明显。由于黄河的作用和影响，黄河三角洲形成了岗、坡、洼相间排列的微地貌类型。具体可分为缓岗、河滩高地、缓平坡地、背河槽状洼地、河间浅平洼地、海滩地等类型，其中坡地和洼地占 70%~75%（赵延茂等，1995）。黄河三角洲的地势低平缓和，但西高东低，由西南向东北倾斜，坡降为 1/6 000~1/5 000，海拔为 1~20 m。

3. 土壤条件

土壤是植物生长的基质，也是物质和能量交换的主要场所。因此，土壤条件对于植被的形成和分布也十分重要，它往往成为非地带性植被类型的主导因素。黄河三角洲的成土母质为黄河冲积物，经过长期的物理、化学、生物和人为的作用，形成了以潮土、盐土为主的土壤类型。由于黄河三角洲的地下水位高，潜水矿化度高，土壤的明显特征是含盐量过高，一般为 0.6%~3.0%，甚至更高。土壤盐分以氯化物为主（占70%~90%），其次为硫酸盐（10%~20%）以及少量的重碳酸盐（3%~10%）（赵延茂等，1995）。但是，由于海陆交互作用的影响，区域内的土壤结构没有发育完全，加之受黄河侧渗及海水顶托的影响，地下水位较高。

4. 水文条件

黄河是流经三角洲地区最长、影响最深刻的河流，是黄河三角洲的生命线，是形成其独特生态环境的主导因素。黄河全长 5 464 km，流域面积约 752 443 km²，被称为"母亲河"。黄河被认为是世界上泥沙含量最高的河流，在山东境内年总流量为 484 亿 m³，入海口处年总流量为 380 亿 m³，年平均输沙量为 10.49 亿 t，输沙量最大和最小值相差 8.7 倍（赵延茂，1997）。黄河的特点表现为水少沙多，径流量年际分配不均匀，主要集中在夏季，枯水期与丰水期径流量之比达到 1:4.63（颜世强，2005）。黄河水 pH 介于 8.0~8.3，属于弱碱性水；总硬度介于 2.16~5.57，属于弱硬水；矿化度为 0.58 g/L，全磷量介于 0.12%~0.15%，全钾量介于 1.0%~1.5%，全氮量介于 0.039%~0.074%，有机质含量介于 0.48%~0.76%，总体来说水质较好（赵延茂，1997）。

黄河三角洲地表水系除黄河外，还有淮河和海河。黄河以北属于海河流域，黄河以南属于淮河流域。小清河、支脉河、广利河、永丰河是淮河流域的主要河流，潮河、沾利河、马新河、挑河是海河流域的主要河流（张翠，2017）。由于人类行为的过度干扰，除黄河外的大部分河流已遭受不同程度的污染，污染物主要是石油、镉和挥发酚（袁西龙等，2008）。随着各项污染治理措施的推进，近年来河流污染状况有明显改善。

地下水同样是黄河三角洲地区水循环的重要组成部分，表现出明显的埋深浅、矿化度高的特征，自西南向东北埋深变浅、矿化度升高（李胜男等，2008）。黄河三角洲地下水基本是松散岩类孔隙水，赋存于第四系上部冲积、海积层中，河积粉沙和潮汐沉积物是主要赋存介质，分为咸水、微咸水、地下卤水及地下淡水透镜体（赵延茂等，1995）。地下水不仅是影响土壤盐渍化的主要因素，同时也影响着黄河三角洲湿地生态系统的演化（宋创业等，2016）。

除此之外，在海域方面，黄河三角洲海域为半封闭类型，渤海沿岸海底较为平坦，海水温度、盐度受季风气候和黄河径流影响较大（刘建涛，2018）。

5. 自然灾害

黄河三角洲受到陆地、海洋、河流等多种动力系统的共同作用，位于多种物质、能量体系的交界处（叶庆华等，2004）。由于其独特的地理位置，自然灾害频繁，整体上表现出易变和脆弱的特点。在我国各大河流中，黄河流域是严重自然灾害发生频率最高的流域之一，特别是黄河三角洲地区（江泽慧，1999）。对该区域环境和社会发展影响较大的自然灾害有土壤盐渍化、风暴潮、干旱、洪涝、黄河断流等（郗金标等，2002）。

四、黄河三角洲的自然资源

黄河三角洲作为世界上面积增长最快的三角洲，保存着中国暖温带最广阔、最完整、最年轻的湿地生态系统。该地区主要的自然资源包括土地资源、生物资源、矿产资源。此外，气候资源、水沙资源等均较丰富，是我国最具发展潜力的地区之一。

1. 土地资源

黄河三角洲作为中国最后一个未大规模开发的大河三角洲，有良好的开发条件，潜力巨大。该地区是我国东部沿海后备土地资源最多的区域，目前有近 53 万 hm^2 的未利用土地，约占全省的 33%，人均未利用土地为 0.054 hm^2，高出东部沿海地区 45%，人均占地亦远远高于全省平均水平和我国东部沿海地区平均水平。这些未利用土地中，包含盐碱地 18 万 hm^2、荒草地 10 万 hm^2、滩涂 14 万 hm^2。在填海造陆的影响下，陆地面积每年均保持增加的趋势，为工农业的发展奠定了良好的基础。海岸线近 900 km，浅海面积近 100 万 hm^2，是我国重要的海洋淡水渔业资源基地，有着得天独厚的条件来大规模发展生态种养殖业、培育生态农业产业链、发展生态旅游（白春礼，2020）。

2. 生物资源

黄河三角洲独特的区位条件孕育了大面积浅海滩涂和湿地。为保护黄河三角洲生态环境，国务院于 1992 年 10 月批准建立了山东黄河三角洲国家级自然保护区。这是我国面积最大、最完整的湿地自然保护区，是鸟类迁徙的重要停歇地和越冬栖息地，共有鸟类 265 种，每年有数百万只鸟类在此越冬繁殖，因此，这里具有重要的科研价值和生态意义。在人为作用下，该地区湿地总面积不断增加，但天然湿地面积有逐渐减少的趋势。

黄河三角洲属于暖温带落叶阔叶林区，但由于土壤盐渍化的影响，目前的植被类型主要是由耐盐湿生植物组成，野生高等植物 380~400 种，国家二类保护濒危植物野大豆（*Glycine soja*）在此地也有广泛分布。除天然植被外，还有大量刺槐（*Robinia pseudoacacia*）、白蜡树（*Fraxinus chinensis*）、沙枣（*Elaeagnus angustifolia*）、紫穗槐（*Amorpha fruticosa*）等形成的人工植被。总体来说，该地区群落的种类组成较为简单，无地带性落叶栎林植被类型，无明显经向、纬向分异现象（于君宝等，2010）。

黄河三角洲地区动物资源丰富，特别是珍稀鸟类资源，可在此观察到 40 种国家一、二级重点保护珍稀鸟类，其中包括国家一级保护鸟类丹顶鹤、白头鹤、白鹤、大鸨、东方白鹳、黑鹳、金雕、白尾海雕、中华秋沙鸭、遗鸥等，国家二级保护鸟类灰鹤、大天鹅、鸳鸯等。中澳两国政府保护候鸟及栖息地协定所涉及的 81 种鸟类，在此可观察到其中的 51 种。水生动植物繁多，在潮间带生活着多种浮游生物、软体动物等，有硅藻门（Bacillariophyta）、金藻门（Chrysophyta）等浮游植物 117 种，软体动物 108 种，淡水鱼类 108 种，海洋鱼类 85 种（赵延茂，1997）。

3. 矿产资源

黄河三角洲地处济阳坳陷东北部，是一个大型复式石油、天然气富集区，渤海中也有丰富的油气资源，是我国重要的能源基地（许学工等，2020）。在山东省已探明的 81 种矿产中，黄河三角洲有 40 多种，石油储量达到 50 亿 t，天然气储量达到 2 300 亿 m³。据世界石油勘探资料，在世界六大河口三角洲中，黄河三角洲拥有最多的石油储量。产油量占全国 1/4 以上的中国第二大油田——胜利油田就位于黄河三角洲地区。

丰富的盐卤资源使黄河三角洲地区成为我国最大的海盐和盐化基地。地下卤水静态储量约 135 亿 m³，岩盐储量达 5 900 亿 t。此外，还存在大量石膏、贝壳矿、金属矿产资源等。

第二节　黄河三角洲社会与经济条件

一、黄河三角洲的社会条件

国家高度重视黄河流域生态保护和高质量发展，习近平总书记对此多次发表重要讲话，作出重要指示。2016 年 7 月在宁夏考察时，他指出，要加强黄河保护，坚决杜绝污染黄河的行为，要让母亲河永远健康。2019 年 8 月在甘肃考察时，他强调，治理黄河，重在保护，要在治理。要坚持山水林田湖草综合治理、系统治理、源头治理。2019 年 9 月 18 日，习近平总书记在郑州亲自主持召开了黄河流域生态保护和高质量发展座谈会，并发表重要讲话。他强调："要坚持绿水青山就是金山银山的理念，坚持生态优先、绿色发展，以水而定、量水而行，因地制宜、分类施策，上下游、干支流、左右岸统筹谋划，共同抓好大保护，协同推进大治理，着力加强生态保护治理，保障黄河长治久安、促进全流域高质量发展、改善人民群众生活、保护传承弘扬黄河文化，让黄河成为造福人民的幸福河。""针对下游的黄河三角洲地区要做好保护工作，促进河流生态系统健康，提高生物多样性。"习近平总书记的重要讲话、重要指示，为做好黄河流域生态保护提供了方向性指导，为其高质量发展带来了重大机遇。

黄河三角洲北靠京津唐经济区，南连山东半岛开放城市群，属于沿海开放地带。该区域土地资源丰富，土地不断增长并具有开发潜力，为我国重要的后备土地资源区。农业基础条件经过连年的农业综合开发和建设，已得到明显改善。同时，黄河三角洲又是将来沿海经济带动内地发展的桥头堡。但开发黄河三角洲要把经济建设、生态建设和社会发展结合起来，实现可持续发展。"十五"规划以来，发展黄河三角洲高效生态经济一直被列入国家计划和规划纲要（杨红生等，2020）。2009年12月1日，国务院正式通过了《黄河三角洲高效生态经济区发展规划》，要求形成以高效生态农业为基础、环境友好型工业为重点、现代服务业为支撑的高效生态产业体系，黄河三角洲地区的建设发展正式上升到国家层面，黄河三角洲迎来了新的发展契机。2011年4月，国务院通过了《山东半岛蓝色经济区发展规划》。地处"蓝""黄"两大国家战略重叠地带，而且是亚洲环渤海经济圈的重要待开发地区，黄河三角洲地区的社会经济发展前景广阔，潜力巨大。2021年10月8日，中共中央、国务院印发了《黄河流域生态保护和高质量发展规划纲要》，标志着黄河三角洲的生态保护也正式纳入重大国家战略。

二、黄河三角洲的经济条件

经过百余年的开发，黄河三角洲地区从以游垦为主的农业，逐渐发展成以农、牧、渔业为主体的大农业生产基地。20世纪60年代的石油勘探揭开了黄河三角洲快速发展的序幕，随着时间的推移，过去产业结构单一的矿业城市逐渐发展了橡胶轮胎、盐化业、纺织服装等主导产业（许学工等，2020）。虽然现阶段与长江三角洲、珠江三角洲相比，比重较高的依旧是第一产业和第二产业，但第三产业的比重正逐年增加（秦庆武，2016）。

　　黄河三角洲地区虽然有着丰富的土地资源，但耕地质量不高，整体上土壤含盐量较高，不利于种植业的发展。应将黄河三角洲农业的高质量发展融入整体规划，发展生态适应性农业，改变对盐碱地的粗放开发模式，发展盐碱地上高效、高质、高量的现代农业（白春礼，2020），遵循保护优先、因水制宜、深度融合、布局合理的发展理念与思路（杨红生等，2020）。

　　《黄河三角洲高效生态经济区发展规划》中划定的陆地面积为 2.65 万 km^2，范围包括 19 个县（市、区），分别是东营市，滨州市，潍坊市的寒亭区、寿光市、昌邑市，德州市的乐陵市、庆云县，淄博市的高青县和烟台市的莱州市。其中，东营市是黄河三角洲地区的主要城市。根据《东营年鉴（2019）》中的相关数据，2018 年东营市总产值达 4 152.47 亿元，同比增长 4.5%，保持平稳增长趋势。其中，第一产业产值达 146.54 亿元，同比增长 2.2%；第二产业产值达 2 583.20 亿元，同比增长 3.4%；第三产业产值达 1 422.75 亿元，同比增长 6.8%。全市居民人均可支配收入 37 586 元，同比增长 7.9%。其中城镇居民人均可支配收入 47 912 元，农村居民人均可支配收入 17 485 元。

本章小结

　　本章从自然、社会与经济条件三个方面详细介绍了黄河三角洲地区的基本概况。黄河三角洲地处华北平原，蕴含丰富的土地、生物、矿产等资源，发展潜力巨大，但环境质量状况不容乐观。当前，国家高度重视黄河流域生态保护和高质量发展，习近平总书记多次发表重要讲话，作出重要指示，为做好黄河流域生态保护提供了方向性指导，为其高质量发展带来了重大机遇。特别是黄河三角洲地区地处"蓝""黄"两大国家战略重叠地带，而且是亚洲环渤海经济圈的重要待开发地区，社会经济发展前景广阔，潜力巨大。在开发的同时，要把经济建设、生态建设和社会发展结合起来，要把生态保护和高质量发展融为一体，促进河流生态系统健康，提高生物多样性，实现黄河三角洲地区的高质量发展。

第二章

黄河三角洲植被和
生态研究进展

第一节 黄河三角洲植被研究进展

一、植被与植被生态学研究进展

植被是某一地段内所有植物群落的集合，是地球表面最显著的特征，是人类赖以生存、不可替代的物质资源和生活资料（方精云等，2020a，2020b）。它的重要性不言而喻。

首先，植被是物种的载体，汇聚了多种生物物种和它们的基因资源，也为各种动物提供食物以及丰富多样的栖息地。其次，植被是生态系统功能的主体，是生态系统的生产者，为人类提供衣食住行的基本材料。同时，它在维持和改善人类生存环境方面也具有不可替代的作用，譬如，吸收大气中的 CO_2，减缓温室效应；控制水土流失，减轻水体和大气污染；涵养水分，减轻洪涝灾害，并为下游地区提供稳定清洁的水源。再次，特定的气候、土壤和地形条件孕育了不同的植被，植被综合反映了土地的基本属性。因此，植被的整体状况综合体现了国家的生态本底，是生态建设和生态恢复以及国土空间利用的重要基础，是"绿水青山"的形成条件和保障。可见，认识植被的特征和分布是至关重要的。

植被生态学是研究植物群落及其与环境关系的科学。与植被生态学相关的研究有 200 多年的历史。在漫长的学科发展过程中，由于植被的地理分异以及研究重点和方法的差异，产生了不同的学派。

植被生态学的内容主要包括植物群落的种类组成、植物群落中的种间关系、植物群落的结构、植物群落与环境、植物群落的物质生产与循环、植被动态与历史演变、植被分类与排序、植被分布与区划、植被制图和植被生态学的应用等（宋永昌，2017）。植被生态学虽然是传统的基础性学科，但近年来随着人们对全球环境变化、生物多样性丧失、生态系统修复等问题的关注，植被生态学研究也迎来了新的发展机遇。目前，主要有 7 个方向值得特别关注：植物群落构建机制，生物多样性与初级生产力等的生态系统功能之间的关系，功能性状、功能多样性与功能生态学，基于遥感技术的植被物候学，近地面遥感与人工智能等新技术的应用，开放的大型数据库资源，植被志编研（马克平等，2021）。

二、湿地植被研究进展

植被作为湿地生态系统的建设者，在湿地生态系统中发挥着关键性的作用（王霄鹏，2014），湿地生态环境的特点与功能特征取决于湿地植被的结构（陈宜瑜，1995），湿地独特的水文、土壤、气候条件为湿地植被生存和发展提供了生境基础（李旭等，2009）。

我国对于湿地植被的研究多集中于通过遥感与实地考察数据相结合的方法对湿地植被演替、分布规律以及影响因素的探究。董厚德等人（1995）通过野外调查和定量分析，分析了植物群落结构及演替规律，并明确了对辽河河口湿地自然保护区植物群落空间分布影响较大的是土壤水分和土壤盐分。童庆禧等人（1997）论述了从高光谱分辨率图像上有效地定量提取鄱阳湖湿地植被生物物理参量以及进行湿地植被类型识别的方法。于泉洲（2012）利用 1987 年、1997 年和 2008 年南四湖的 Landsat TM/ETM+ 卫星遥感数据，结合实地采样调查和收集的资料，计算出了南四湖湿地各植被类型的面积。雷璇等人（2012）基于 Landsat TM/ETM+ 卫星遥感数据，提取了东洞庭湖 1999 年、2002 年和 2006 年 3 个时期的湿地景观信息，得到了湿地植被的时空演变规律。雷天赐等人（2009）依据鄱阳湖湿地植被不同的光谱值和所生长的高程，对沼泽湿地地区草洲各植物群落带的 TM 影像和 DEM 影像进行了分类提取，提高了植被子类群落分类精度。沈芳等人（2006）应用近 20 年的陆地卫星影像，探讨了九段沙湿地优势植被的动态变化。那晓东等人（2009）分析了近 30 年来三江平原东北部土地利用和土地覆被动态变化的过程，探讨了保护区湿地植被的退化过程与机理。陈亚宁等人（2003）发现塔里木河下游植被退化主要是由地下水位的下降和土壤水分的丧失引起的。李满良（2006）对北京野鸭湖湿地自然保护区进行了研究，结果表明，水分对植物群落影响最大，人类活动的干扰会加快演变速度。张丽丽等人（2012）通过构建植物群落与水文参数直方图和计算敏感性指数，分析了植物群落对水文条件变化的耐受性和敏感性，探讨了湿地植物群落与水文情势的关系。

综览湿地植被的研究进展，湿地植被的研究内容由植物群落组成结构向植被分布规律、影响因素发展；研究手段逐步由单一向综合、由定性向定量转化，生态计量学、地理信息系统、遥感技术的发展为湿地植被研究提供了新技术，尤其在监测、模拟方面应用广泛。

三、植被分布格局研究进展

植被是植物空间排列的一种表现形式，这种形式并不是无序、无规律的，而是由植物按照一定的格局进行空间分布的体现（李旭等，2009）。植被分布格局是指植物在空间中的位置与排列布局。分布格局的形成受到周围环境与植物自身属性的共同影响，是植被与大气、土壤、水文条件、地质地貌以及周围动植物、微生物等生物因子、非生物条件共同作用的结果（赵清贺等，2017）。

在大尺度植被分布格局研究中，20世纪50年代，由于研究技术有限，研究者们大多只对植被分布格局进行了大量描述性研究。20世纪70年代以来，随着研究方法以及研究技术的飞速发展，对植被分布格局的数量化研究逐渐增多，研究者们开始通过数量学方法以及新兴的研究技术对植被分布格局进行研究（张金屯，2004；Elith et al.，2009）。20世纪80年代，遥感、航拍技术渐渐被应用于植被研究中，并逐渐成为在大尺度上对植物时空变化特征进行监测的重要手段（Shekede et al.，2008；Fu et al.，2015；张军，2017）。研究人员通过遥感数据获取植被的时空分布格局，并结合大气、土壤、水文等自然因素对植被分布格局与自然因素的响应进行分析（Onema et al.，2009）。赵清贺等（2017）通过高分辨率遥感影像对河岸缓冲带的植被分布格局进行了研究，采用景观空间格局分析、缓冲区分析等方法对研究区域植被分布格局的时空动态进行了阐述。

在较小尺度方面，研究者多通过现场植被调查进行数据收集。主要从样方尺度对研究区域内的群落物种组成特征、植被盖度等方面进行调查，并确定研究区域内的优势物种、常见物种、伴生种以及偶见种（王志秀，2017）。在获得植被类型调查数据之后，研究者根据不同地区的差异以及研究重点，采取不同的研究方法，对植被类型数据进行分析。童笑笑等人（2018）采用双向指示种分析法划分植被类型，并结合方差分析和CCA排序法研究了生境因素与植被类型空间分布的关系，探讨了生境因子对消落带植物群落组分以及物种多样性的影响。徐远杰等人（2010）结合对新疆伊犁河两岸科古琴山南坡和乌孙山北坡94个样地的调查资料，采用除趋势典范对应分析排序法，探究了物种多样性与环境因素的联系。万丹等（2018）以时空替代法对泥石流沉积区植被演替过程进行了研究，并分析了植被演替过程中的物种多样性变化特点。在对植被分布格局的尺度效应研究中，王世雄（2013）从时间和空间尺度上研究了黄土高原子午岭植物群落不同尺度下的物种多样性，并对群落演替规律进行了阐述。

四、景观格局动态变化研究进展

随着遥感技术的发展与进步，以及对遥感影像应用的日渐成熟，人们对于景观格局的研究愈加完善。对景观格局的探讨一直是地理学和景观生态学领域的热点（叶功富等，2010）。

景观格局是指形状、尺寸不同的景观斑块在空间上的排列情况。探究其演变的目的是解释景观格局和生态过程这二者的联系，推理出景观变化的驱动因素并预测发展趋势（魏伟等，2012；孔凡亭等，2013）。近几年，海内外关于景观格局的探讨多集中在探究景观格局演变与生态过程的耦合（傅伯杰等，2010；刘娜等，2012；李明涛等，2013；褚琳等，2015）、景观格局演化驱动力（潘竟虎等，2012；许吉仁等，

2013；刘吉平等，2014；阳文锐，2015；刘德彬等，2017）、数据源对景观格局分析的影响（赵永华等，2013；赵银军等，2017）以及景观格局梯度分析等方面，研究方法多采用二维和三维景观指数分析、数学模型构建、缓冲区分析法、移动窗口分析法等（张玲玲等，2014；刘世梁等，2017）。

20世纪初，对于景观格局的研究主要集中在探讨某一地区景观格局的变化以及产生变化的驱动因素上。在探究景观格局变化过程中，一般采用转移矩阵和计算景观格局指数的方法，对驱动因素的分析也以定性分析为主。刘吉平等人（2014）通过分析三江平原景观的面积变化和多种景观指数的空间变化，探索了土地利用和景观格局在三江平原的变化情况及驱动力。许吉仁等人（2013）采用 k 临近值分类方法对遥感数据进行分类，结合不同景观指数探究了 1987~2010 年间南四湖景观格局变化，并利用统计方法筛选影响因子，展示了南四湖地区景观格局的演变与自然条件、人文因子的相互关联度。刘艳芬等人（2010）对 1995~1999 年黄河三角洲东部自然保护区湿地景观的变化进行了研究，主要应用 TM 影像和 1:50 000 的地形图，采用矩阵转换的方法分析了该区域的景观变化状况。结果表明，该地区的湿地面积呈下降趋势，且景观破碎程度在加深。王永丽等人（2012）使用 GIS、遥感影像以及 Fragstats3.3 统计软件，将 2000 年黄河三角洲湿地景观格局和 2009 年的进行对比分析，认为人类活动对研究区域内景观格局演变的影响较大，且已成为该区域主要的影响因素。王芳等人（2017）利用景观格局指数、动态变化模型、景观转移矩阵及 CLUE-S 模型预测的研究方法，对太湖流域景观空间格局动态演变进行了分析。宗秀影等人（2009）使用相关的 GIS 软件以及其他分析软件，获得了黄河三角洲景观格局的演变情况，并对导致其格局发生改变的影响因子进行了分析。廖芳均等人（2014）使用 CA-Markov 数学模型，基于 2010 年以前研究区域景观格局的数据，模拟并预估了该区域 2021 年的景观格局分布情况。

近几年，关于景观格局的研究侧重于探究景观格局的动态变化与生态耦合。王丽群等人（2018）利用景观指数探究了北京边缘地区景观格局变化，并对景观指数与生态系统服务价值的相关性进行了分析。褚琳等人（2015）采用 In VEST 模型评价了生境质量，探究了景观格局变化与人类活动之间的关系。孙万龙等人（2017）分析了黄河三角洲不同区域潮滩盐沼的变化情况与海岸线变迁二者之间的联系，得到"岸线改变可直接影响潮滩盐沼面积的变化，但对不同区域的影响程度差异较大"的结论。

第二节　黄河三角洲生态研究进展

一、黄河三角洲植被生态研究进展

黄河三角洲是我国乃至世界造陆速度最快的河口三角洲之一，土地覆盖变化迅速（刘高焕等，1997）。其植被类型较为单一，土壤盐渍化问题严重，生态系统脆弱，因此，针对黄河三角洲植被的研究较多。

对于黄河三角洲植被的真正研究是从 1956 年周光裕等人开始的。此后，岳钧、陈唯真等人分别从植被学和草地学的角度对黄河三角洲部分区域的植被和类型进行了研究和报道。李兴东（1988）利用典范分析法对黄河三角洲植物群落与环境因子间的对应关系进行了研究。结果表明，该地区植被的动态变化与土壤水盐及有机质含量的动态变化显著相关。土壤的水盐动态是这一地区植被演替的制约因素。二维典范变量图较直观地表示出了群丛间的演替关系。初步判断出芦苇（*Phragmites australis*）和白茅（*Imperata cylindrica*）群丛是这一地区植被演替过程中相对稳定的阶段。吴志芬等人（1994）通过对植物、土壤和水样品的分析，对黄河三角洲盐生植被与土壤盐分的相关性进行了定量研究。结果表明，盐生植被的类型、空间分布以及植株所含的化学成分、生物累积强度、演替等方面与土壤含盐量关系密切。王海梅等人（2006）对不同植被类型和不同土地利用方式与土壤性状的相互关系进行了研究。结果表明，不同植被类型下土壤中盐分、有机质、氮、磷等的含量及土壤的机械组成都表现出一定的规律性，这表明人类对土地的利用方式受土壤性质的制约，不同的土地利用方式反过来也会对土壤产生影响。

从宏观尺度上对黄河三角洲土地覆被的研究也相对较多。叶庆华（2001）对1956~1996年黄河三角洲地区的土地利用变化进行了分析，40年来整个黄河三角洲呈现从西部与南部的耕地往东、往北过渡到牧草地、盐碱地、滩涂直到新生陆地和海域的土地利用格局。在这种过渡带的分布格局中，耕地始终占据着优势，牧草地总是处于反反复复波动状态之中，与盐碱地相伴相随，时而盐碱，时而放牧，时而耕作。郭笃发（2005）利用1988年、1996年和2001年3期影像对黄河三角洲滨海湿地的土地覆被和景观格局的变化进行了研究。结果表明，在空间上，1988年和2001年各缓冲带土地利用程度综合指数随着距海岸线距离的增大而升高，两者呈直线关系。在1996年，随着缓冲距离的增大，土地利用程度综合指数无明显的空间分异。渤海对近代黄河三角洲土地利用的影响范围超过3 km。除了优势度外，所研究的其他景观格局指标与距海岸线的距离没有显著关系。许学工等人（2001）利用1979年、1987年和1996年汛前和汛后2个时相共4期遥感影像，采用土壤定点采样、统计分析等方法分析了该区域土地覆被的质量变化，发现区域总体向好的方向发展，但内部存在不平衡，盐渍化程度加重，土壤有机质普遍降低，地力下降。

目前，黄河三角洲植被研究内容多集中在一个或几个植物群落组成结构、空间分异、影响因素等方面，并已有多项研究证实了水盐条件是影响植被空间分异的主要因素。郗金标等人（2002）阐明了黄河三角洲生态系统演替规律及原因。贺强等人（2007）运用模糊数学排序方法分析了水深、土壤含盐量对黄河三角洲湿地植被空间分布规律的影响。谭学界（2006）发现当黄河三角洲土壤含水量不足时，湿地植被将被旱生植物所代替。刘莉（2017）对黄河三角洲自然保护区湿地植被生物量空间分布的影响因子进行了分析,发现水盐条件是导致优势种植被生物量干重出现空间分异的主导因素。房用等人（2009）研究了人工干扰因素对黄河三角洲湿地群落的影响,发现人工干扰对土壤含盐量和含水量的改变,是影响植被种群格局的关键因素,这与赵欣胜等人的研究结果一致。王岩等人（2013）研究了土壤环境差异对黄河三角洲湿地植被空间分布的影响,发现土壤可溶性盐质量分数是限制植被分布的主要因素。刘兴华（2013）分析了土壤中的营养元素对黄河三角洲湿地植被的影响。结果表明,氮是限制黄河三角洲湿地植物群落生长的营养元素,盐度和 pH 是影响湿地土壤 C:N、C:P 和 N:P 值的关键因子。

二、黄河三角洲植被分布格局研究进展

黄河三角洲湿地近年来成为三角洲湿地研究的热点区域。研究者从多个尺度采取不同的研究方法、研究技术,对黄河三角洲植被分布格局进行了研究。韩美等人（2012）通过 3S 技术,以多年遥感数据为数据源,采用人工解译方法对人类活动影响下的湿地植被景观格局进行了分析,并通过现场样地布设以及土壤因子的数据监测,对植物群落生物量的空间分布及其原因进行了解释。吴大千（2010）通过植被制图以及植被参数的定量遥感,不仅获取了植被的覆盖类型,还获取了植被的特征参数,进而从更多维度上对植被格局进行了解译,从多个尺度上分析了黄河三角洲滨海湿地植被景观与环境之间的关系。宗敏（2017）通过对遥感影像进行解译以及模型模拟,利用景观指数、环境因子共线性检验等方法,对黄河三角洲滨海湿地优势植被类型的空间分布格局进行了研究,结合 MaxEnt 模型推测优势物种在目标区域的适生分布,并对黄河三角洲植物群落的空间分布进行了模拟分析以及优化格局分析。

柽柳（*Tamarix chinensis*）、碱蓬（*Suaeda glauca*）以及芦苇是黄河三角洲分布最为广泛的 3 个物种。近年来关于黄河三角洲这 3 种植被类型的研究也越来越丰富。徐梦辰等人（2015）探究了不同群落内柽柳种群的空间分布格局。研究表明,群落内

柽柳种群分布格局强度随着取样尺度的增大而增大，种群由随机分布变为聚集分布。刘富强等人（2009）通过负二项参数、扩散系数、聚块性指数等参数对黄河三角洲柽柳种群的聚集强度进行了测定，通过均方曲线对格局规模进行了判定，并根据与海岸线的距离分别研究了不同距离下滨海湿地中的柽柳的分布格局。

三、黄河三角洲景观格局动态变化研究进展

国内学者对黄河三角洲景观格局的研究丰富多样。早期，多数学者主要探索该区域的土地覆被变化，如汪小钦等人（2006）根据研究需要，选取了 5 个时期的遥感影像，并进行了影像预处理和遥感解译，得到了黄河三角洲不同地区土地覆被的分类结果，通过进一步分析，得到了东营市建市以来土地覆被的变化特征。随着时间的变化以及研究的完善，除了单纯地分析研究土地覆被变化外，研究者还将微地貌与土地覆被变化相结合，探究在不同微地貌上土地覆被的分布情况。汪小钦等人（2008）将黄河三角洲划分成了 6 类微地貌，研究了 1984~2001 年间各类土地覆被在各类微地貌中的分布状况。部分学者还通过分析黄河三角洲湿地变化，构建了黄河三角洲土地适宜性评价系统。

黄河三角洲地区植被、土地覆被和景观格局的变化始终离不开土壤水盐变化的影响，国内的一些学者对于这方面问题也进行了深入的探讨。马玉蕾等人（2013）探究了地下水埋深和土壤盐分对黄河三角洲区域典型植被的影响。研究发现，土壤盐分和地下水埋深对同种植被的 NDVI 的影响不同，对于某些植被，土壤盐分对 NDVI 的变化影响显著，但地下水埋深对 NDVI 的改变又不明显。王海梅等人（2006）探究了土壤特性对植被分布和土地利用的影响，并发现了在整个黄河三角洲生态系统中土壤演替与植被演替之间的规律。潘志强等人（2005）通过蒸散反演，揭示了不同条件下农作物的需水情况。研究选用了不同分辨率的遥感影像，通过对比反演结果并对结果进行数学统计分析，得到了黄河三角洲地区 1999 年 7~9 月农作物需水量的时空变化情况。

四、黄河三角洲其他研究进展

1. 生物多样性

20 世纪 90 年代以来，黄河三角洲自然保护区多次组织人力对保护区内的生物多样性进行了清查（赵延茂等，1995）。20 世纪 90 年代后期，蔡学军等人（2000）、贾文泽（2002）对黄河三角洲地区的生物多样性进行了较为全面、系统的调查与监测，综合研究了该地区生物多样性的特点及保护利用对策，为黄河三角洲生物资源的保护、合理开发利用、经济和社会发展等提供了科学依据。总体而言，近年来由于经济发展、环境污染等原因，黄河三角洲的生物多样性在局部呈下降趋势，生态系统较为脆弱，极易受到干扰和破坏。就区域而言，保护区内鸟类生物多样性程度相对较高。重点保护鸟类种类多，种群数量大。经调查，该地区共有鸟类 272 种，隶属于 17 个目 47 个科，分别占中国和山东省鸟类总种数的 23% 和 70%（田家怡，1999a）。黄河三角洲也被誉为"鸟类的中转站"。

2. 湿地生态特征及演化

湿地生态特征是指湿地生物、化学及物理组分之间的结构及相互关系。生态特征变化是指湿地生态过程及功能的削弱或失衡。湿地生态特征变化主要有两个原因：一是自然作用，如植被演替、沉积作用等；二是人为作用。穆从如等人（2000）分析了黄河三角洲湿地的形成和构成，指出湿地生态类型随着黄河尾闾摆动和海退陆进程度而变化，自海向陆依次为潮下带水生生态系统、潮间带湿地生态系统、潮上带盐生生态系统、芦苇湿地生态系统、草甸湿地生态系统、陆上农田生态系统。崔保山等人（2001）从湿地类型和面积、湿地水状况、湿地水质和湿地生物资源方面论述了湿地生态特征的变化。张绪良等人（2009）在群落样方调查基础上对黄河三角洲自然湿地的植被进行了分类、分布及演化研究。在湿地向海淤进的条件下，湿地植被发生顺行演替；受海岸侵蚀、黄河断流、风暴潮等自然灾害及人类活动的影响，湿地植被将发生逆行演替和次生演替。

3. 湿地环境影响因素

随着黄河三角洲经济的发展，农业开发、石油开采、过度养殖等社会因素以及黄河断流、海平面上升、气候变化等自然因素对黄河三角洲湿地环境产生了很大的影响。陶思明（2000）、修长军等人（2003）分析了黄河三角洲湿地生态保护与油田开发协调发展的问题，建议应把油田开发对湿地生态系统的不利影响降到最低限度。武洪涛等人（2001）分析了小浪底工程对黄河三角洲湿地生态改良产生的不利影响。田静（2010）研究了滨州地区沿海防潮工程给滨海湿地环境带来的负面影响。张晓龙等人（2006）系统论述了气候变化、风暴潮灾、海岸侵蚀和海平面上升对黄河三角洲湿地的影响。在多因子共同作用下，黄河三角洲滨海湿地面积不断减少，地表结构遭到破坏，生态特征发生改变，生态环境持续恶化，导致滨海湿地不断损失和退化。

本章小结

植被与人类生活息息相关，是我们赖以生存和发展的基础。但由于人类不合理的开发利用，大范围的植被遭到不同程度的破坏，进而危及人类自身的生存与发展。黄河三角洲作为世界上面积增长最快的三角洲，保存着中国暖温带最广阔、最完整、最年轻的湿地生态系统，具有极高的研究和保护价值。本章从湿地植被、植被分布格局、景观格局动态变化等方面详细介绍了黄河三角洲植被及植被生态的研究进展。黄河三角洲地区是湿地植被分布格局研究的热点区域，近年来受到学者们的广泛关注。对于黄河三角洲植被分布格局的深入研究也有助于采取科学、合理、可行的措施对植被及其多样性进行保护，为黄河口国家公园建设奠定基础，实现黄河三角洲的高质量发展。

第三章
黄河三角洲
植被特征

第一节 黄河三角洲植物多样性

一、黄河三角洲植物物种多样性

黄河三角洲濒临渤海，气候为暖温带季风气候。由于土壤多为盐渍土，加上人为活动影响强烈，黄河三角洲以大面积的盐生草甸、柽柳灌丛和零星分布的旱柳（*Salix matsudana*）林为主。在植物区系组成上也比较简单。据不完全统计，黄河三角洲地区的野生及常见栽培植物共约 510 种，其中野生高等植物种类有 380~400 种，绝大多数为草本植物。

1. 植物资源

黄河三角洲是一个新生的湿地生态系统，植物资源具有以下特点：一是年轻性，各种植物资源处于产生、发展的最初阶段；二是发展的频繁性，黄河三角洲的陆地面积仍以每年 3 240 hm² 的速度增加，加上充沛的淡水资源和适宜的环境条件，黄河三角洲的植物资源也不断地由陆地向海岸方向发展，各种植物群落之间的产生、发展、演替频繁；三是自然性，黄河三角洲内人类干扰较少，各种植物资源的产生、发展和演替基本上在自然状态下进行。

黄河三角洲是中国著名的三大三角洲之一，区内的自然植被资源是地区开发的一大优势。近年来不少学者对黄河三角洲的植被类型、生产力、动态变化等方面进行了较多研究。根据野外调查统计，黄河三角洲常见的维管植物有 510 种，隶属于 83 科（图 3-1）。其中，蕨类和裸子植物很少，被子植物占黄河三角洲植物总数的 96.47%，说明被子植物在黄河三角洲植物区系中起主导作用（谷奉天，1986；鲁开宏，1988；李兴东，1992；王仁卿等，2000；张新时，2007）。

在黄河三角洲的植物区系中，比较大的科有 4 个。最大的禾本科（Poaceae）有 49 种，其他依次是菊科（Asteraceae）43 种，豆科（Fabaceae）41 种，唇形科（Lamiaceae）24 种。这 4 个科虽仅占黄河三角洲总科数的 4.82%，种数却占 30.78%，是黄河三角洲植物区系中最主要的成分。需要指出的是，藜科（Chenopodiaceae）植物有 16 种，尽管种数少于上述 4 个科，但多数是耐盐种类，有的甚至是主要的建群种如盐地碱蓬，在黄河三角洲植被中占据特殊地位，起着重要作用。

（a）柽柳　　　　　　　　　　　　　（b）旱柳

（c）补血草

（d）盐地碱蓬

（e）苦苣菜

（f）芦苇

（g）罗布麻　　　　　　　　　　　　　　（h）问荆

图3-1　黄河三角洲主要植物资源

2. 植被特征

　　黄河三角洲在中国植被分区中，隶属于暖温带落叶阔叶林区域、暖温带北部落叶栎林亚地带以及黄河、海河平原栽培区，地带性植被是落叶阔叶林（吴征镒，1980）。由于受黄河和近海的影响，黄河三角洲地下潜水矿化度达 30~50 g/L，土壤中盐分含量为 0.6%~3.0%，甚至更高，这就限制了森林的形成。大面积分布的是以耐盐或适度耐盐的草本植物为主的盐生草甸植被和小面积的灌丛植被。前者如盐地碱蓬（*Suaeda salsa*）群落、獐毛（*Aeluropus sinensis*）群落、芦苇（*Phragmites australis*）群落，后者如柽柳（*Tamarix chinensis*）群落等。

　　组成黄河三角洲植被的植物种类比较简单，目前已知的野生种类不超过 400 种。区系成分中以温带成分为主。生活型组成方面，地面芽、地下芽及二年生植物占优势。

这也从侧面反映出了这一地区冬季较为寒冷和土壤盐渍化的特征。

黄河三角洲植被的另一个重要特征是原生性。由于黄河三角洲成陆时间短，在许多地方，特别是在黄河口和近海地区，植被基本上是自然状态。这对于植被动态及植被保护与恢复的研究是极其难得的。

黄河三角洲植被又具有脆弱性，这是由黄河三角洲地区受近海影响大、地下水位浅、矿化度高等因素所决定的。天然植被一旦被破坏，次生盐渍化速度极快，并且恢复原有的类型相当困难。如 20 世纪 50 年代初，黄河三角洲有天然的旱柳（*Salix matsudana*）林和大面积柽柳林分布，但目前旱柳林在孤岛等地已不复存在，柽柳林的面积也大大减少。另一个重要群落——白茅（*Imperata cylindrica*）群落，在 20 世纪五六十年代也曾大面积分布，目前分布范围也很小，耐盐的盐地碱蓬群落和次生裸地却大面积增加（李兴东，1989）。

二、黄河三角洲植物群落多样性

影响黄河三角洲植被的生态因子包括气候、土壤、地形、生物入侵、人为活动等（宋红丽等，2019；武亚楠等，2020；殷万东等，2020），其中起主要作用的是土壤条件，特别是土壤中的水盐动态（安乐生等，2017），土壤氮磷供应也会影响植物群落的结构和物种多样性（刘晓玲等，2018）。由于潜水矿化度高，易导致土壤盐渍化，从而限制森林植被在该地区的形成。受土壤条件特别是水盐动态的影响，各种盐生灌丛、草甸、沼泽植物群落在区内广泛分布。王仁卿等（1993b）结合中国植被的分类原则，将黄河三角洲天然植被分为灌丛、草甸、砂生植被、沼泽植被、水生植被 5 个植被型、18 个群系和 32 个常见群丛（植物群落）。其中，灌丛和草甸分布面积最广，沼泽植被和水生植被主要分布在季节性或永久性积水的湿地生境中，砂生植被在黄河三角洲只是零星分布，这里重点介绍灌丛、草甸、沼泽植被和水生植被。

1. 灌丛

灌丛主要是以柽柳为优势种的盐生灌丛。群落下的土壤以滨海盐土为主，土壤

含盐量一般在 0.7% 以上。组成柽柳灌丛的植物种类极为贫乏，除优势种柽柳外，还
时常伴有盐地碱蓬、獐毛、芦苇等几种耐盐的植物。随距海远近和土壤含盐量高低的
变化，这些植物的分布也有不同：土壤含盐量 1.0%~3.0%，质地沙壤时，碱蓬出现频
度达 70%；土壤含盐量 0.76%~0.93% 时，则獐毛占优势；土壤含盐量 0.6% 左右时，
芦苇、茵陈蒿（*Artemisia capillaris*）占优势；土壤含盐量在 0.5% 以下时，以白茅、
芦苇为优势群种。群落的盖度一般为 30%~60%，偶有 70% 以上，盖度大小也受土壤
盐分和水分的制约。在垦利、利津等县有大片天然柽柳林，盖度达 40% 以上的面积
约 2.67 万 hm²，为黄河三角洲面积最大的天然灌丛。天然柽柳灌丛在区内盐碱地上多
呈块状或带状分布，疏密不均，林相不整（图 3-2）。灌丛群落的结构较简单，可划
分为灌木层和草本层两个层次。群落高度一般为 1.2~1.5 m，高的可达 2.0~3.0 m。

图 3-2　黄河三角洲柽柳灌丛

2. 草甸

受土壤盐分的影响，黄河三角洲草甸植被主要为盐生草甸。除具有一般草甸的群落学特征之外，黄河三角洲草甸植被还具有以下特点：①群落种类组成较为贫乏，多为单优群落；②建群种和优势种为耐盐植物或泌盐植物，植物的解剖结构往往具有旱生植物的特征；③群落的分布及生长状况同土壤的水盐动态有密切的联系，往往受到土壤中可利用水的制约；④某些群落的外貌较为华丽，季相变化也比较明显；⑤草层一般较低，群落的垂直结构较为简单；⑥草甸的生产力不高，缺乏适应性强的牧草。

常见的草甸群落类型有獐毛草甸、芦苇草甸（图3-3）、白茅草甸、茵陈蒿草甸、盐地碱蓬（*Suaeda salsa*）草甸（图3-4）、罗布麻（*Apocynum venetum*）草甸、补血草（*Limonium sinense*）草甸、蒙古鸦葱（*Scorzonera mongolica*）草甸、野大豆草甸等。

图3-3　黄河三角洲芦苇草甸

图 3-4　黄河三角洲盐地碱蓬草甸

3. 沼泽植被

在黄河三角洲地区，沼泽植被沿黄河、黄河故道、河汊、人工沟渠两岸、旧河床及湖滨、海滨地带的低洼地分布。组成沼泽植被的种类均为草本植物，以芦苇、荻、香蒲、荆三棱等湿生高大草本植物为主。沼泽植被分布区地势低洼，排水不良，土壤水分常过分饱和，汛期有季节性积水。优势种类为芦苇、香蒲（*Typha orientalis*）、菰（*Zizania latifolia*）、薹草属（*Carex*）、莎草属（*Cyperus*）、泽泻（*Alisma plantago-aquatica*）、野慈姑（*Sagittaria trifolia*）等。主要的群落类型为芦苇群落、香蒲群落、菰群落和薹草群落（图3-5、图3-6）。

图 3-5　黄河三角洲香蒲沼泽

图 3-6　黄河三角洲芦苇沼泽

4. 水生植被

黄河三角洲地区，水生植被多分布于小河沟和湖泊内，物种组成方面眼子菜科（Potamogetonaceae）和水鳖科（Hydrocharitaceae）占优势。区内的水生植被遍布大小水域，在淡水湖泊和池塘中生长得最为茂盛。水生植被的植物区系成分主要为世界和我国广布种，如菹草（*Potamogeton crispus*）、浮萍（*Lemna minor*）、荇菜（*Nymphoides peltata*）、苦草（*Vallisneria natans*）、眼子菜（*Potamogeton distinctus*）以及莲（*Nelumbo nucifera*）等（图3-7）。

主要群落类型有如下3种：

沉水植物群落： 建群种为沉水植物，本区最常见的为苦草（*Vallisneria natans*）+ 黑藻（*Hydrilla verticillata*）群落、菹草群落等。大多分布于水体内缘水深的地方，常以单优势种或两种以上组成植物群落。

浮水植物群落： 建群种为浮叶植物或漂浮植物。常见的有眼子菜群落、浮萍群落。

挺水植物群落： 建群种为挺水植物。最常见的为莲群落。

（a）菹草群落　　　　　　　　　　　（b）篦齿眼子菜群落

图3-7　黄河三角洲水生植被主要群落类型

第二节 黄河三角洲生态系统多样性

一、黄河三角洲生态系统类型

近代黄河三角洲是1855年以来黄河尾闾不断摆动形成的，每次黄河改道均形成一个小三角洲，12个舌状小三角洲相互套叠组成了近代黄河三角洲。近代黄河三角洲以宁海为顶点，多条黄河古河道自三角洲顶点呈掌状向外辐射分布于三角洲平原，形成掌状高地，河道高地之间分布着低洼平地，河道高地和低洼平地两种地貌类型交错分布，构成了三角洲平原的起伏形态。自三角洲顶点向海，随着离海距离的不同，地面高程、成土年龄、土壤盐渍化程度、地下水埋深以及植被类型均呈现明显的圈层带状分布，生态系统也因此呈现明显的区域分异，自海向陆依次分布着滩涂湿地、盐碱荒地和农耕地三个主要生态系统。

在目前的黄河入海口及沿黄两岸，湿地、新淤地分布比较集中，由于黄河水渗透的作用，新淤地土壤盐化程度很低。远离入海口的地方，由于淡水浸洗程度降低，土壤盐化程度增强，次生盐渍化的盐碱荒地生态系统逐渐占优势。黄河三角洲生态系统类型及其分布见图3-8（郗金标等，2002）。

图3-8 黄河三角洲主要生态系统类型及其分布

（参考郗金标等，2002，略作修改。）

各个生态系统内部，土壤盐分、地下水埋深等生态因素的分布也是不均匀的，因而导致了植被类型的多样化。依据植被外貌特征和群落建群种，每一个生态系统又可细分为不同的亚生态系统（表3-1）。各个亚生态系统之间存在着结构和功能的差异，系统边界比较明显，所以在利用的方向和重点上不尽相同（郗金标等，2002）。

表3-1 黄河三角洲主要生态系统类型
（参考郗金标等，2002，略作修改）

生态系统类型	主要亚生态系统类型
新淤地湿地生态系统	芦苇亚生态系统、天然柳林亚生态系统
滩涂湿地生态系统	滩涂光板地亚生态系统、盐沼亚生态系统
光板地、盐荒地生态系统	光板地生态系统、一年生盐生植物生态系统、禾草类多年生盐生植物草甸生态系统、柽柳灌丛生态系统、多年生杂草类盐生植物草甸生态系统
农田生态系统	农田生态系统、人工刺槐林生态系统

1. 新淤地湿地生态系统

集中分布于黄河入海口河道两侧，与滩涂湿地生态系统呈交错分布，向陆则和光板地、盐碱荒地生态系统呈复区分布。这是我国暖温带最年轻、最广阔、保存最完整的湿地生态系统。区内鸟类多样性丰富。该系统主要由芦苇亚生态系统、天然柳林亚生态系统构成，系统年轻且极不稳定，极易退化为重盐碱荒地，甚至沦为盐碱光板地。事实上，新淤地也正是目前黄河三角洲重盐碱地的主要来源。

2. 滩涂湿地生态系统

集中分布于环渤海沿岸和黄河入海口附近海滩，与渤海直接相连，该系统主要由滩涂光板地亚生态系统、盐沼亚生态系统构成。在日潮线以下分布着滩涂，地面几乎无植被覆盖；在日潮线以上至年高潮线之间，以一年生盐地碱蓬分布为主，偶见生长很差的柽柳，覆盖度低，多为5%~45%；在年高潮线以上，以盐沼亚生态系统分布最为集中，群落建群种主要有芦苇、大叶藻（*Zostera marina*）、扁秆荆三棱（*Bolboschoenus planiculmis*）等。受海水侵袭和强烈的顶托作用的影响，土壤矿化度很高（郗金标，1997）。由于系统内部环境因素恶劣易变、干旱少水等，极易导致该生态系统发生变化。

3. 光板地、盐荒地生态系统

向海一侧与滩涂湿地呈交错分布，该系统的主要特征是土壤盐分重，适生植物很少，植被覆盖率低，一般在40%以下，局部禾草类草甸植被覆盖率可达90%以上。该系统主要由光板地、一年生盐生植物、多年生禾草类盐生植物、多年生杂草类植物、柽柳灌丛等亚生态系统构成，群落建群种主要有盐地碱蓬、柽柳、獐毛、补血草等盐生植物和白茅等中生植物。在自然力作用下，土壤脱盐速度很慢，系统功能低下，演替进展缓慢，到达白茅群落阶段后，一旦遭受人为干扰，很容易退化甚至变为光板地，很难恢复。

4. 农田生态系统

分布于最里侧，即远离海洋，向海则与光板地、盐碱荒地生态系统交错分布，是目前黄河三角洲农业生产的主要场所。农田生态系统是其主体，水稻、小麦、玉米、棉花等是主要作物类型（图3-9）。此外，掺杂分布着次生盐生植被生态系统。该系统比较稳定，生产力较高，但由于农业耕作措施不当，尤其是灌水的原因，局部地段已经次生盐渍化或正在次生盐渍化，导致局部区域农田生态系统向次生盐生植被生态系统演替。

（a）稻田

（b）棉田

图 3-9　黄河三角洲农田生态系统

二、黄河三角洲生态系统特点

1. 植被类型多样，具有典型湿地生态系统特点

（1）植被类型多样，灌丛和盐生草甸是主要植被类型。黄河三角洲植被类型较为多样，包括森林、灌丛、草甸、沼泽、水生植被等不同类型。其中，灌丛和盐生草甸是最基本的类型，且种类组成和结构都相对简单，稳定性差，外貌呈现季节性，季相明显（图 3-10）。

（a）天然旱柳林

（b）人工刺槐林

（c）天然柽柳林

（d）盐地碱蓬草甸

（e）荻草甸　　　　　　　　　　　　　　　（f）芦苇草甸

图 3-10　黄河三角洲主要植被类型

灌丛主要是以柽柳为优势种的盐生灌丛。柽柳灌丛主要分布于滨海区，范围较大，多见于渤海湾沿岸海拔 1.8~3.0 m 的范围内。生境土壤常为沙壤土，含盐量为 0.7%~1.5%。组成群落的植物种类较为贫乏，多为本区盐生草甸的常见种，如盐地碱蓬、碱蓬、猪毛菜（*Salsola collina*）、獐毛、芦苇、白茅等。

受土壤盐分的影响，黄河三角洲草甸植被主要为盐生草甸。群落种类组成较为贫乏，多为单优群落；建群种和优势种为耐盐植物或泌盐植物，植物的解剖结构往往具有旱生植物的特征。常见的盐生草甸群落类型有芦苇草甸、盐地碱蓬草甸等。

黄河三角洲的植被分布与水分和盐分组合、动态变化密切相关，同时，人类活动和干扰也成为影响该区域植被分布和变化的重要因素。

（2）沼泽、水域面积大。湿地是黄河三角洲重要的生态类型，在维持黄河三角洲生态平衡中占有重要地位。黄河三角洲湿地解译资料显示，1977 年、1987 年、1996 年和 2004 年湿地面积分别占黄河三角洲面积的 35.03%、19.75%、27.66% 和 28.93%。草本沼泽如芦苇、香蒲沼泽以及酸模叶蓼（*Polygonum lapathifolium*）沼泽广泛分布，体现了该区域湿地生态系统的特点。水生植物分布也比较广泛，沉水植物群落主要是金鱼藻（*Ceratophyllum demersum*）、黑藻（*Hydrilla verticillata*）群落，竹叶眼子菜（*Potamogeton malaianus*）群落和川漫藻（*Ruppla rostellata*）群落；浮水植物群落以浮萍（*Lemna minor*）、品藻（*Lemna trisulca*）群落，紫萍（*Spirodela polyrrhiza*）、浮萍群落和眼子菜群落为主；挺水植物以人工莲（*Nelumbo nucifera*）群落为主。

2. 潮间带及近海岸湿地物种繁多

海岸带生态系统处于海洋与陆地交接地带，生物物种繁多。黄河三角洲濒临渤海，海岸线长达 191 km，滩涂广阔，是贝类良好的繁殖场所。有贝类近 40 种，其中文蛤、蛏、毛蚶、四角蛤、牡蛎、光滑兰蛤为重要经济贝类。鸟类种类以黄河口附近湿地生态系统最多，有 265 种，其中 152 种属于中日保护候鸟及其栖息地协定中的鸟类，具有较高的生物保护价值（赵延茂等，1995）。在植物组成上，适应海洋气候、潮土和滨海盐土的植物种占优势。由滩涂向内地推进，随着含盐量的减少，植物分布逐渐由盐生植被、沼泽植被演化为草甸、砂生植被、温带落叶阔叶疏林灌丛（如杨 *Populus tomentosa*、柳 *Salix matsudana*、槐 *Sophora japonica*、榆 *Ulmus pumila* 等）和栽培植被。

3. 系统具有不稳定性和脆弱性

（1）系统具有不稳定性：黄河自 1855 年改由现黄河口入海以来，河口又经历了 10 次改道，岸线始终处于变化之中。岸线不断向深海延伸的同时，也受海浪和潮流的作用出现蚀退。整个系统处于不断变化之中，极不稳定。1976 年以来，黄河三角洲面积变化见表 3-2。

黄河三角洲淤积方向随黄河入海口而定，1953~1976 年间，黄河入海口经过两次改道由北部入海，在此期间，在北部淤积了大面积土地，净淤积面积为 548.3 km²。1976 年后，黄河改道由东南清水河入海，黄河又在东南部淤出大面积土地，整个黄河入海口呈舌状突出。1976 年改道后新淤出的土地又称为新黄河三角洲。由此可见，黄河三角洲始终处于淤积与蚀退动态变化进程中，边界是不稳定的，就整个系统而言，

表 3-2　1976 年以来黄河三角洲面积变化

年份	面积 /hm²
1977	204 349.44
1987	230 320.44
1996	239 064.48
2004	245 415.87

是一个不稳定的湿地生态系统。

（2）系统处于海陆过渡地带，受风暴潮影响严重，具有脆弱性：黄河三角洲地区滩涂广阔，坡度平缓，海区水深较小，因此，在持续较强的东北风作用下，该区沿岸增水明显，尤其是当东南大风转为东北大风之后，极易形成风暴潮。

据研究资料（陈沈良等，2007）显示，黄河三角洲地区自明朝初年至 1949 年的 580多年中，曾发生约 60 次风暴潮，平均每 10 年一次；1949~1997 年的 49 年间，黄河三角洲地区共发生风暴潮 6 次，平均每 8 年一次，其中 4 次为特大风暴潮，平均每 12 年一次。

风暴潮不仅会造成巨大的经济损失，而且对黄河三角洲生态环境也会造成严重影响。风暴潮过后，大面积陆地被海水淹没，土壤盐渍化程度加重，植被死亡。土壤需经过多年的脱盐作用，才能使耐盐植物侵入。黄河三角洲地区风暴潮频繁发生，使该地区生态环境更加脆弱。

总之，黄河三角洲处于海洋向陆地的过渡地带，同样也是水陆交错带，多种生态系统在此交替，自然灾害（旱、涝、风暴潮）频繁，从而导致了黄河三角洲总体生态环境的脆弱性。就整个生态系统而言，抗干扰能力弱，系统对外界变化的适应能力较差。人类不合理的开发，也会降低生态系统的自我恢复能力，使生态系统发生进一步退化。这是今后开发黄河三角洲不容忽视的一个重要问题。

第三节　黄河三角洲生物多样性研究现状

黄河三角洲地区生物资源丰富，是目前我国三大三角洲中唯一具有保护价值的原始植被地区，是地球上最完整、最广阔、最年轻的湿地生态系统（高晓奇等，2017）。但是 20 世纪后期以来，黄河水沙资源减少，断流频发，湿地萎缩、生态功能退化、物种多样性衰减等生态环境问题随之而来（Cui et al., 2009）。随着工农业不断发展，人类干扰逐渐增多，天然湿地面积减少，部分生境出现污染，对该地区的生物多样性造成了严重威胁。黄河三角洲生物多样性遭到破坏的主要表现是生态系统受到威胁、物种和遗传多样性遭受损失等（田家怡等，1999b）。袁西龙等（2008）在对黄河三角洲地区生态地质环境演化的研究中发现，由于人类开发活动的逐渐增多，该地区天然湿地受到越来越多的威胁，滨海生产力不断降低，优势种发生改变，甚至出现一些物种消失。因此，加强对黄河三角洲地区生物多样性的保护是一项迫在眉睫的工作，越来越多的学者将目光聚集在黄河三角洲地区。

1991 年，山东省将黄河三角洲的综合开发保护列入全省跨世纪工程。1992 年 10月，国务院批准建立了山东黄河三角洲国家级自然保护区，并定位为以保护湿地生态系统和珍稀濒危鸟类为主体的多功能湿地生态系统保护区。黄河三角洲国家级自然保护区总面积为 1 530 km²，占黄河三角洲面积的 1/5，是全国最大的河口三角洲自然保护区，也是世界上典型的湿地生态系统。黄河三角洲的植被集中分布在保护区内，因此可以认为保护区内的生物多样性基本可以代表黄河三角洲的生物多样性（李政海，2006）。1994 年，黄河三角洲地区资源开发与环境保护被列入中国 21 世纪议程优先项目计划（第一批）。1995 年，山东省环境保护局下达了"黄河三角洲生物多样性保护与可持续利用的研究"课题。2013 年，黄河三角洲自然保护区加入国际重要湿地。2017 年 1 月，黄河三角洲自然保护区被山东省林业厅、山东电视台联合评为"山东最美湿地"，同年被列入世界自然遗产地预备名录。2018 年 8 月 6 日，山东省人民政府办公厅印发的《山东省打好自然保护区等突出生态问题整治攻坚战作战方案（2018~2020 年）》中强调要加强生物多样性保护，开展黄河三角洲自然保护区生物多样性调查。2019 年 9 月 18 日，习近平总书记在黄河流域生态保护和高质量发展座谈会上发表重要讲话，强调了黄河三角洲地区湿地生物多样性构成了我国重要的生态屏障，要做好保护工作，提高生物多样性。

一、植物多样性研究现状

周光裕等人在 1956 年对山东省沾化区徒骇河东岸荒地群落类型、分布规律等进行了较为全面的研究，可以说是黄河三角洲地区最早的植被研究。随后，在 1993 年由《山东大学学报（自然科学版）》出版的《黄河三角洲植被研究专辑》中，王仁卿、张治国等人总结了黄河三角洲地区近 10 年的主要植被类型、植被发生及演替规律、植物资源利用等资料，为后续对该地区的研究奠定了基础。专辑中记录了黄河三角洲地区生长着近 500 种植物，其中药用植物约 300 种，并提出充分利用和保护这些植物资源的重要性。贾文泽等人（2002）在 1996~1998 年间在黄河三角洲地区鉴定出海洋浮游植物 116 种，隶属于 4 门 11 目 16 科；淡水浮游植物 291 种，隶属于 8 门 41 科 97 属，占中国淡水浮游植物的 26%；高等植物 608 种，隶属于 4 门 111 科 380 属，其中湿地高等植物 74 科 201 属 301 种，占总数的 49%。

不同的地貌、水文、土壤等条件，造就了不同的植被类型，黄河三角洲地区主要的植被类型是灌丛和盐生草甸，组成十分单调，群落结构单一，容易受到各种人为和自然力的破坏（余悦，2012）。对该地区植物多样性的研究既有宏观上对种群数量、形态的研究，也有微观上对遗传多样性的分析。

郭卫华（2001）通过等位酶标记对黄河三角洲湿地芦苇种群的遗传多样性进行了一系列分析，发现芦苇群落具有较高的遗传变异水平，盐渍化生境和淡水生境中的种群在遗传上明显分开，芦苇种群的遗传多样性受多种因素的综合作用。宋百敏（2002）

运用生态学的原理和方法,对黄河三角洲盐地碱蓬种群宏观上的数量动态及形态分化、微观上的遗传多样性进行了分析,发现微环境和种群内的基因流使该地区盐地碱蓬具有较高的遗传多样性,遗传多样性可以用形态多样性来粗略估计。Liu 等人(2021)通过调查黄河三角洲普通芦苇在田间和园林中表现出的功能性状,发现其存在显著差异,可见芦苇种群可根据生境条件进行自然选择,河流通过水锚扩散和生境选择塑造了黄河三角洲常见芦苇的遗传多样性。

3S 技术具有宏观性、系统性、周期性、成本低等特点,随着该项技术的不断发展,被越来越多地应用在区域动态研究上,是系统研究黄河三角洲动态变化的重要方法。宗美娟(2002)通过对黄河三角洲地区的主要植被进行数字化模拟发现,新生湿地上占主要地位的是草本植物,优势种明显,但物种多样性并不突出;植物区系成分带表现出过渡性特点,植被从沿海向内陆分布有明显的演替现象。张高生(2008)运用 RS、GIS 对黄河三角洲地区 1977~2004 年近 30 年间的群落演替和植被动态进行了分析研究,发现现代黄河三角洲植物群落自然演替属于原生演替,演替过程与土壤水盐动态关系密切,在无人为干扰的情况下,演替序列为裸地→盐地碱蓬(*Suaeda salsa*)群落→柽柳(*Tamarix chinensis*)群落→草甸,演替活跃区主要集中在北部和东部近海岸区和东南部黄河新淤进区域。吴大千(2010)同样运用 RS 和 GIS 技术系统地研究了黄河三角洲植被的空间格局,得出了基本相同的结论:土壤水分和盐分的交互作用是影响黄河三角洲植被环境关系的决定性要素,植被空间格局在大尺度上存在基于地形要素的水分再分配调控作用。

二、动物多样性研究现状

黄河三角洲地区因其丰富的鸟类资源,一直是有关专家、学者关注的焦点,是世界范围内研究鸟类,尤其是重点鸟类至关重要的地区(赵延茂,1997)。

从整体上看,黄河流域下游三角洲地区及邻近平原拥有较高的鸟类物种多样性。段菲等人(2020)通过收集 2009~2019 年黄河流域鸟类实地观测记录,总结得出,黄河流域共拥有鸟类662种，占中国鸟类物种总数的45.81%，其中121种受威胁鸟类中，分别有22种和73种被列为国家Ⅰ级和Ⅱ级重点保护野生动物。这些受威胁鸟类集中分布在黄河三角洲及邻近平原区。由此可见，黄河三角洲地区在我国鸟类保护中的重要地位。除鸟类外，其余陆栖动物还有扁形动物2目8科17种、线形动物2目18科38种、环节动物的3种蚯蚓、软体动物3目6科10种、节肢动物16目155科854种、两栖动物1目3科3属6种、爬行类动物3目5科8属12种（贾文泽等，2002）。

相比鸟类，对黄河流域鱼类的研究较少，更多基础信息有待挖掘。赵亚辉等人（2020）对黄河流域的淡水鱼进行了研究，发现近几十年来，黄河鱼类多样性表现出显著下降的趋势，黄河中的鱼类只占中国淡水鱼类总种数的8.9%。与上游和中游相比，黄河三角洲所处的下游地区鱼类物种组成丰富，但特有鱼类和受威胁物种占比最低，多样性现状最差，这种情况与黄河的发展历史密切相关。

此外，田家怡等人（2001）在1995~1996年间对黄河三角洲地区土壤动物多样性进行了定性、定量调查，发现该地区土壤动物种类、数量与土壤成土年龄相关，新生淤地组成较为单一，夏季多样性程度较为高，与土壤均匀度成正相关，与单纯度成负相关。徐恺（2020）对黄河三角洲湿地大型底栖动物和土壤微生物群落进行了调查分析，发现在夏季和秋季，节肢动物门和软体动物门是该地区主要的大型底栖动物。不同季节对应不同生活方式的物种，夏季主要是钻蚀型和底埋型，秋季主要是底栖型和底埋型。李宝泉等人（2020）对黄河三角洲潮间带及近岸浅海区域大型底栖动物进行了深入研究，在春、夏、秋三季的取样样品中发现了187种大型底栖动物，但其存在明显的时空差异。潮间带以软体动物、甲壳动物和多毛类动物为主，春季较多，夏秋两季较少；近岸浅海区域以甲壳动物、鱼类和软体类动物为主，鱼类物种数在不同季节间变化较大。由于该区域环境因子的频繁变化，大型底栖动物群落结构也产生了较大的变化。贾文泽等人在1996~1998年间对黄河三角洲地区海洋生物、淡水生物多样性进行了多次较为全面的调查。监测结果表明，淡水和海洋中的物种分布有着较大的差别，海洋中浮游动物79种，底栖动物222种；淡水中浮游动物144种，底栖动物69种。

三、微生物多样性研究现状

与黄河三角洲植被研究相比，有关微生物的研究起步较晚，但发展迅速。张明才（2000）发现黄河三角洲新生湿地生态系统柽柳群落的土壤微生物中，放线菌数量相对其他土壤较多，真菌数量相对较少，总量较少，优势种明显。此外，他还发现土壤微生物数量随季节而变化，与土壤中有机质成不显著正相关。氨态氮的含量影响着硝化细菌的数量，硝态氮的含量影响着反硝化细菌的数量。Wang 等人（2010）通过比较光板地与 5 种常见植物下根际微生物的数量、活性和多样性，发现微生物群落受季节、盐分含量的影响，盐分和微生物群落的数量、活性之间成显著负相关。余悦（2012）从功能多样性、结构多样性、遗传多样性 3 个方面对春、秋两季黄河三角洲湿地典型植被不同深度中的土壤微生物多样性进行了分析，发现随着植被的演替，春季各植物群落下土壤中不同深度的细菌、真菌总量均表现出先减后增的趋势，秋季表现出逐渐增加的趋势；不同演替阶段的主要微生物群落结构不同，在沿海岸线垂直方向上有一定的空间分布规律。梁楠等人（2021）分析了盐地碱蓬和芦苇混生群落中土壤微生物多样性与粒径组成的关系，发现粉粒含量和微生物多样性有显著相关性，这可能是因为粉粒的增加改善了土壤的透气性，微生物繁殖加快，多样性因此提高。Lu 等人（2021）通过模拟氮沉降，发现土壤微生物对不同浓度氮的响应不尽相同，高沉降浓度虽使土壤中养分增加，但土壤微生物多样性却有所降低。Gao 等人（2021）研究了 6 个典型群落演替过程中土壤微生物群落的变化，结合土壤理化性质，发现土壤盐分、土壤有机碳和全氮是影响黄河三角洲土壤微生物多样性的主要因素，微生物丰度随正向演替而增加。

对微生物的研究不仅限于对其自身的数量、种类、分布规律的研究，越来越多的研究讨论了微生物与植物、动物的关系。植物群落与微生物群落多样性的关系是生态学研究的重要方面（Wardle et al., 2004）。余悦（2012）对微生物功能多样性的研究表明，在黄河三角洲原生演替过程中，随着植物群落的改变，微生物表现出规律的变化，生物量随植被演替的进行逐渐增加，反映了微生物利用土壤中碳源的能力逐渐提高，但微生物多样性没有明显改变。Li 等人（2021）在对植物、环境和微生物群落的研究中发现，土壤微生物多样性因地表植被的不同而有所差异，表现出正相关，土壤微生物结构的多样性明显高于植物内生菌。徐恺（2020）发现黄河三角洲大型底栖动物与微生物物种丰度之间存在着促进关系，且这种相互作用会影响不同生境间群落结构的多样性差异。土壤微生物的代谢活动能够促进土壤元素的循环，进而影响大型底栖动物的群落结构，同时，大型底栖动物通过摄食、生活方式的改变影响土壤的结构组成、营养状况，最终反作用到土壤微生物自身。

四、影响生物多样性的因素

在对黄河三角洲地区生物多样性进行系统调查的基础上，对影响黄河三角洲地区生物多样性的因素的研究也在逐渐增多。黄河含沙量的减少打破了泥沙淤积和海水侵蚀的平衡，土壤盐渍化加剧、肥力下降，出现逆向演替，导致湿地生物多样性降低（陈怡平，2021）。曹越等人（2020）在基于三类分区框架对黄河流域生物多样性的研究中总结出栖息地丧失和退化、气候变化、污染、过度开发与不可持续利用和外来物种入侵是影响生物多样性的直接因素。李政海等人（2006）通过 2003 年 9 月和 2004 年10 月两次实地调查得出，黄河三角洲地区的生物多样性与其上游地区表现出相关性，河流对该区域生物多样性影响巨大，植被表现出结构简单、覆盖度低、抗盐、抗旱的特点，重点保护动物种类多，具有重大的生物多样性保护意义。湿地退化会降低生物多样性，通过淡水释放来恢复退化湿地可以保持生物多样性和加强湿地生态环境健康（Yang et al., 2017）。宗美娟（2002）认为人为干扰和自然灾害是影响黄河三角洲植物的两大主要因素。50 年代后期，人们缺少对黄河三角洲的正确认识，过度放牧、开垦等行为造成了林地大面积减少，加剧土壤盐渍化；海潮等自然灾害的发生使植被种类及数量发生了跳跃式变化，生物多样性遭到了破坏。孙远等人（2020）对黄河流域被子植物和陆栖脊椎动物多样性的研究表明，环境异质性和气候是决定黄河流域物种丰富度的主要因素，但人类活动对其造成的影响有待进一步研究。与流域其他地区相比，华北平原气候季节性变化大且环境异质性较低，因此被子植物丰富度较低，陆栖脊椎动物丰富度处于中等水平。修玉娇等人（2021）研究了黄河三角洲底栖动物群落与环境的关系，发现底栖动物在潮汐区的生物量和丰度多于淡水补给区，群落结构和生物多样性有明显差异。可见，在对黄河流域生物多样性保护过程中要充分考虑不同生态系统和空间的异质性（傅声雷，2020）。

此外，生物入侵也被认为是影响生物多样性的重要因素之一，外来生物可使本地物种灭绝，引发连锁型灭绝效应，严重降低生物多样性（殷万东等，2020）。孙工棋等人（2020）在对黄河流域湿地鸟类多样性保护的研究中得出，河流断流、入海水量减少、湿地退化、外来物种入侵等问题是影响下游黄河三角洲地区鸟类种群多样性的主要因素，并提出了相应的保护措施，如做好下游河段地上宣传治理和风险防控工作、加强水鸟栖息地管理等方法。

本章小结

黄河三角洲有着中国暖温带最广阔、最完整的新生河口湿地生态系统，是东北亚内陆和环西太平洋鸟类迁徙的重要越冬栖息地和繁殖地，是生物多样性保护的热点地区和生态保育的难点地区。黄河三角洲特有的多种物质交汇、多种动力系统相互作用的多重生态界面决定了黄河三角洲植被的特殊性以及自然灾害频发、生态系统脆弱的特点，是研究植被分布格局的理想区域。本章主要介绍了黄河三角洲的植被特征，包括该区域的植物多样性、生态系统多样性以及目前生物多样性的研究现状，能够使读者进一步了解黄河三角洲的植被特征与生态系统特点。

第四章
黄河三角洲
植物群落演替数量分析
与空间分布特征

黄河三角洲内的植被分布格局主要受土壤盐分及水分的影响（李兴东，1993；王仁卿等，1993a）。根据《中国植被（1980）》的植被区划，黄河三角洲属于暖温带落叶阔叶林区域、暖温带北部落叶栎林亚地带和黄海河平原栽培植被区。由于黄河三角洲为新生湿地，这就决定了区域内基本没有地带性植被，多为隐域性植被，植物种类的分布受周围生境的影响比较明显。在黄河及引黄灌渠的两岸、坑塘和洼地，水分充足，土壤潮润，潜育化明显，形成了以芦苇为主的沼泽植被；而在地势低平、受海潮侵蚀的广大滩涂，土壤含盐量高，主要分布着碱蓬（*Suaeda glauca*）、柽柳（*Tamarix chinensis*）、芦苇（*Phragmites australis*）等盐生植物；由滩涂向内地推进，盐生碱蓬逐渐增多，构成单优势的肉质盐生植物群落（主要是盐地碱蓬群落），同时在有柽柳种子库的区域逐渐发育成以柽柳为主的柽柳灌丛；随着地势的升高，当海拔在 3 m 以上时，土壤含盐量降低，有机质增加，形成了有一定抗盐特征的一年生和多年生草甸植被，建群种和优势种主要有蒿类（*Aremisia*）、獐毛（*Aeluropus littoralis*）、白茅（*Imperata cylindrica*）、狗尾草（*Setaria viridis*）、补血草（*Limonium sinense*）等；在黄河的北侧河滩地上，土壤的含盐量较低，较为肥沃，分布着天然实生柳林，主要种类有旱柳（*Salix matsudana*）、杞柳（*Salix integra*）等，林下植物为白茅、芦苇。黄河三角洲内的水生植被主要分布在纵横交错的沟渠、河流和星罗棋布的水库、池沼中，主要有以金鱼藻（*Ceratophyllum demersum*）为主的沉水水生植被，以浮萍（*Lemna minor*）、紫萍（*Spirodela polyrhiza*）为主的浮水水生植被和以莲（*Nelumbo nucifera*）为主的挺水水生植被。

一般认为，黄河三角洲植被演替存在如下规律（王仁卿等，1993a）：在黄河三角洲沿海滩涂和低洼积水的重度盐渍土环境中，较先形成的植物群落为一年生盐生植物碱蓬群落，而在黄河入海口附近的轻度盐渍化湿地则形成以旱柳（*Salix matsudana*）、杞柳（*Salix integra*）等为主的柳林。伴随植物的生长，群落生境地下水埋深和土壤盐分含量发生明显变化，导致群落发生演替。其中碱蓬群落的演替主要表现为两种情况，一种情况是随着碱蓬群落的生长和土壤盐分的不断淋洗，土壤脱盐但地下水埋深变化不大，生境常年积水或季节性积水。碱蓬由于不能忍受经常性积水的危害而逐渐被芦苇群落所取代。芦苇的生长产生大量的枯枝落叶，加快了地面抬升进程和土壤脱盐过程，土壤逐渐旱化，盐分进一步降低。因此，一些较耐盐的喜欢湿润生境的植物开始侵入，芦苇群落逐渐被獐毛群落、补血草群落、补血草－柽柳群落所替代，直至演替到白茅群落和落叶阔叶林群落。另一种情况是随着碱蓬群落的生长，地面不断抬升，地下水埋深增加而土壤盐分没有太大的改变。这时由于淡水资源的相对缺乏，一年生碱蓬植物种子的萌发受到抑制，而柽柳等一些多年生盐生植物由于种子萌发后可以迅速形成发达的根系，因此具有更强的适应性。结果是碱蓬群落逐渐被较为抗旱的盐生植物柽柳所取代，而演替为碱蓬－柽柳群落或柽柳群落。柽柳的生长有效地覆盖了地面进而加快了土壤的脱盐过程，随着土壤盐分的降低，一些耐盐能力稍低的植物开始侵入并逐渐表现出更强的竞争力，结果柽柳群落逐渐演替为柽柳－獐毛群落、白茅群落，直至最后演替为地带性落叶阔叶林群落。

为验证以上观点，笔者对黄河三角洲植物群落演替数量与空间分布特征进行了分析。本章节的研究是黄河三角洲植被研究的基础工作，对黄河三角洲植被的动态特征、分类与分区研究，以及该区域的植被恢复与重建、植被开发与利用等都具有重要意义。

第一节　黄河三角洲植物群落演替数量分析

本节主要利用野外实地调查来对黄河三角洲的植物群落演替进行分析（张高生，2008）。野外调查时间为 2004 年 6 月。在黄河三角洲共布 27 个调查区，每个区调查 4~5 个重复样，共调查样方 124 个。考虑到黄河三角洲湿地的实际情况，在样方布设时，主要采用均匀布设法。样方大小在灌丛中为 4 m²，草甸为 1 m²。野外调查样方布设位置详见图 4-1。

每个样方记录内容包括：

1.用 GPS 记录每个样方的经纬度。

2.记录植物种名、株数、多度、盖度、高度（一般、最高）、物候期，同时记录样方外的主要伴生种。

3.地上生物量（鲜重）称量。

4.土样采集。用取土钻分别取 0~30 cm 适量土样，混合均匀后，进行土壤全盐量测量。

根据野外调查资料，计算各样方中的相对盖度、相对频度、物种的重要值和物种多样性。

相对盖度 =（某种植物的盖度 / 所有植物种的盖度和）× 100%

相对频度 =（某种植物的频度 / 所有植物种的频度和）× 100%

灌木及草本的重要值 IV=（相对频度 + 相对盖度）/2

物种多样性指数选用以下 5 个指数，其中 1 个丰富度指数、2 个均匀度指数和 2 个综合多样性指数。

1.Shannon-Wiener 多样性指数（H'）

$$H' = -\sum P_i \ln P_i$$

图 4-1　黄河三角洲样方布设位置

2.Simpson 多样性指数（DS）

$$DS = 1 - \sum (N_i / N)^2$$

3.Pielou 均匀度指数（JP）

$$JP = - \sum P_i \ln P_i / \ln S$$

4.Alatalo 均匀度指数（EA）

$$EA = \frac{\left(\sum P_i^2\right)^{-1} - 1}{\exp(- \sum P_i \ln P_i) - 1}$$

5.Margalef 丰富度指数（Ma）

$$Ma = (S - 1) / \ln N$$

式中：N_i 为第 i 个物种在样方中的重要值，N 为样方中所有物种重要值之和，$P_i = N_i / N$，S 为样方中的植物种数。

群落演替度计算公式如下：

$$D_i = [\sum_{i=1}^{P} (I_i d_i) / P] V$$

式中：D_i 为第 i 个群落的演替度；I_i 为物种 i 的寿命，通常依生活型确定，即一年生植物为 1，二年生为 2，地上芽植物、地面芽植物和隐芽植物等于 10，大灌木和小乔木为 50，中乔木和大乔木为 100；P 为物种数；V 为植被率；d_i 为物种 i 的优势度（张金屯，1995）。

一、植物群落演替阶段划分

利用 TWINSPAN 聚类方法将 124 个样方分为两大类 16 个组，结合植物群落演替规律，划分为三大类，12 个小类，分别代表不同演替阶段的植物群落类型（图 4-2、图 4-3）。三大类为：以碱蓬（*Suaeda glauca*）为优势种的群落（Ⅰ）；以柽柳（*Tamarix chinensis*）为优势种的群落（Ⅱ）；以芦苇（*Phragmites australis*）、稗（*Echinochloa littoralis*）、白茅（*Imperata cylindrica*）为优势种组成的草本群落（Ⅲ）。每一演替阶段中，又可分为小的阶段，这与演替时间长短、土壤脱盐情况和土壤的水分含量、

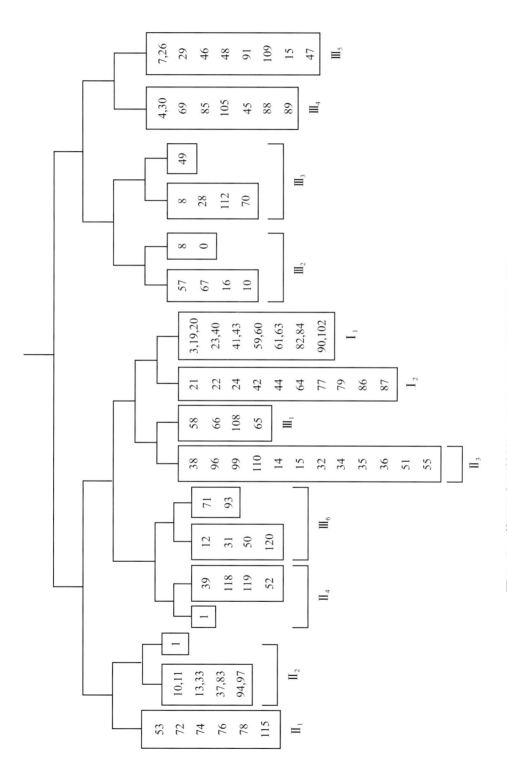

图 4-2　黄河三角洲植被 TWINSPAN 分类结果聚类图

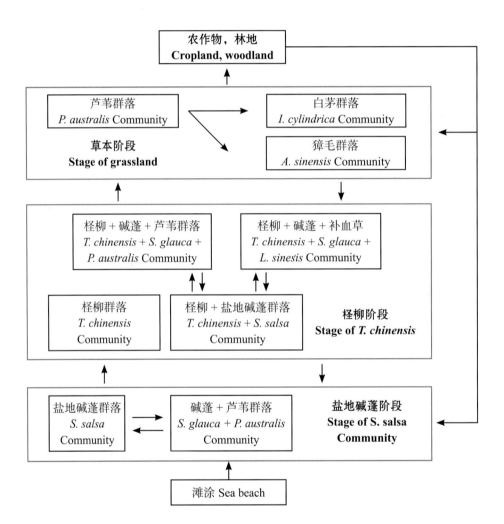

图4-3　黄河三角洲植物群落自然演替类型

优势种类的变化密切相关。不同阶段的种类组成及群落结构特征都有差异。

（一）Ⅰ盐地碱蓬群落阶段

以盐地碱蓬为优势种，分布于离海岸线较近、土地低洼、土壤含盐量较高的区域。此群落为黄河三角洲先锋群落，是该地区自然演替的初级阶段。先锋群落经过开敞的群落阶段，随着盐地碱蓬覆盖率的提高，群落下土壤理化性质及结构得到改善，一些耐盐的物种开始侵入此群落，群落出现分化，构成以碱蓬为优势种的群落。依群落特征，此阶段又分为以下群落类型。

1.Ⅰ₁盐地碱蓬群落（*Suaeda salsa* Community）

群落以盐地碱蓬为单优势种，形成单优群落。群落多度在 Sp（少）~ Cop³（很多）之间，盖度在 5%~95% 之间，生物量为 1.22 kg/m²。该群落分布于海拔低于 1.8 m 的低平洼地，群落分布较为集中，有些为连片分布，有些为斑块分布。

2.Ⅰ₂盐地碱蓬 + 芦苇群落（*Suaeda salsa+ Phragmites australis* Community）：以

盐地碱蓬、芦苇为优势种，其他伴生种较少，多分布于低洼、土壤含盐量相对较高区域。碱蓬多度为 Sp（少）~ Soc（极多），盖度为 15%~95%；芦苇多度为 Sol（稀少）~ Cop¹（尚多），盖度为 2%~50% 之间，群落生物量为 1.02 kg/m²。

在少数地方还伴生有补血草（*Limonium sinesis*）、蒙古鸦葱（*Scorzonera mongolica*）、平车前（*Plantago depressa*）等。

（二）Ⅱ柽柳群落阶段

柽柳群落阶段是碱蓬群落演替到一定阶段后，随着地面抬升、地下水位下降，在有柽柳种源的地方逐渐演替形成的群落阶段。此阶段土壤进一步脱盐，土壤有机质较盐地碱蓬阶段丰富，具体有以下群落类型。

1. Ⅱ₁柽柳群落（*Tamarix chinensis* Community）

柽柳为优势种，组成群落的植物种类较为贫乏，是单优群落。柽柳盖度在 30%~50% 之间，平均高度 130~175 cm，此群落分布区土壤含盐量较高。

2. Ⅱ₂柽柳 + 碱蓬群落（*Tamarix chinensis + Suaeda glauca* Community）

以柽柳和碱蓬为优势种，其他伴生种较少或没有。柽柳盖度为18%~50%，碱蓬盖度为15%~100%，此群落分布区土壤含盐量相对较高。

3. II₃柽柳＋碱蓬＋芦苇群落（ *Tamarix chinensis+Suaeda glauca+Phragmites australis* Community **）**

以柽柳、碱蓬、芦苇为优势种，少数样点有茵陈蒿（*Artemisia capillaris*）、白茅、萝摩（*Metaplexis japonica*）伴生，柽柳频度为94%，碱蓬频度为94%、芦苇频度为100%，茵陈蒿出现频度为24%，白茅和萝摩频度均为6%。柽柳盖度为11%~67%；碱蓬多度Sol（稀少）~Soc（极多），盖度2%~90%；芦苇多度在Sol（稀少）~Cop（多）之间，盖度在2%~70%之间。除柽柳外，此群落生物量为0.054 kg/m²。

4. II₄柽柳＋碱蓬＋补血草群落（ *Tamarix chinensis+Suaeda glauca+Limonium sinesis* Community **）**

以柽柳为优势种，碱蓬、补血草为次优势种，有些样点还伴生有芦苇、獐毛（*Aeluropus littoralis*）。柽柳、碱蓬和补血草出现频度均为100%，芦苇出现频度为80%，獐毛为40%。柽柳盖度在7%~30%；碱蓬多度为Sol（稀少）~Cop²（多），盖度为2%~40%；补血草多度为Sol（稀少）~Cop¹（尚多），盖度为5%~40%。除柽柳外，此群落生物量为0.04 kg/m²。

（三）III草甸阶段

草甸阶段是由两条演替途径发展而来。一是随着碱蓬群落的生长和土壤盐分的不断淋洗，土壤脱盐但地下水埋深变化不大，生境常年积水或有季节性积水。碱蓬由于不能忍受经常性积水的危害而逐渐被芦苇群落所取代。芦苇的生长产生大量的枯枝落叶，加快了地面抬升和土壤脱盐过程，土壤盐分进一步降低，一些较耐盐的喜湿植物开始侵入，芦苇逐渐被獐毛、补血草群落所替代，直至演替为白茅群落，形成各类草甸。

另一种情况是由柽柳群落演替而来。柽柳生长有效地覆盖了地面，进而加快了土壤脱盐过程，随着土壤盐分降低，一些耐盐能力稍低的植物开始侵入并逐渐演替为柽柳–獐毛群落、白茅群落。此阶段主要有以下群落类型。

1. Ⅲ₁ 芦苇＋碱蓬＋罗布麻／萝摩群落（*Phragmites australis+Suaeda glauca +Apocynum venetum* Community）

以芦苇为优势种，碱蓬、罗布麻、萝摩为次优势种。芦苇、碱蓬出现频度为100%，罗布麻出现频度为50%，萝摩出现频度为66%。此类分为两个群落类型，有罗布麻分布的为芦苇＋碱蓬＋罗布麻群落，有萝摩分布的为芦苇＋碱蓬＋萝摩群落。芦苇多度为Sol（稀少）~Soc（极多），盖度为10%~90%；碱蓬多度为Sol（稀少）~Cop¹（尚多），盖度为1%~50%；罗布麻多度为Sol（稀少）~Sp（少），盖度为5%~15%；萝摩多度为Sol（稀少）~Sp（少），盖度在5%。此群落生物量为0.2 kg/m²。

2. Ⅲ₂ 芦苇＋萝摩＋茵陈蒿群落（*Phragmites australis+Metaplexis japonica +Artemisia capillaries* Community）

以芦苇为优势种，萝摩、茵陈蒿为次优势种，有些样点还伴生少量野大豆（*Glycine soja*）、稗（*Echinochloa littoralis*）、小蓟（*Cirsium segetum*）、红蓼（*Polygonum orientale*）、罗布麻等。芦苇频度为100%，茵陈蒿、萝摩、野大豆频度均为100%，稗频度为75%，小蓟频度为50%，红蓼频度为25%。芦苇多度在Cop²（多）~Soc（极多）之间，盖度在50%~100%之间；茵陈蒿多度在Sol（稀少）~Sp（少）之间，盖度在2%~5%；萝摩多度在Sol（稀少）~Sp（少）之间，盖度在2%~5%之间。此类群落物种较为丰富，属于此类群落的4个1 m²样方共出现11种，平均每个样方出现7种。群落生物量为2.58 kg/m²。

3. Ⅲ₃ 稗＋苦菜＋芦苇群落（*Echinochloa littoralis+Ixeris chinensis+Phragmites australis* Community）

以稗为优势种，苦菜、芦苇为次优势种，有些样点还伴生有委陵菜（*Potentilia chinensis*）、野大豆、灰绿藜（*Chenopodium glaucum*）、藜（*Chenopodium album*）等。稗、苦菜、芦苇频度均为100%，野大豆、委陵菜频度均为50%，灰绿藜、藜出现频度为25%。稗多度为Cop³（很多）~Soc（极多），盖度为50%~95%；苦菜多度为Sol（稀少）~Sp（少），盖度为2%~10%；芦苇多度为Sol（稀少）~Sp（少），盖度为 5%~25%。组成此群落的物种比较丰富，在此类 4 个 1 m² 样方中共出现 10 种，平均每个样方出现 5 种。群落生物量为 0.41 kg/m²。

4. III₄ 芦苇 + 野大豆群落（*Phragmites australis+Glycine soja* Community）

以芦苇、野大豆为优势种，有些样点有罗布麻、白茅伴生，构成芦苇 – 罗布麻、芦苇 – 白茅群落。芦苇频度为 100%，野大豆频度为 38%，罗布麻、白茅频度均为 25%。芦苇多度在 Sol（稀少）~Soc（极多）之间，盖度为 5%~90%；野大豆多度在 Sol（稀少）~Cop（很多）之间，盖度为 5%~40%。群落生物量为 1.85 kg/m²。

5. III₅ 白茅 + 野大豆群落（*Imperata cylindrica+Glycine soja* Community）

以白茅、野大豆为优势种，有些样点伴生有加拿大飞蓬（*Conyza canadensis*）、芦苇，个别样点伴生有红蓼、茵陈蒿等。白茅频度为 100%，野大豆频度为 89%，芦苇频度为 78%，加拿大飞蓬频度为 44%。白茅多度在 Sol（稀少）~Soc（极多）之间，盖度为 5%~90%；野大豆多度在 Un（个别）~Soc（极多）之间，盖度在 5%~93% 之间。组成群落的物种较为丰富，属于此类群落的 9 个 1 m² 样方中共出现 11 种，平均每个样方出现 4 种。群落生物量为 1.14 kg/m²。

6. III₆ 獐毛 + 芦苇 + 碱蓬群落（*Aeluropus Littoralis+Phragmites australis +Suaeda glauca* Community）

以獐毛为优势种，芦苇、碱蓬为次优势种，有些样点还伴生有补血草和蒿类。獐毛频度为 100%，芦苇频度为 71%，碱蓬频度为 71%，补血草和茵陈蒿频度均为 14%。獐毛多度在 Sp（少）~Soc（极多）之间，盖度为 15%~90%；芦苇多度在 Sol（稀少）~Cop¹（尚多）之间，盖度为 5%~60%；碱蓬多度为 Sol（稀少）~Cop¹（尚多），盖度 5%~30%。组成此群落的物种相对贫乏，平均每个样方出现 3 种植物。群落生物量为 0.64 kg/m²。

以上是除黄河口以外地区的演替序列，而在黄河口地区是湿生演替序列。此演替是以黄河河床为轴，沿河岸向两侧扩散，植物群落类型依次为芦苇 + 荻群落，獐毛 + 白茅群落。

不同群落优势种的组成、重要值、多度、盖度及群落生物量变化见表 4–1。

表 4-1　不同群落优势种的组成、重要值、多度、盖度以及群落生物量

群落类型	优势种	重要值	多度	盖度 /%	群落生物量 /（kg/m²）
I₁	盐地碱蓬	1	Sp~Cop³	5~95	1.22
I₂	盐地碱蓬	0.56	Sp~Soc	15~95	1.02
	芦苇群落	0.44	Sol~Cop¹	2~50	
II₁	柽柳	1		30~50	3.37
II₂	柽柳	0.53		18~50	3.46
	碱蓬	0.46	Sp~Soc	15~100	
II₃	柽柳	0.45	Sp~Cop¹	11~67	3.42
	碱蓬	0.27	Sol~Soc	2~90	
	芦苇	0.26	Sol~Cop	2~70	
II₄	柽柳	0.38	Sol~Cop¹	7~30	2.06
	碱蓬	0.21	Sol~Cop²	2~40	
	补血草	0.19	Sol~Cop¹	5~40	
III₁	芦苇	0.56	Sol~Soc	10~90	0.20
	碱蓬	0.26	Sol~Cop¹	1~50	
	罗布麻	0.11	Sol~Sp	5~15	
	萝摩	0.07	Sol~Sp	5	
III₂	芦苇	0.72	Cop²~Soc	50~100	2.58
	萝摩	0.13	Sol~Sp	2~5	
	茵陈蒿	0.15	Sol~Sp	2~5	
III₃	稗	0.48	Cop³~Soc	50~95	0.41
	苦菜	0.17	Sol~Sp	2~10	
	芦苇	0.35	Sol~Sp	5~25	
III₄	芦苇	0.77	Sol~Soc	5~90	1.85
	野大豆	0.23	Sol~Cop	5~40	
III₅	白茅	0.26	Sol~Soc	5~90	1.14
	野大豆	0.45	Un~Soc	5~93	
III₆	獐毛	0.55	Sp~Soc	15~90	0.64
	芦苇	0.27	Sol~Cop¹	5~60	
	碱蓬	0.18	Sol~Cop¹	5~30	

注：Un—个别，Sol—稀少，Sp—少，Cop¹—尚多，Cop²—多，Cop³—很多，Soc—极多。

二、植物物种重要值、频度及生活型分析

在调查的 124 个样方中，共有植物 32 种。碱蓬重要值最大，重要值之和为 40.5；芦苇次之，为 28.63；柽柳居第三位，其值为 25.41；白茅、野大豆、獐毛重要值之和分别为 6.06、5.07 和 4.1；茵陈蒿、稗重要值之和分别为 2.71 和 2.61；罗布麻、补血草、萝摩重要值之和在 1.17~1.47 之间；其他植物重要值均小于 1。由植物重要值可见，碱蓬、芦苇、柽柳是组成黄河三角洲的重要植物，这 3 种植物与其他植物组成了不同的群落类型。从植物组成看，黄河三角洲植物类型呈现盐生湿地植被特征。

就各植物出现频度而言，碱蓬、芦苇出现频度最高，分别为 65.3% 和 64.5%；柽柳出现频度次之，为 39.5%；野大豆、白茅、茵陈蒿出现频度分别为 16.9%、15% 和 12.9%；萝摩、稗、獐毛、补血草、罗布麻出现频度分别为 8.9%、8.1%、8.1%、7.3% 和 6.5%；其他植物出现频度在 5% 以下（图 4-4）。

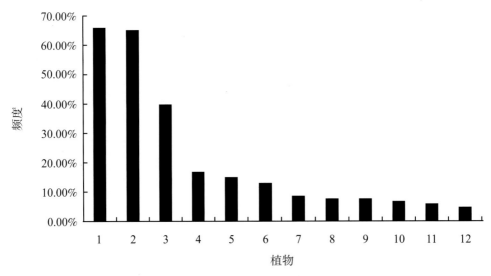

1—碱蓬；2—芦苇；3—柽柳；4—野大豆；5—白茅；6—茵陈蒿；7—萝摩；8—稗；9—獐毛；10—补血草；11—罗布麻；12—其他植物。

图 4-4 黄河三角洲植物频度

从群落组成的物种数量分析，在碱蓬群落和柽柳群落阶段，组成群落的物种相对较少，到草甸阶段构成群落的物种增加，而到草甸演替的较高阶段，组成群落的物种又有所降低。组成群落的植物以多年生和一年生草本为主，灌木稀少（表4-2）。

表4-2　不同群落植物物种数和生活型变化

生活型	物种数量											
	I_1	I_2	II_1	II_2	II_3	II_4	III_1	III_2	III_3	III_4	III_5	III_6
总数量	1	2	1	2	3	4	4	7	5	4	4	5
一年生草本	1	1	0	1	1	1	1	3	3	1	1	1
多年生草本	0	1	0	0	1	2	3	4	2	3	3	4
灌木	0	0	1	1	1	1	0	0	0	0	0	0

三、植物群落演替度和演替过程分析

利用物种重要值、寿命和盖度计算黄河三角洲3个演替阶段12个群落的演替度，结果见表4-3和图4-5。群落I_1、II_1、II_4、III_3演替度在30~97.1之间；群落I_2、II_3、III_1、III_2、III_5演替度在103.3~184.3之间；群落II_2、III_4、III_6演替度在220.8~286.9之间。按演替度大小，群落I_1、II_1为碱蓬、柽柳单优群落，经碱蓬＋芦苇群落（I_2）、柽柳＋碱蓬＋补血草群落（II_4），向柽柳＋碱蓬＋芦苇群落（II_3）、芦苇＋碱蓬＋罗布麻群落（III_1）、芦苇＋萝摩＋茵陈蒿群落（III_2）、白茅＋野大豆群落（III_5）演替。芦苇＋野大豆群落（III_4）、獐毛＋芦苇＋碱蓬群落（III_6），是黄河三角洲植被盐生演替的较高阶段。群落III_4、III_6演替度分别为286.9和230.7，已接近草原顶级演替度（张金屯，1995）。

表 4-3 不同群落特征以及演替度变化

群落类型	物种数	多样性指数 （H'）	多样性指数 （DS）	均匀度指数 （JP）	均匀度指数 （EA）	丰富度指数 （MA）	土壤含盐量	演替度
Ⅰ₁	1	0	0	0	0	0	0.604	57.9
Ⅰ₂	2	0.71	0.48	0.94	0.93	0.25	0.495	137.3
Ⅱ₁	1	0	0	0	0	0	0.470	30.0
Ⅱ₂	2	0.68	0.48	0.98	0.97	0.22	0.503	220.8
Ⅱ₃	3	0.98	0.56	0.87	0.82	0.48	0.347	160.8
Ⅱ₄	4	1.36	0.72	0.92	0.88	0.74	0.300	97.1
Ⅲ₁	4	1.00	0.54	0.79	0.74	0.58	0.267	184.3
Ⅲ₂	7	1.56	0.69	0.82	0.59	1.25	0.075	103.3
Ⅲ₃	5	1.35	0.64	0.83	0.66	0.92	0.085	55.4
Ⅲ₄	2	0.53	0.35	0.69	0.71	0.22	0.235	286.9
Ⅲ₅	4	1.29	0.66	0.89	0.85	0.75	0.062	134.1
Ⅲ₆	3	0.94	0.55	0.90	0.86	0.43	0.270	230.7

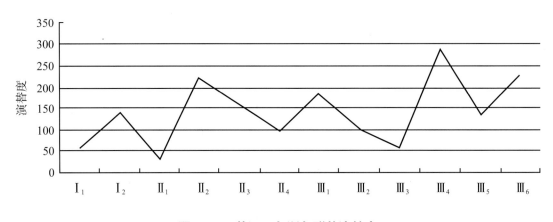

图 4-5 黄河三角洲各群落演替度

四、植物群落演替中物种多样性变化

图 4-6 为黄河三角洲各演替阶段群落多样性、物种丰富度和均匀度变化。

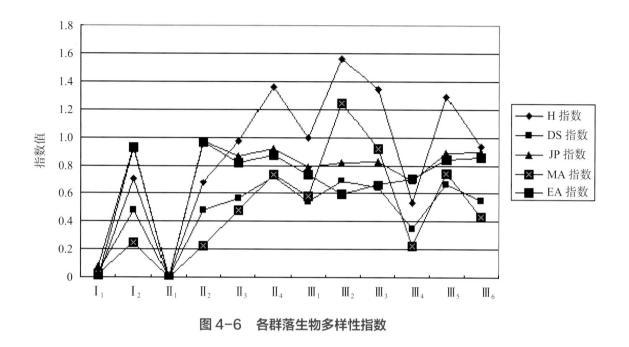

图 4-6　各群落生物多样性指数

由图4-6可见,随着演替的进展,多样性指数(H')和丰富度指数(MA)在逐渐升高。黄河三角洲在演替较低阶段, 由于土壤含盐量较高,只有一些耐盐植物如碱蓬和柽柳可以生长,因此构成了碱蓬或柽柳单优种群落,或由 1~2 种物种组成的群落,物种组成比较贫乏。随着演替的进行, 生态环境逐渐改善,地势抬升,土壤进一步脱盐,逐渐演替为草甸群落,此阶段构成群落的物种增加,常由 3~4 种物种组成,最高达 7 种草本植物。而到草甸演替的较高阶段,组成群落的物种又有所降低,常由 3~4 种物种构成群落,主要是因为此阶段建群种和优势种的作用越来越明显,优势种盖度增加,在竞争中限制了其他物种的生长。

从均匀度来看,在群落演替初期波动较大,随着演替阶段的提高,均匀度指数波动变小,并呈现下降趋势。

五、演替关系排序分析

图 4-7 为 124 个样点的 DCA 二维排序图，因第一轴特征值最大，第二轴次之，包含了较多的生态信息，所以采用第一、二排序轴作二维散点图。其结果可较好地反映植物群落之间以及群落与环境之间的演替关系。

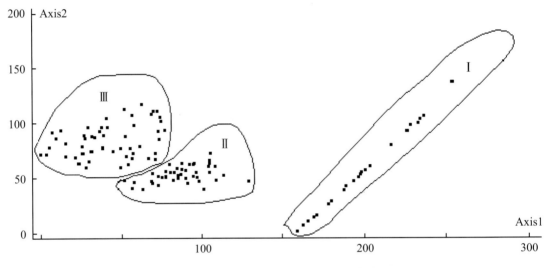

图 4-7 黄河三角洲 124 个样点排序图

DCA 第一轴反映了群落演替的程度，即排序从右向左，代表群落演替由较低阶段向较高阶段发展的过程。最右边各样点为盐地碱蓬、柽柳演替阶段（Ⅰ类），此样点所处环境的土壤含盐量高，物种组成单一。群落仅由碱蓬或柽柳单一物种组成单优群落，说明其生境条件恶劣，仅有耐盐植物碱蓬和柽柳生长。

位于排序图中间的样点（Ⅱ类），在演替进程中，比右边样点高一个阶段，群落结构复杂，常由 2~3 种物种构成群落。多年生芦苇、补血草已进入群落成为伴生种，生境条件进一步改善，群落结构趋于稳定。

位于排序图最左边的样点（Ⅲ类），属于演替较高阶段，由碱蓬、柽柳阶段演替为草甸阶段，组成群落的物种增多，常由 3~4 种物种构成一个群落，最多可达 7 种，群落结构复杂，群落相对稳定。

图 4-8 也反映了群落演替与环境的梯度关系。第一轴从左到右，样点土壤含盐
量逐渐增加，最左边各样点土壤平均含盐量为 0.17，中间一类各样点土壤平均含盐量
为 0.38，而最右边一类，各样点土壤平均含盐量为 0.54。说明土壤含盐量是黄河三角
洲盐生植被演替的主导因子。土壤含盐量的多少，直接影响到群落的结构、种类组成
和演替过程。

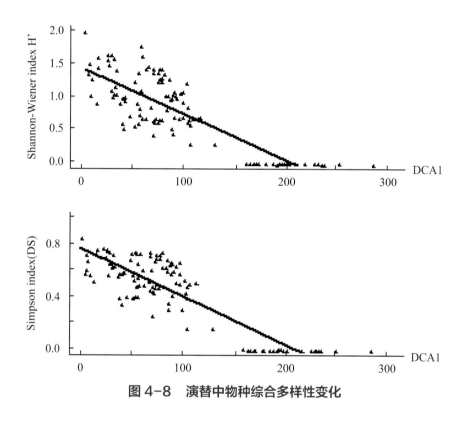

图 4-8　演替中物种综合多样性变化

图 4-9 和图 4-10 为各样点多样性指数（H'、DS）、均匀度指数（JP、EA）、丰富
度指数（MA）随环境变化的示意图。Shannon-Wiener 多样性指数（H'）、Simpson 多样性
指数（DS）、Pielou 均匀度指数（JP）、Alatalo 均匀度指数（EA）、Margalef 丰富度指数（MA）
与 DCA 第一轴是负相关关系，即生物多样性、群落丰富度和均匀度指数随着样点土壤含
盐量的增加而逐渐减少。其中，多样性指数 H' 相关系数为 –0.826，DS 相关系数为 –0.867，
JP 相关系数为 –0.855，MA 相关系数为 –0.694，EA 相关系数为 –0.793。

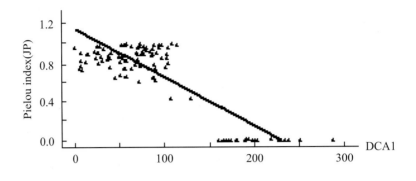

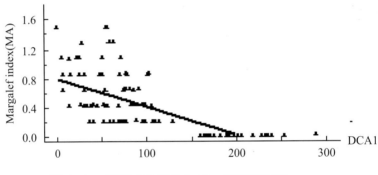

图4-9　演替中物种均匀度、丰富度变化

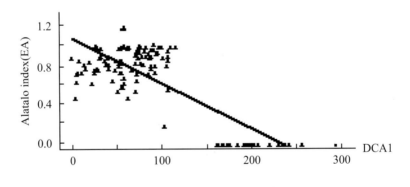

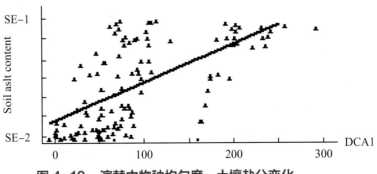

图4-10　演替中物种均匀度、土壤盐分变化

第二节 黄河三角洲植物群落演替空间分布特征

　　本节主要利用遥感数据解译来研究黄河三角洲植物群落演替的空间分布特征。卫星数据的时相定为 1977~2004 年的 5~10 月，此月份是植物生长的季节，在影像上表现明显。根据对比分析，最终选取了 1977 年 5 月 10 日、1987 年 5 月 7 日、1996 年 5 月 31 日和 2004 年 5 月 5 日四时相影像资料作为研究资料（图 4-11~ 图 4-14）。其他背景资料为 1:5 万地形图、1:10 万地形图、1:10 万土地利用图。

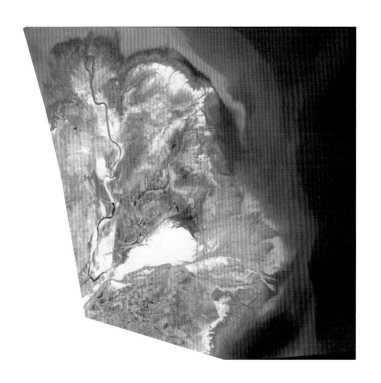

图 4-11　黄河三角洲 1977 年 5 月 10 日影像

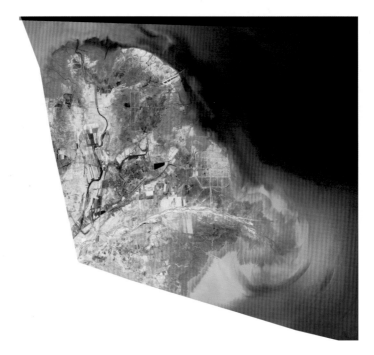

图 4-12 黄河三角洲 1987 年 5 月 7 日影像

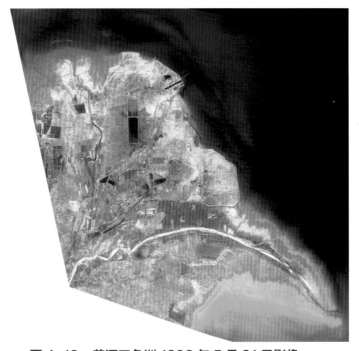

图 4-13 黄河三角洲 1996 年 5 月 31 日影像

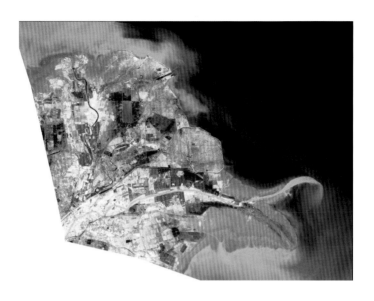

图 4-14　黄河三角洲 2004 年 5 月 5 日影像

在进行具体研究前，首先利用 ENVI、MAPINFO、ARCVIEW 等软件，对遥感数据进行预处理，具体包括以下几个步骤：

1. 校正

根据所采用的遥感数据特点和研究内容要求，采用的图像校正方法主要是二次多项式法，灰度重采样则采用三次卷积法。

卫星数据图像的校正包括两个过程，一是图像坐标的空间变换，二是灰度重采样。坐标空间变换是通过变换函数建立校正前后图像空间坐标间的关系。设校正前图像的行列坐标为（x,y），则校正前后图像坐标的函数关系式为：

$$u=F(x,y)$$
$$v=G(x,y)$$

那么，以常用的二次多项式为例，二者之间的关系式可表示为：

$$u_i=a0+a1x_i+a2y_i+a3x_i2+a4x_iy_i+a5y_i2$$
$$v_i=b0+b1x_i+b2y_i+b3x_i2+b4x_iy_i+b5y_i2$$

式中：u_i、v_i 为第 i 个控制点对应的校正前图像坐标（行列号）；x_i、y_i 为第 i 个控制点对应的校正后的图像坐标或地理坐标；an，bn，$n=1$，2，…，5 为二次多项式系数。

有上述控制点坐标，按最小二乘法求出多项式的系数。利用求得的系数和研究的坐标换算函数对全部数据进行坐标交换，即根据变换函数解算每个像元的空间位置，以达到校正的目的。

经过上述坐标空间变换只确定了像元的空间位置，对应的像元值需要通过重采样来确定。重采样方法较多，常用的方法主要有最邻近法，即将最邻近像素的亮度值赋予该像素；双线性内插法，即从邻近 4 个像素点的亮度值通过双线性内插获得该像素值；三次卷积内插法，即从周围 16 个点进行 3 次卷积内插赋予该像素。实践证明，最邻近法和双线性内插法虽然计算量较少，但重采样精度不如三次卷积内插法高，常常表现为具有锯齿状效果，因此工作中主要采用三次卷积内插法。

2. 配准

图像配准的实质是使同一地区的不同时相、不同类型的图像具有相同的空间坐标系和像元大小。配准方式可分为相对配准和绝对配准。相对配准是以某一图像为基准，经过坐标变换和插值，使其他图像与之配准。绝对配准是将所有图像校正到统一的坐标系，图像间自然就相互配准了。本节采用绝对配准的方法。

根据 1:5 万地形图，按 40 个地面控制点对同一时相的卫星影像波段分别进行几何配准，方均根误差在 0.5 个像元之内。选取 40 个控制点进行多时段影像之间的配准（影像对影像配准），精度保持在亚像元水平上。

3. 研究区影像提取

本节所研究区域为现代黄河三角洲，地理坐标大致在东经 118°30′~119°20′，北纬 37°35′~38°10′。现代黄河三角洲地理位置见图 4-1。由于研究区是整景（莱州湾幅）TM 数据的一部分，故须在 ENVI 的支持下，借助地形图界线，将之叠在影像图上做掩膜，提取黄河三角洲范围的影像数据。校正和配准程序见图 4-15。

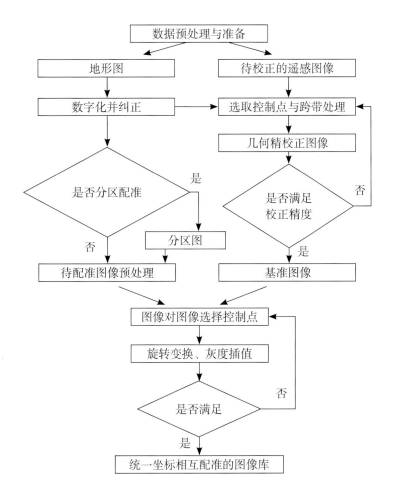

图 4-15　校正和配准技术流程

4. 图像后处理

图像后处理的主要目的是进一步改善图像的视觉效果,增强专题处理和纹理信息。

采用直方图调整、USM 锐化、彩色平衡、色度饱和度调整、反差增强等方法对图像进行后处理。

以预处理后的遥感影像为基础进行影像分类。在影像分类前，于 2004 年 6 月对研究区 124 个样方进行了植被类型分布调查，用 GPS 记录了每个调查样方的经纬度。根据现场调查资料，在影像图上建立不同植被类型的训练分类器，获取不同类型的分类波谱数据，根据采集到的波谱数据，在 ENVI 软件里，利用监督分类最大似然法进行分类，解译影像图为 432 波段合成的假彩色图。将分类结果与野外样点调查结果进行对比验证，在所验证的 124 个样点中，分类结果不对应的样点为 13 个，占 10.5%，准确率为 89.5%。后又对这些分类结果进行了纠正，最后将纠正后的分类结果转换为矢量文件，调入 MAPINFO 软件进行各要素统计计算和图件绘制。湿地分类依据 20 世纪 70、80、90 年代和 2004 年的水系图、地形图和土地利用图，采用目视解译方法完成，利用此方法进行湿地分类效果较好，误差率低。

一、植被分布边界线动态变化

图 4-16 为 1977~2004 年间黄河三角洲植被分布边界线动态变化图。1977~1987 年 11 年间，在黄河三角洲北部和东北部，植被分布边界线自海岸线向内陆缩退。在北部，植被分布线向内陆最大缩退 6.3 km，在东北部最大缩退 3.5 km，东部最大缩退 4.7 km。主要原因是黄河自 1976 年改道东南部清水沟入海后，北部和东部由于没有黄河泥沙的输入，海岸出现蚀退，植被分布区也随之向内退缩，植被分布区总共由岸线向内陆缩退了 14 890.71 hm^2（图 4-17）。而在黄河三角洲的东南部，在新淤出的土地上出现了以黄河新流路为轴心的大面积新植被分布区，向岸两侧辐射。植被分布的东南边界线从 1977~1987 年 11 年间向东南延伸了 45.2 km，分布区域增加了 40 592.34 hm^2。

1987~1996 年，黄河三角洲北部植被分布边界线仍向内陆缩退，最大缩退距离 2.4 km；在东南部靠近黄河入海口的黄河两岸出现植被分布区缩小，北岸植被分布区缩退 3.1 km，南岸植被分布区缩退 6.2 km，总减少分布面积 14 418.35 hm^2。而在东北、东部和黄河沙嘴口植被分布区向外扩展，在东部最大迁移距离为 10.5 km，在沙嘴口向外扩展距离为 9.8 km。10 年间，植被分布区总扩大面积为 26 027.14 hm^2。

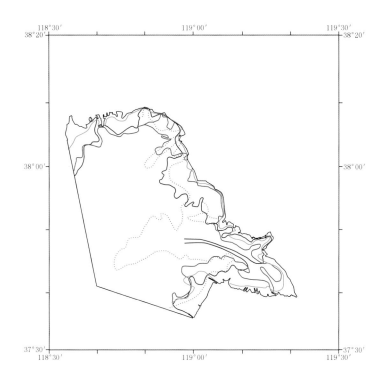

图 4-16　1977~2004 年黄河三角洲植被分布线变化图

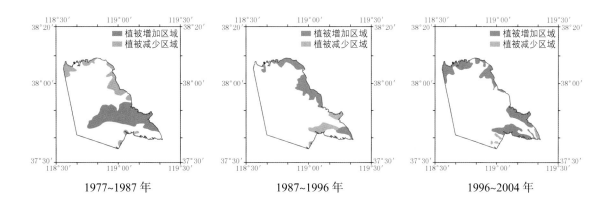

图 4-17　黄河三角洲植物群落演替空间分布变化图

北部植被分布区的缩小，同样是受海岸蚀退影响。东南部植被面积的缩小，主要是受海潮影响。东部和东北部植被分布区的扩大，主要是由于在此区海岸建设了防潮堤，阻止了海岸进一步蚀退。据影像资料解译，1987年黄河三角洲有人工岸线35.49 km，而到1996年，人工岸线增至61.64 km，10年间增加了26.15 km，已成为黄河三角洲沿岸的一种主要的岸线类型。人工岸线的建设，使近岸土壤条件得到很大改善，一些耐盐植物作为先锋群落开始迁入。东南部黄河沙嘴口区植被分布区的增加，主要是因为在黄河新淤出的土地上开始有植物分布。

1996~2004年，黄河三角洲植被分布边界线总体向外推移，分布区总体处于增加趋势。由于海岸工程的建设，黄河三角洲北部和东部海岸线相对稳定，北部植被蚀退现象得到遏止，植被分布区已向外扩展。东部植被也出现向外扩展的情况，但面积不大。在东南部，植被分布区随着黄河嘴向海推进也逐渐扩大。1987年1月，在黄河北岸，垂直于原河道人工开挖了北汊河，一股黄河水由北汊河向北入海，另一股仍走原河道入海。由于人工开挖北汊河，在黄河北岸沿北汊河淤出新的土地，新的植被分布区也

表4-4　黄河三角洲植被分布线及植被分布区面积蚀退、延伸表

年代	北部		东南部	
	最大蚀退距离 /km	蚀退面积 /hm²	最大延伸距离 /km	延伸面积 /hm²
1977~1987年	6.3	14 890.71	45.2	40 592.34
1987~1996年	2.4	14 418.35	9.8	26 027.14
1996~2004年				31 310.31

沿北汉河两岸分布，植被分布区在黄河北岸形成了明显的分叉。9 年间植被分布区增加面积为 32 604 hm²，植被分布区缩小面积 1 293.69 hm²（表 4-4）。

二、植物群落演替空间分布特征

总体看来，由于受黄河来水、海洋动力和人类海岸工程的影响，黄河三角洲植被演替在时间和空间上都呈现出自身的特点。演替活跃区主要集中在北部和东部近海岸区域和东南部黄河新淤出区域。北部和东部区域前期以植被分布区减少为主，中期由于海岸人工防潮堤的建设，使岸线蚀退得到控制，近岸区域土壤、水分分布得到改善，植被分布边线逐渐向岸线推进。东南部黄河新淤出区域，由于淡水充足，土壤条件相对较好，植物很快迁入。此区域植被分布区总体是以黄河为轴心向两侧扩展，但在近海海岸区域，由于受海潮的影响，在 1987~1996 年间出现植被分布区缩小的现象。

黄河三角洲植被演替受多种因素影响，但在影响植物群落演替的诸多因素中，以黄河的水沙资源、土壤盐分、海洋动力和人类活动对其影响最大。在黄河三角洲地区，上述影响因子处在不断的变化中，这些因子的变化，左右着植物群落演替的进程。黄河三角洲植被空间演替与其环境演变是一致的。总体体现为陆进海退的"纵向演进"过程和黄河冲淤填洼的"扇形展开"过程。由于黄河多次改道造成了三角洲岗地、平地和洼地交错分布的地理形态，它影响着水文、土壤、植被分异和演替过程，从而使植被演替形成了自身规律。

本章小结

本章通过野外调查定量研究了黄河三角洲植物群落自然演替规律，将植物群落自然演替分为碱蓬、柽柳、草甸三个演替阶段。通过对各群落演替度的计算，使各群落的演替关系和地位更为明确，其中白茅、獐毛群落演替度较高，是黄河三角洲植物群落自然演替的较高阶段。现代黄河三角洲植物群落自然演替属于原生演替，在无人为干扰的情况下，植物群落演替序列为裸地 – 盐地碱蓬群落 – 柽柳群落 – 草甸。这种演替序列的形成与土壤水盐动态有密切关系。靠近海岸线土壤含盐量较高的地段是盐碱裸地，裸地以上分布着耐盐、耐湿的碱蓬、柽柳，随着距海岸线距离的增大和海拔的升高，土壤含盐量降低，碱蓬、柽柳的重要性降低，多年生草本成分逐渐开始占优，在合适的区域形成以芦苇、白茅、獐毛为优势种的群落类型。群落在演替过程中，物种多样性指数和丰富度随演替进程逐渐增加，而物种均匀度指数呈减少趋势。

同时，结合 3S 技术，从空间上分析了黄河三角洲植物群落演替空间分布特征，发现演替活跃区主要集中在北部和东部近海岸区和东南部黄河新淤出区域。1977~1996 年间，北部植被分布边界线向内陆缩退明显，植被分布面积减少。1996 年后，由于海岸工程的建设，黄河三角洲北部和东部海岸线相对稳定，北部植被蚀退现象得到遏止。东南部黄河新淤出区域，由于淡水充足，土壤条件相对较好，植物很快迁入。此区域植被分布区总体是以黄河为轴心向两侧扩展。

总体来说，对黄河三角洲植物群落演替数量分析与空间分布特征的研究是黄河三角洲植被研究的基础工作，这项研究对黄河三角洲植被的动态特征、分类与分区研究，对该区的植被保护、恢复与重建、植被开发与利用等实践具有指导意义。

第五章
黄河三角洲植被
与环境关系

植被与环境关系是植物与环境相互作用的产物，是环境因素、生物因素、空间因素以及各种随机因素共同作用的结果，是传统生态学中一个重要而经典的研究方向（Ter Braak, 1987; Dargie et al., 1991; Auestad et al., 2008）。传统的植被与环境关系研究多采用小尺度上的样方调查方法，通过排序和分类等方法分析植被与环境因子间的关系。然而，环境因子之间的共线性、空间自相关和数据获取时的观测尺度均限制了对植被与环境关系的深入理解（King et al., 2004; Kühn, 2007）。如果不同的过程在不同的尺度上对植被与环境因子间的关系进行调控，那么对植被与环境关系的解释将很大程度上取决于观测的尺度（Reed et al., 1996; Muñoz-Reinoso et al., 2005）。因此，只有采用多尺度的分析方法才能阐明植被与环境要素的尺度依赖关系及其内在的生态学过程与机制（Holling, 1992）。

大量针对盐生植被的植被与环境关系研究表明：尽管竞争、营养限制、人类活动和土壤化学性质都是决定盐生植被分布的重要环境因素，但是土壤水分与盐分的交互作用是盐生植被的决定性因子（Ungar et al., 1969; Cantero et al., 1998; Pan et al., 1998; Piernik, 2003）。然而，这些研究结论均是在小尺度上采用传统样方方法得到的（Reed et al., 1996; King et al., 2004），在更大的尺度上，盐生植被的植被与环境关系是怎样的以及是否存在着依赖于尺度变化的植被与环境关系和内在调控机制仍然有待于进一步的深入研究。目前，对地遥感技术的快速发展为生态学研究提供了高分辨率的遥感信息和理想的观测范围，可以观测陆地表面的生物多样性信息与生境异质性，为开展景观及其以上尺度的多尺度植被与环境关系研究提供了有力的技术支持（Kerr et al., 1997; Kerr et al., 2003; Oindo et al., 2003）。

黄河三角洲是研究多尺度植被与环境关系的理想区域。黄河三角洲在长期的多尺度的沉积过程以及水文过程的作用下，形成了复杂的沉积环境，并且存在着具有复杂关联的地理要素变量（Fang et al., 2005）。

第一节 黄河三角洲多尺度植被与环境关系

本节研究区的范围在 117°31′~119°18′ E 和 36°55′~38°16′ N 之间（图 5-1）。黄河三角洲的植被信息主要通过一景 SPOT 影像（2005-9-11）获得（吴大千，2010）。黄河三角洲植被类型较为单一，群落结构简单，在小尺度上植被分布空间异质性较强，与其他的植被制图研究相比，其分类体系的确定相对困难（李兴东，1989；王仁卿等，1993b；吴志芬等，1994；Zhang et al., 2007；宋创业等，2008）。黄河三角洲植被演替主要有两个序列：旱生演替和湿生演替（王仁卿等，1993b；吴志芬等，1994）。旱生演替产生的主要植被类型为柽柳、柽柳–碱蓬、獐毛、白茅等，其中最主要的是柽柳群落和柽柳–碱蓬群落，而獐毛、白茅、补血草、罗布麻等群落类型零星分布于以上两种主要群落类型当中，因此，在 SPOT 影像的分辨率上进行遥感解译十分困难。而湿生演替的类型较为简单，主要为大面积的芦苇纯生群落。以上两种演替类型又互有交叉，形成了以柽柳和芦苇共生为主要特征的柽柳–芦苇群落类

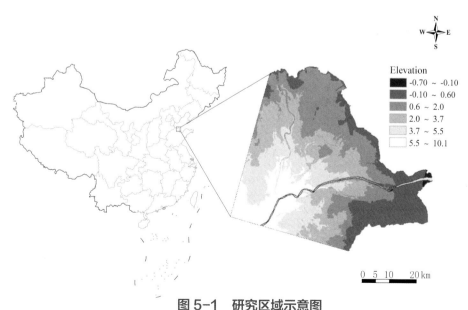

图 5-1　研究区域示意图

型（王仁卿等，1993a；吴志芬等，1994）。综合考虑数据来源的时空分辨率和黄河
三角洲当地实际情况，主要从遥感目视特征的角度入手，将景观分类体系确定为非植
被类型和植被类型。非植被类型有：滩涂、水体、耕地、未利用土地、居民建筑用地
和盐田。植被类型有：芦苇群落、柽柳群落、白茅－獐毛草甸群落、盐地碱蓬群落、
柽柳－芦苇群落、林地。

植被分类采用人机交互解译、监督分类与目视解译、分类处理与分类后处理相
结合的分类方法。对于分布面积较大、空间异质性小的地物类型以监督分类为主，对
于植被地物等类型地物则主要通过建立解译标志和综合地物的纹理、颜色、色调等影
像特征进行目视解译，同时综合 DEM 数据、土壤类型数据、地形图、野外调查样点
等多源地学信息，对分类结果进行分类后处理。通过野外调查对分类结果进行验证，
植被图分类准确度达到 0.84，达到植被图的分类要求标准。黄河三角洲植被图见图 5-2。

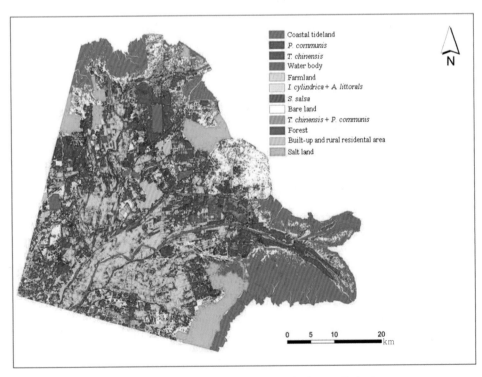

图 5-2　2005 年黄河三角洲植被景观分类图

对于本节研究中所使用的其他数据的提取与生成，方法如下：

对于海岸线数据的提取，参考常军等人（2004）的方法。在 ArcGIS 的 Spatial Analyst 中生成反映如下变量的图层：到黄河距离（DY）、到海岸线的距离（DC）、到最近城市居民聚居点的距离（DBU）、到最近道路的距离（DRO）、到最近开采油井的距离（DO）、到区域内两个主要城镇仙河和孤岛的距离（DXG）。在 ArcGIS 的 3D analyst 模块中生成如下变量图层：高程（EL）、坡度（SL）和坡向（AS）。

地形湿润度指数（TWI）的计算以数字高程模型为基础，综合考虑了地形和土壤特性对土壤水分分布的影响（Beven et al., 1979），可以定量模拟流域内土壤水分的分布格局，在解释植被形成格局和流域湿地恢复研究中得到广泛应用（Del Barrio et al., 1997；Kentula, 1997；O' Neill et al., 1997；Wu et al., 2005）。利用 ArcView 的扩展模块 Sinmap 计算 TWI，计算公式如下（Beven et al., 1979；Moore et al., 1993）：

$$\text{TWI} = \ln(As / \tan\beta)$$

式中：As（m^2m^{-1}）为单位等高线长度上垂直于径流方向的上游集水区面积；β 为像元的坡度（°）。

利用温度植被干燥指数（TVDI）来反映土壤的水分条件（Sandholt et al., 2002）。在该指数中，综合考虑了遥感陆面温度（T_s）和光谱植被指数，利用简化的 NDVI/T_s 特征空间提出水分胁迫指标，即温度植被干燥指数。在该简化的特征空间，假定 NDVI 与 T_s 的散点分布为三角形或梯形，将湿润边（$T_{s\text{-min}}$）处理为与 NDVI 轴平行的直线，干燥边（$T_{s\text{-max}}$）与 NDVI 成线性关系。湿润边表示在干旱条件下，对于某一给定的地表类型和气候条件，地表温度所能达到的极限。TVDI 值为 1 时代表干燥边，代表有限的水分供应；而当 TVDI 值为 0 时代表湿润边，具有最大的土壤蒸发蒸腾总量和无限的水分供应。TVDI 的计算公式为：

$$\text{TVDI} = \frac{T_s - T_{s\text{-min}}}{a + b\text{NDVI} - T_{s\text{-min}}}$$

式中：$T_{s\text{-}min}$ 为三角形中最小的地表温度，定义了相应的湿润边；T_s 为给定像元的观测温度；NDVI 为观测的归一化植被指数值；a 和 b 分别为定义干燥边的线性拟合方程（$T_{s\text{-}max}=a+b$NDVI）中的参数；$T_{s\text{-}max}$ 为给定 NDVI 值下的最大地表温度。

通过从湿到干、从裸土到全植被覆盖的各种条件下，在大范围区域进行像元采样估算参数 a 和 b。

为了验证 TVDI 对土壤湿度的指示作用，于 2008 年 6 月 1~3 日在黄河三角洲对典型植物群落类型的光谱特征和土壤水分特征进行了测量。利用所得数据计算 TVDI 数据，并与土壤含水量一起作图，见图 5-3。TVDI 与土壤水分之间相关关系达到极

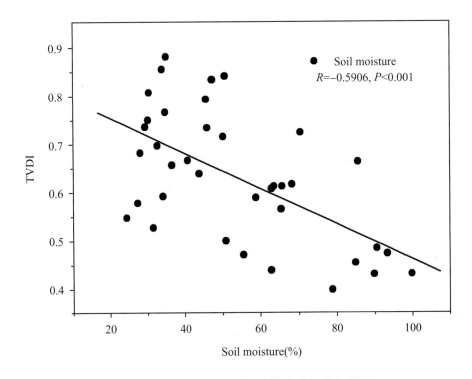

图 5-3　TVDI 指数与土壤水分间的相关图

显著（R=−0.5906，P<0.001），可以作为土壤水分的指示变量。

利用与 SPOT 影像同期的 2005 年野外采样数据生成三角洲研究区域的土壤盐分、pH 和有机质分布图。另外，根据 2005 年 10 月份野外地下水调查数据生成地下水分布图。对插值的预分析采用 ArcGIS Geostatistic 模块中常规 EDA（Explore Data Analysis）分析，判断插值变量的数值分布形态以及插值变量存在的可能趋势。插值过程中采用多种插值方法，如普通克里格法、协同克里格法、反距离权重法和基底函数法。验证过程中采用交叉验证法来比较不同模型的插值效果并寻找最佳的插值结果。采用均方根误差（RMSE）判断模型的优劣，同时采用均方根标准误差（RMSSE）判断插值是否正确地获得了变量的变异性。如果 RMSSE 大于 1，则在预测中低估了变异性；如果 RMSSE 小于 1，则在预测中高估了变异性（王红等，2005）。

最后，利用所获取的数据，使用滑动窗口法和典范对应分析来研究黄河三角洲多尺度植被与环境关系。具体方法如下：

利用滑动窗口法分别在植被图层和环境变量图层上进行扫描，记录滑动窗口内不同植被类型像元的组成以及对应位置的环境变量的平均值，生成植被矩阵和环境因子矩阵。为了检验黄河三角洲植被与环境关系的尺度依赖效应，设置 5 个窗口尺度（100 m、200 m、300 m、400 m 和 500 m），检验 5 个尺度上的植被环境关系。在每个尺度上，滑动窗口随机取样约 400 次，以此规避空间自相关对最终结果的影响（Overmars et al., 2003；Deng et al., 2007）。只有滑动窗口内植被像元数目占到窗口内所有像元数目 80% 以上的滑动窗口才被纳入到最后的排序分析当中。

典范对应分析（Canonical Correspondence Analysis，CCA）由 Ter Braak（1987）提出，是由对应分析（Correspondence analysis，CA）修改而来的一种新方法。CCA 将对应分析和回归结合起来，在迭代计算过程中植被矩阵的样方排序值均与环境因子进行多元回归，反映了样方种类构成及生态重要值对群落的作用，同时也反映了环境因子对群落的影响。在 CCA 排序过程中，利用自动向前选择去除共线性对最终结果的影响。在初步分析之后，去除非显著变量和表现出共线性特征的环境变量，即膨胀因子大于15 的变量（French et al., 2008）。利用 Monte Carlo 置换检验法测试 CCA 排序轴和环境解释变量的显著度，CCA 分析的计算和绘图在 Canoco 4.5 和 CanoDrw 4 中完成。

一、土壤变量及地下水空间插值

对数据的 EDA 分析表明，土壤盐分的分布为非正态，对数据进行对数变换使其分布接近正态，而其他变量均为正态分布无须进行变换。对土壤变量和地下水的趋势分析表明：土壤盐分数据和地下水数据存在 U 字形趋势，采用二次趋势将其去除，而对 pH 和土壤有机质数据存在的趋势采用一次趋势法去除。表 5-1 中几个插值变量的 RMSSE 分别为 0.938、0.959、0.804 和 1.032，较接近于 1，表明插值的结果较好地预测了插值变量的空间变异性。

表 5-1　土壤变量空间插值的参数

土壤变量	变换	趋势去除	插值方法	拟合模型	块金值	基台值	RMSE	RMSSE
pH	无	一次	OK	球形	0.01	0.03	0.210	0.938
地下水 /m	无	二次	OK	球形	0.08	0.32	0.628	0.959
土壤盐分 / （g/100 g）	对数	二次	OK	球形	0.02	0.17	0.477	0.804
土壤有机质 / （g/100 g）	无	一次	OK	球形	0.05	0.10	0.088	1.032

注：OK 为 ordinary-kriging，普通克里格。

二、基于典范对应分析的多尺度植被与环境关系

5 个尺度上的最终 CCA 排序结果（表 5-2）经 Monte Carlo 置换法检验均证明为显著（100 m：F=1.653，P=0.006；200 m：F=1.787，P=0.002；300 m：F=2.322，P=0.002；400 m：F=2.707，P=0.002；500 m：F=3.017，P=0.002）。5 个尺度上前两个排序轴所能解释的植被数据的累积方差解释比分别为 10.9%、14.8%、17.3%、18.8% 和 20.5%。第一轴上植被环境相关系数在 5 个尺度上分别为 0.504、0.520、0.574、0.555 和 0.611，而第二轴植被环境相关系数在 5 个尺度上分别为 0.388、0.394、0.423、0.428 和 0.470。CCA 第一轴所能解释的植被环境关系的方差解释比为 53.0%、56.5%、59.4%、70.5% 和 70.4%。

表 5-2　CCA 前两轴在 5 个尺度上的排序结果

项目	100 m		200 m		300 m		400 m		500 m	
	AX1	AX2	AX1	AX2	AX1	AX2	AX1	AX2	AX1	AX2
特征值	0.254	0.132	0.292	0.107	0.245	0.132	0.248	0.086	0.290	0.078
植被环境的相关系数	0.504	0.388	0.520	0.394	0.574	0.423	0.555	0.428	0.611	0.470
植被数据的累积方差解释比	7.2	10.9	10.8	14.8	11.2	17.3	12.2	18.8	16.2	20.5
植被环境关系的累积方差解释比	53.0	80.4	56.5	88.5	59.4	91.4	70.5	95.0	70.4	96.1
Total inertia	3.535		2.697		2.187		2.022		1.790	

表 5-3 表示的是不同的环境变量与 CCA 排序轴之间的相关系数。在 100 m 的尺度上，与第一轴显著相关（$P<0.05$）的变量是 SS、TVDI、DBU、DY 和 GW；在 200 m 尺度上，与第一轴显著相关的变量是 SS、TVDI、EL、pH 和 GW；在 300 m 尺度上，与第一轴显著相关的变量是 SS、TVDI 和 EL；在 400 m 尺度上，与第一轴显著相关的变量是 EL、SS、TVDI、SL、DY 和 TWI；在 500 m 尺度上，与第一轴显著相关的变量是 EL、SS、TVDI、SL、DO 和 TWI。在 100 m 的尺度上，与第二轴显著相关的变量是 DC、EL、DO 和 DBU；在 200 m 的尺度上，与第二轴显著相关的变量是 EL、GW、pH、SS 和 DBU；在 300 m 的尺度上，与第二轴显著相关的变量是 DC、EL、DBU、DRO、TVDI 和 DY；在 400 m 尺度上，与第二轴显著相关的变量是 DC、EL 和 DBU；在 500 m 尺度上，与第二轴显著相关的变量是 DC、EL、DO、DBU 和 TVDI。

由图 5-4 可知，5 个尺度上植被环境关系 CCA 排序图表现出较一致的规律。对于第一轴（AX1），由左及右，群落类型从碱蓬群落过渡到林地，群落所处的环境条件从湿润、盐分较高过渡到较干燥、盐分较低，第一轴反映的可能是土壤水分与盐分的梯度。对于第二轴（AX2），由上及下，群落类型从碱蓬群落或者柽柳群落过渡到白茅 – 獐毛群落或芦苇群落，第二轴的生态学意义相对不明确，与几个反映人类干扰的变量显著相关，在一定程度上反映了人类的干扰对植被格局的影响。

虽然在环境变量中囊括了较多的土壤变量、人类干扰变量和地形变量，但是前两轴共揭示了大约 20.5% 的植被数据变异。相对较大的未解释变异百分比产生的原因可能是未纳入的环境变量或者是植被与响应模型间的拟合缺失（Borcard et al., 1992）。研究结果表明，前两轴与环境变量之间的相关关系随着粒度尺度的增加而增加，这与以往多尺度植被与环境关系的研究结果是相一致的（Reed et al., 1996）。在小尺度上，植物个体间的竞争和其他局部环境因子会对盐生和半盐生植被的植被与环境关系带来干扰，也就导致了对植被与环境关系解释的不确定性（Bertness, 1991; Gaudet et al., 1995; Pan et al., 1998）。随着粒度尺度的增加，植物个体间的竞争和其他局部环境因子的作用会因相互

表 5-3　CCA 前两轴入选变量与 CCA 排序轴的相关系数

变量	100 m		200 m		300 m		400 m		500 m	
	AX1	AX2	AX1	AX2	AX1	AX2	AX1	AX2	AX1	AX2
DC	−0.025	−0.252**	N.I		0.084	−0.363**	0.094	0.337**	0.048	−0.360**
EL	0.118	−0.182**	0.248**	−0.181**	0.210**	−0.203**	0.247**	0.207**	0.268**	−0.192**
GW	0.185**	0.115	0.214**	0.152*	N.I		N.I		N.I	
DO	−0.097	−0.186**	−0.041	−0.162*	N.I		N.I		−0.103	−0.166*
pH	N.I		0.174*	0.099	N.I		N.I		0.130*	0.062
DBU	0.198**	0.333**	0.030	0.253**	0.015	0.360**	0.029	−0.218**	−0.001	0.363**
DRO	N.I		N.I		−0.003	0.254**	N.I		N.I	
SL	N.I		N.I		N.I		0.189**	0.088	0.215**	−0.062
SS	−0.223**	0.013	−0.378**	0.131*	−0.258**	0.045	−0.250**	−0.117	−0.246**	0.103
TVDI	−0.411**	−0.023	−0.508**	−0.105	−0.358**	−0.156*	−0.475**	0.108	−0.488**	−0.141*
DY	−0.144*	−0.030	N.I		−0.029	−0.139*	−0.158*	0.033	N.I	
TWI	N.I		N.I		N.I		−0.137*	−0.089	−0.202**	0.123

注：N.I 表示未入选排序轴（ not included in the final CCA solution ）。

*: $P<0.05$。

**: $P<0.01$。

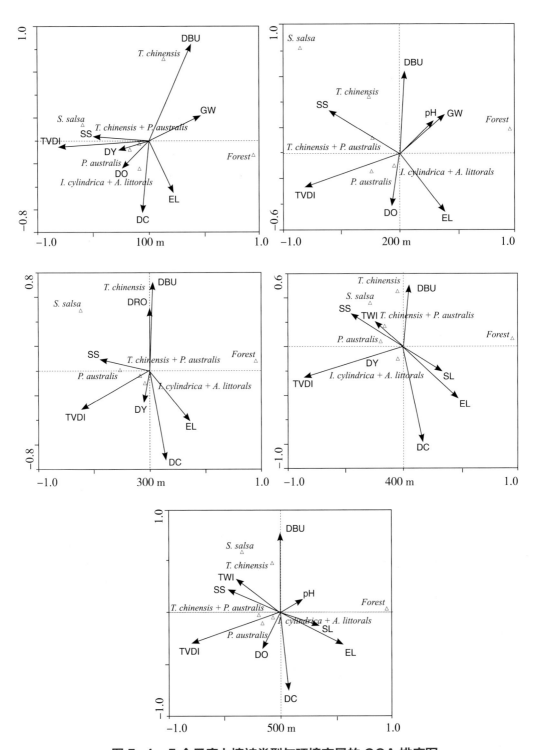

图5-4　5个尺度上植被类型与环境变量的CCA排序图

抵消而削弱，植被的格局也就能更好地反映出较大尺度上的环境梯度（Levins，1992）。

在研究的 5 个尺度上，第一轴均解释了绝大多数的植被环境变异（表 5-2）。在 5 个尺度上，与第一轴一直显著相关的变量是 SS 和 TVDI，第一轴很有可能反映的是土壤盐分与水分的梯度，这表明土壤水分与盐分的交互作用是研究尺度上植被分布的决定性变量，与以往盐生植被的研究是一致的。对于其他的与第一轴显著相关的环境变量，存在着以下的规律：地下水埋深（GW）在 100 m 和 200 m 尺度上与第一轴显著相关，而随着研究尺度的增加，地形相关变量（EL 和 SL）和地形湿润度指数（TWI）与第一轴的相关程度也显著增加。由于土壤水分与盐分的交互作用是研究区域内的植被与环境关系的决定性因素，那么与第一轴显著相关的环境变量的变化就极有可能反映的是对土壤水分和盐分的调控机制的尺度变化特征。黄河三角洲以前相关研究和针对盐生植被的研究表明，在较小尺度上土壤盐分和水分与地下水埋深之间存在着显著的相关关系（Cantero et al.，1998；Pan et al.，1998；关元秀等，2001；姚荣江等，2006）。黄河三角洲地下水埋深较浅，在持续的地表蒸发过程中，深层土壤以及地下水中的可溶性盐类借助毛细管作用上升积聚于上层土壤，土壤盐分和水分因此与地下水埋深紧密相关（姚荣江等，2006）。

研究结果同时表明：随着研究尺度的增大，地形要素变得越来越重要，而 TWI 变量与第一轴的关系也更加地显著。以往研究表明：在地形平坦的地区，地形要素同样是影响植被分布格局的重要因素，在较大尺度上往往通过地表径流和地下水系统完成对降水的再分配，从而决定中等或者更大尺度上植被的分布格局（Cantero et al.，1998；Wu et al.，2005）。由于黄河对区域内地下水的补给有限，区域内的地表径流和地下水的补给主要来源于降水，因此区域内的土壤水分和盐分在大尺度上的格局很有可能与降水的再分配格局密切相关（Chen et al.，2007）。一般来说，在地形较为平坦的地区，区域降水可以分为两个部分，水平方向上的地表径流和垂直方向的降水下渗（Cantero et al.，1998；Wu et al.，2005）。在垂直方向上，下渗的降水稀释地表盐分并利用土壤孔隙将积累的盐分带回土壤深层，其中部分盐分进入地下水系统中（姚荣江等，2006）。而在水平方向上，由于黄河三角洲土壤成土母质为黄河冲积物，土壤质地细腻，渗透性较差，表面极易板结，这种土壤性质极易产生沿地表高程梯度方向的地表径流（Galle et al., 1999；Valentin et al., 1999），使得地表径流携带一部分地表盐分沿着地形起伏进行重新分配，而黄河三角洲地下水流动的方向也是从海拔相对较高的内陆地区到海拔相对较低的沿海地区（Chen et al., 2007），因此在大尺度上地表径流与地下水系统对土壤盐分和水分的分配均按照从内陆到沿海地区的方向进行，从而在大尺度上通过水分再分配过程决定了土壤水分与盐分的格局。

尽管第二轴在 5 个尺度上所解释的变异比例相对较小，但是其 Monte Carlo 置换检验的结果仍然为显著。在 5 个尺度上与第二轴一直显著相关的变量是 DBU 和 EL。而代表了人类干扰的变量 DO 和 DRO，也与第二轴在某些尺度上显著相关。由于黄河三角洲地势在较大尺度上呈现出从内陆到沿海递减的趋势，在较为低洼的地区发生的人类活动会受到诸如水淹等因素的限制，因此人类干扰倾向于在地势较高的地区发生，反映了人类活动对高程的偏好，而 DBU、DO 和 DRO 均是直接描述人类干扰的变量，因此，第二轴可能在一定程度上表示着人类对区域植被格局的干扰作用。由于大规模的石油开发、农业生产和基础设施建设，黄河三角洲地区相当大面积的植被覆盖地区受到严重干扰，其土地利用方式和覆被发生改变，区域内的人类干扰已经对植被格局产生了明显的作用。

综合来看，研究结果表明，在中等尺度上黄河三角洲盐生植被景观存在着植被与环境间的尺度依赖关系，土壤水分和土壤盐分的交互作用是植被分布的决定性要素。在小尺度上，高程起伏与地下水的埋深通过影响土壤表面蒸发对土壤水分和盐分进行调控；在大尺度上，地形因素参与水分再分配的过程，并通过水分再分配过程对土壤水分和盐分进行调控。而若干代表人类干扰的变量在某些研究尺度上与排序轴显著相关，表明人类干扰对区域植被格局已经产生较明显的影响。这些研究结果有助于加深我们对盐生植被与环境间关系的理解。

第二节 黄河三角洲多尺度植被与地形关系

在景观以及更精细尺度上，非地带性的因素是环境与植被异质性格局的决定性因素（Levins, 1992）。地形因素作为非地带性因素中最重要的因素之一，是植被格局的重要塑造力量（Turner, 1989；Swanson et al., 1998）。从严格意义上讲，地形要素并不是单一的环境变量，而是一组相互联系、相互作用的变量的集合，并通过一系列的过程影响区域植被的格局（Reed et al., 1996）。由于人们很早就发现地形要素通过不同的过程控制山地地区植被的水热条件和土壤条件，所以以往的植被与地形关系研究主要集中于山地植被地区，内容多考虑地形要素对群落类型及构成的影响，而对地形较为平坦地区的研究则相对较少（Whittaker et al., 1975；Hara et al., 1996；Pinder et al., 1997；Del Barrio et al., 1997；Pfeffer et al., 2003；Garcia-Aguirre et al., 2007）。

在地形平坦的地区，地形要素同样是影响植被分布格局的重要因素，并且在较大尺度上往往通过地表径流和地下水系统完成对降水的再分配，从而决定了中等或者更大尺度上植被的分布格局（Cantero et al., 1998；Galle et al., 1999；Valentin et al., 1999；Muñoz-Reinoso et al., 2005；Wu et al., 2005）。这种景观尺度上的水分再分配过程最早发现于干旱、半干旱缓坡地区的条带状植被中。条带状植被往往表现出植被斑块与裸露地面相间分布的特征，其植被演替序列在空间上往往沿地表高程梯度的方向排列（Aguiar, 1999；Galle et al., 1999；Valentin et al., 1999）。由于裸露地面土壤渗透性较差，只有部分降水下渗，大部分降水以地表径流的形式沿地表高程梯度进行景观尺度上的再分配，从而形成不同演替阶段群落类型在景观尺度上分带分布的格局（Galle et al., 1999；Valentin et al., 1999）。Ludwig 等（2005）认为这种景观尺度上的水分再分配过程不仅局限于干旱、半干旱的条带状植被，还广泛存在于干旱、半干旱平坦地区的植被当中。Cantero 等（1998）在空间分带分布的内陆盐生草甸中也发现了景观尺度水分再分配过程的存在。随着距海岸线的远近和地表高程的起伏，滨海盐生植物也表现出明显的空间分带分布格局，然而滨海生态系统其植被与地形尺度依赖关系是怎样的以及是否存在大尺度上的水分再分配过程却一直缺乏检验（Snow et al.,1984；Van de Rijt et al., 1996；Emery et al., 2001）。

黄河三角洲是黄河入海口地带的扇形冲积平原，地势平坦。由于海陆交互作用的影响，区域内的土壤结构没有发育完全，加之受黄河侧渗及海水顶托，地下水位较高。区域内盐生植物群落的分布格局受土壤盐分及水分的影响，地面高程参与土壤盐分与水分的调控（李兴东，1993；王仁卿等，1993a；吴志芬等，1994）。作为复杂的沉积环境，黄河三角洲存在着多尺度的沉积和水文过程以及复杂关联的地理要素变量，因此，黄河三角洲是探讨平坦地区植被与地形多尺度关系的理想区域（Fang et al., 2005）。而大量的研究表明植被与环境因子的关系存在着尺度依赖效应，即在不同的尺度上可能存在着不同的过程对植被与环境因子间的关系进行调控，因此只有进行多尺度的分析才能阐明植被与地形要素的尺度依赖关系及其内在的生态学过程与机制（Reed et al., 1993；King et al., 2004；Muñoz-Reinoso et al., 2005）。已有研究表明，黄河三角洲在小尺度上高程参与土壤水分与盐分的调控从而对植被分布产生影响，而在较大尺度上植被表现出空间分带的格局（吴志芬等，1994；姚荣江等，2006）。由第一节可知，黄河三角洲植被与地形的关系存在着依赖于尺度的变化，而且在较大尺度上极有可能存在着地形要素主导的水分再分配过程，而第一节的结论通过1期影像获得，仍然需要多时相的遥感影像予以进一步的证明。由此，对黄河三角洲植被与地形关系提出如下假设：黄河三角洲植被格局在小尺度上可能与地表高程有着显著的相关关系，而在较大尺度上存在着水分再分配的调控作用。如果将NDVI值作为主要植物群落类型的指示指标，以上问题就可以转化为探讨在小尺度上NDVI值和高程间的关系，以及大尺度上与坡度及基于地形水分分布机制的地形湿润度指数（TWI）之间的关系。

本节考虑到图像获取时相与天气状况，所用遥感数据为1999年8月28日、2001

年 8 月 9 日和 2005 年 7 月 11 日的三期 TM 和 ETM+ 影像。本节研究区的范围仍然在 117° 31′ ~119° 18′ E 和 36° 55′ ~38° 16′ N 之间（吴大千，2010）。

本节所使用的数据主要包括：

1. NDVI 的计算与比较

NDVI 通过以下公式计算：

$$NDVI = (\rho_4 - \rho_3)/(\rho_4 + \rho_3)$$

式中：ρ_3 和 ρ_4 分别为 TM 影像第 3 和第 4 波段反射率。

根据同期的土地利用图，将其他覆被类型掩膜，保留灌草地覆被类型的 NDVI 影像。生成的 NDVI 影像的分辨率为 30 m，然后采用最近邻体法将 NDVI 影像重采样为 90 m、150 m、210 m、300 m、450 m、600 m、750 m、900 m 和 1 050 m 分辨率的 NDVI 影像。

野外调查于 2001 年 9 月间进行，在研究区域中共调查植被斑块 101 个，手持 GPS 记录斑块位置，并在斑块中选择典型群落类型进行样方调查，记录样方内物种构成、盖度等，采集土壤测量其理化指标。根据野外记录，选择面积较大的均质地物斑块。共选择 4 种主要植物群落类型（盐生柽柳灌丛、芦苇群落、盐地碱蓬群落和白茅 – 獐毛群落）共 80 个均质地物斑块，并根据斑块坐标截取 TM 影像上该位置的 NDVI 值。对 4 种主要群落类型的 NDVI 值进行单因素方差分析，并对显著性结果进行 Duncan 多重比较。

2. 地形指数的计算

研究中的数字高程模型（DEM）由 1:5 万地形图跟踪数字化后用线性内插法生成，分辨率为 30 m。高程信息（EL）、坡度（SL）和坡向（AS）直接从 DEM 中获取。利用下列公式将坡向转为南向指数（SI）和东向指数（EI）（Deng et al., 2007）：

$$SI = -\cos(aspect)$$
$$EI = \sin(aspect)$$

经过该变换之后，当 SI=1 时，坡向为正南；当 SI= −1，坡向为正北；当 EI=1 时，坡向为正东；当 EI= −1 时，坡向为正西。〔利用 ArcView 的 Solar Analyst 扩展模块，并结合 DEM 图层，生成区域内的太阳辐射（SR）分布图以及 TVDI 指数和 TWI 指数。〕

不同尺度下的地形指数通过如下方法生成：采用最近邻体法将 DEM 重采样成 90 m、150 m、210 m、300 m、450 m、600 m、750 m、900 m 和 1 050 m 分辨率的 DEM 图层，然后利用这些图层分别生成坡度（SL）、坡向（AS）、南向指数（SI）、东向指数（EI）、太阳辐射（SR）和地形湿润度指数（TWI）。

本节所使用的分析方法主要包括：

1. 多尺度上的多元回归分析

考虑空间自相关和未考虑空间自相关的多元回归被广泛应用于生态学机制研究中（Diniz-Filho，2007；Keitt et al.，2005）。如果 NDVI 能够作为植被的良好指示指标，那么可以利用 NDVI 作为因变量，一系列的地形要素变量作为自变量，探求不同尺度下 NDVI 与一系列地形要素变量之间的关系。利用 ArcGIS 软件在研究区域内随机生成 400 个点，利用同期的土地利用图选取位于灌草土地类型中的点，然后获取在这些点位置上的 NDVI 值以及 SL、AS 等地形要素的值，然后采用基于最小二乘法的普通多元回归（OLS）和空间滞后响应模型（SLM）研究 NDVI 与一系列地形要素变量之间的尺度依赖关系，其中空间滞后响应模型可以用下式表示：

$$Y = \rho WY + X\beta + \varepsilon$$

式中：ρ 为自回归参数，W 为空间权重矩阵，β 为代表原始预测矩阵 X 中预测变量间的斜率的向量。

普通多元回归与滞后响应模型均在 SAM（Rangel et al.，2006）软件中完成，利用小取样尺度修正的赤池指数（AICc）选择最优的回归模型，同时利用入选变量的显著度（P value）判断变量对于因变量的重要程度（Keitt et al.，2005）。为了监测模型的效果与模型残差的空间自相关特征，同样利用 SAM 软件计算普通多元回归模型与滞后响应模型的残差的 Moran's I 指数。当 $i \neq j$ 时，采用以下公式计算 Moran's I：

$$I = \frac{n \sum\limits_{i=1}^{n} \sum\limits_{j=1}^{n} w_{ij} (x_i - \bar{x})(x_j - \bar{x})}{\sum\limits_{i=1}^{n} \sum\limits_{j=1}^{n} w_{ij} \sum\limits_{i=1}^{n} (x_i - \bar{x})^2}$$

式中：x_i 和 x_j 分别为在 i 和 j 位置的变量值；w_{ij} 是每一个 i 和 j 像元的空间相邻权重矩阵。

Moran's I 指数的取值一般在 −1 到 1 之间，小于 0 表示负相关，等于 0 表示不相关，大于 0 表示正相关。

2. 基于样线的连续小波分析、交叉小波分析以及小波一致性分析

基于多元回归分析的方法是从整个研究区域的尺度上对黄河三角洲植被与地形关系进行研究，仍然需要对小尺度上的植被与地形关系进行研究。小波分析是一个具有全新观点、全新思想的时间 – 频率分析工具，是传统傅立叶分析发展史上里程碑式的进展。小波分析在时域和频域同时具有良好的局部化性质，而且由于对高频成分采用逐渐精细的时域或空间域（对图像信号处理）取样步长，从而可以聚焦到对象的任意细节（Dale et al., 1998）。借助于小波分析，可以监测和提取多源、多尺度、海量的生态学空间数据集的基本特征。对于空间生态学中的问题，可以将小波分析中的时域转变为空间域，从而对生态学中的空间尺度问题进行多尺度的分析（Dale et al., 1998；Keitt et al., 2005）。目前，由于二维小波分析其生态学意义较难确定（Mi et al., 2005），因此，普遍采用的是基于样线的一维小波分析（Saunders et al., 2005）。

在 1999 年、2001 年和 2005 年的三期 TM 和 ETM+ 影像上，利用 ArcGIS 软件各选定长度为 512 个像元（512 m × 30 m）的样线 2 条，共 6 条样线，分别为 A99、B99、A01、B01、A05 和 B05（图 5–5）。将样线转化为 512 个点，并利用 ArcGIS 软件获取 512 个点上的 NDVI 值与一系列地形要素变量。

图 5-5　三期影像上的样线（A99、B99、A01、B01、A05 和 B05）

连续小波是利用小波对时间序列或者空间序列进行带通滤波，即将数据序列分解成一系列小波函数的叠加，而这些小波函数都是由 1 个母小波函数经过平移与尺度伸缩得来的。小波功率谱图可以显示任意时间或者空间上最显著尺度和各尺度变化贡献的大小，因而可以从谱曲线中的谱值最大来确定局部时间范围内的主要振荡及其对应的周期，但是否有统计意义还需做显著性检验。选用 Morlet 小波对所选取样线的 NDVI 及地形相关变量进行变换，这里 Morlet 小波是一个复数形式小波：

$$\psi_0(\eta) = \pi^{-1/4} e^{i\omega_0\eta} e^{-\eta^2/2}$$

式中：ω_0 是无量纲频率，当 $\omega_0=6.0$ 时，Morlet 小波的 Fourier 周期 λ 近似等于伸缩尺度 s（$\lambda=1.03s$），可以保证时域和频域分辨能力达到最佳的平衡；η 为位相。

由于时间序列的数据有限，以及小波在时域上并非完全局部化，所以小波变换要受到边界效应的影响，而且尺度越大，边界效应越明显，因此在这里引入影响锥曲线（COI），在影响锥曲线以外的功率谱由于受到边界效应的影响而不予考虑。交叉小波变换是将小波变换与交叉谱分析相结合的一种新的信号分析技术，最早用来从多时间尺度的角度来研究两个时间序列在时频域中的相互关系（Torrence et al., 1998）。交叉小波变换中，两个时间序列 X 和 Y，其小波变换形式分别为 W_X 和 W_Y，则两者的交叉小波谱可以定义为：

$$W_{XY}(s,t) = W_X(s,t)W_Y^*(s,t)$$

式中：* 表示复共轭；s 为伸缩尺度；对应交叉小波功率谱密度为 $W_{XY}(s,t)$，其值越大，表明两者具有共同的高能量区，彼此相关程度达到显著。

与交叉小波变化不同的是，小波一致性分析，分析的是两个时间序列或者两个空间序列局部相关的密切程度，因为即使对应交叉小波功率谱中低能量值区，两者在小波一致性谱中的相关性也有可能很显著。根据 Torrence 等人（1998）的定义，两个时间序列 X 和 Y 的小波一致性谱为：

$$R_n^2(s) = \frac{\left|S(s^{-1}W_n^{XY}(s))\right|^2}{\left|S(s^{-1}W_n^{X}(s))\right|^2 \cdot \left|S(s^{-1}W_n^{Y}(s))\right|^2}$$

式中：S 为平滑算子。

这种定义与传统意义上的相关系数表达式类似，是两个时间序列 X 与 Y 在某一频率上波振幅的交叉积与各个振动波的振幅乘积之比。平滑算子 S 由下列公式确定：

$$S(w) = S_{scale}(S_{time}(W_n(s)))$$

式中：S_{scale} 表示沿着小波伸缩尺度轴的平滑；S_{time} 则表示沿着小波时间平移轴的平滑。

对于 Morlet 小波平滑算子其表达式如下：

$$S_{time}(W)\big|_s = (W_n(s) * C_1^{-t^2/2s^2})\big|_s$$

$$S_{scale}(W)\big|_s = (W_n(s) * C_2\prod(0.6s))\big|_n$$

式中：C_1 和 C_2 是标准化常数；$\prod$ 是矩形函数；参数 0.6 是根据经验确定的尺度（Torrence et al., 1998）。

小波一致性分析的显著性检验采用 MonteCarlo 方法，具体检验原理和设置详见 Torrence 等（1998）。

一、不同植被类型间 NDVI 比较

单因素方差分析结果表明，不同植物群落类型之间 NDVI 值差异极显著（F=24.18，$P<0.01$），故采用 Duncan 法进行多重比较。盐地碱蓬群落的 NDVI 平均值最小（0.051±0.019，Mean±SE），芦苇群落的 NDVI 平均值最大（0.465±0.033），白茅群落（0.142±0.035）和柽柳群落（0.272±0.029）的 NDVI 值则居于中间。Duncan 多重比较的结果表明，只有盐地碱蓬群落与白茅群落间 NDVI 差异未达到显著水平（$P>0.05$），其余的群落间的多重比较均达到显著水平（$P<0.05$）。

研究结果表明，黄河三角洲 4 种主要植物群落间 NDVI 值差异显著，可以作为指示该地区不同植物群落的良好指标，这是由滨海盐生植物群落依赖于土壤水分与盐分的生境特点决定的。较早的研究认为滨海盐生群落的分布仅仅依赖于盐分的梯度，但是随后大量的研究表明，滨海盐生群落同时依赖于水分和盐分的梯度，水分与盐分的交互作用是滨海盐生群落分布的决定性因素（Ungar, 1969；李兴东，1993；Cantero et al., 1998；Pan et al., 1998；Piernik, 2003）。滨海盐生植物群落的生境经常呈现出土壤水分和盐分单向变化的梯度格局，即从湿润和高盐分的生境过渡到较干燥和低盐分的生境（Ungar, 1967；Chapman, 1974；Pan et al., 1998）。NDVI 值反映的是植物体在近红外波段和红外波段的光谱反射特征的差异，对群落的水分条件、盐分特征和盖度特征有着较为敏感的响应特征（Purevdorj et al., 1998；Chuvieco et al., 2004；Li et al., 2005）。黄河三角洲主要群落生境特征如水分、盖度等均表现出与盐分协同变化的特征，并且差异显著，因此不同群落间的 NDVI 值也有显著差异（吴志芬等，1994；Zhang et al., 2007）。

二、基于回归分析的多尺度植被与地形关系

利用普通多元回归和滞后响应模型对 90 m、150 m、210 m、300 m、450 m、600 m、750 m、900 m 和 1 050 m 尺度上 NDVI 与一系列地形要素间的关系进行分析，各变量在不同尺度上的显著度见表 5-4~表 5-9。表 5-4、表 5-5 和表 5-6 是 1999 年、2001 年和 2005 年 3 期影像普通多元回归模型的结果，在 3 期影像中，EL 和 TVDI 在所有的研究尺度上均显著；TWI 指数在 1999 年的 450 m 尺度、1999 年的 1 050 m 尺度、2005 年的 90 m 尺度以及 2005 年的 1 050 m 尺度上显著；SR 在 1999 年的 150 m 尺度、1999 年的 1 050 m 尺度、2001 年的 450 m 尺度、2001 年的 600 m 尺度上显著；而 SL 在 1999 年的 750 m 尺度和 2001 年的 750 m 尺度上显著。整体来看，并没有较明显的规律。表 5-7~表 5-9 是空间滞后响应模型的结果，在 1999 年、2001 年和 2005 年 3

期影像中，EL 和 TVDI 并不是在所有的尺度上均表现为显著；TWI 在 2001 年的 750 m 尺度、2005 年的 750 m 尺度和 900 m 尺度上表现为显著，在 1999 年的 750 m 尺度上显著度为 0.052，接近于显著；SL 在 1999 年的 450 m 尺度、750 m 尺度、900 m 尺度，2001 年的 750 m 尺度以及 2005 年的 210 m 尺度上表现为显著，其中，在 2005 年的 750 m 尺度上显著度为 0.079，接近于显著；SR 在 1999 年的 90 m 尺度和 150 m 尺度、2001 年的 90 m 尺度、450 m 尺度、600 m 尺度以及 2005 年的 150 m 尺度上表现为显著。根据图 5-6，空间滞后响应模型的结果表现出一定的规律，TWI 均在 750 m 尺度上表现为显著或者接近于显著，SL 在 750 m 尺度附近表现出显著或者接近于显著，SR 在 90 m 附近的小尺度上表现为显著，而同时 EL 在 90 m 附近尺度上也表现为显著或者接近于显著。

表 5-4　1999 年 NDVI 与地形要素的多尺度普通回归变量的显著度及回归参数

Scale /m	EL	SL	SR	TVDI	SI	EI	TWI	R^2	AIC_c
30	0	0.950	0.414	0	0.870	0.656	0.101	0.570	−712.451
90	0	0.785	0.566	0	0.577	0.791	0.348	0.465	−749.582
150	0	0.239	0.039	0	0.255	0.113	0.567	0.494	−769.326
210	0	0.390	0.546	0	0.827	0.989	0.255	0.325	−706.774
300	0	0.726	0.509	0	0.882	0.628	0.402	0.279	−708.552
450	0	0.598	0.703	0	0.348	0.604	0.006	0.414	−866.834
600	0	0.753	0.064	0	0.046	0.819	0.181	0.336	−782.599
750	0	0.047	0.871	0	0.650	0.919	0.232	0.400	−900.991
900	0	0.370	0.735	0	0.305	0.390	0.103	0.435	−925.733
1 050	0	0.598	0.025	0	0.227	0.901	0.033	0.422	−916.840

表 5-5　2001 年 NDVI 与地形要素的多尺度普通回归变量的显著度及回归参数

Scale /m	EL	SL	SR	TVDI	SI	EI	TWI	R^2	AIC_c
30	0	0.933	0.136	0	0.501	0.787	0.385	0.466	−362.189
90	0	0.785	0.005	0	0.117	0.763	0.664	0.381	−327.472
150	0	0.600	0.067	0	0.558	0.519	0.849	0.308	−346.850
210	0	0.567	0.183	0	0.217	0.376	0.623	0.243	−386.213
300	0	0.913	0.107	0	0.347	0.458	0.151	0.244	−395.531
450	0	0.113	0	0	0.380	0.104	0.587	0.241	−449.527
600	0	0.411	0.004	0	0.859	0.533	0.131	0.227	−457.541
750	0	0.007	0.195	0	0.471	0.832	0.562	0.211	−505.583
900	0	0.059	0.345	0	0.329	0.112	0.253	0.218	−551.564
1 050	0	0.102	0.732	0	0.383	0.903	0.232	0.211	−535.248

表 5-6　2005 年 NDVI 与地形要素的多尺度普通回归变量的显著度及回归参数

Scale /m	EL	SL	SR	TVDI	SI	EI	TWI	R^2	AIC_c
30	0	0.207	0.296	0	0.854	0.782	0.660	0.645	2 960.025
90	0.004	0.341	0.431	0	0.025	0.324	0.030	0.636	3 410.565
150	0	0.746	0.220	0	0.308	0.340	0.288	0.618	3 385.791
210	0	0.033	0.111	0	0.592	0.602	0.286	0.617	3 694.166
300	0	0.367	0.218	0	0.499	0.518	0.406	0.528	3 778.746
450	0	0.507	0.725	0	0.035	0.393	0.204	0.539	3 981.063
600	0	0.067	0.123	0	0.815	0.947	0.082	0.546	3 983.897
750	0.003	0.400	0.348	0	0.120	0.480	0.738	0.547	4 082.786
900	0.030	0.967	0.679	0	0.137	0.284	0.322	0.461	4 123.305
1 050	0	0.818	0.746	0	0.941	0.522	0.047	0.522	4 144.492

表 5-7　1999 年 NDVI 与地形要素的多尺度空间滞后回归变量的显著度及回归参数

Scale /m	EL	SL	SR	TVDI	SI	EI	TWI	R^2	AIC_c
30	0.006	0.771	0.133	0	0.975	0.091	0.556	0.297	−741.860
90	0.023	0.683	0.005	0	0.099	0.371	0.681	0.183	−788.899
150	0.002	0.471	0	0	0.077	0.923	0.398	0.226	−838.661
210	0.763	0.188	0.095	0.010	0.084	0.354	0.409	0.038	−826.265
300	0.506	0.553	0.156	0.437	0.608	0.259	0.285	0.021	−822.773
450	0.049	0.274	0.084	0	0.775	0.065	0.714	0.097	−1 019.195
600	0.707	0.902	0.991	0.027	0.318	0.126	0.174	0.027	−932.265
750	0.007	0.034	0.542	0	0.324	0.390	0.052	0.082	−1 083.605
900	0.002	0.133	0.107	0	0.458	0.750	0.504	0.080	−1 055.697
1 050	0.443	0.834	0.257	0	0.745	0.020	0.586	0.081	−1 079.421

表 5-8　2001 年 NDVI 与地形要素的多尺度空间滞后回归变量的显著度及回归参数

Scale /m	EL	SL	SR	TVDI	SI	EI	TWI	R^2	AIC_c
30	0.016	0.773	0.087	0	0.368	0.972	0.647	0.399	−368.805
90	0.061	0.900	0.001	0	0.096	0.723	0.249	0.301	−343.810
150	0.025	0.901	0.095	0	0.859	0.646	0.823	0.236	−364.598
210	0.558	0.588	0.188	0	0.226	0.907	0.245	0.147	−430.867
300	0.137	0.253	0.479	0	0.055	0.659	0.030	0.137	−421.648
450	0.698	0.408	0	0	0.343	0.137	0.984	0.130	−474.195
600	0.950	0.840	0.011	0	0.923	0.838	0.980	0.092	−508.499
750	0.198	0.049	0.136	0	0.530	0.615	0.014	0.069	−618.350
900	0.190	0.348	0.521	0	0.453	0.190	0.241	0.101	−631.160
1 050	0.876	0.176	0.518	0	0.241	0.979	0.707	0.074	−621.822

表 5-9 2005 年 NDVI 与地形要素的多尺度空间滞后回归变量的显著度及回归参数

Scale /m	EL	SL	SR	TVDI	SI	EI	TWI	R^2	AIC_c
30	0.029	0.804	0.400	0	0.781	0.898	0.687	0.375	3 056.644
90	0.027	0.576	0.090	0	0.031	0.387	0.187	0.329	3 522.337
150	0.077	0.844	0.041	0	0.627	0.099	0.666	0.315	3 471.349
210	0.135	0.016	0.245	0	0.990	0.820	0.052	0.283	3 786.823
300	0.428	0.906	0.337	0	0.503	0.755	0.061	0.184	3 816.675
450	0.021	0.975	0.670	0	0.464	0.436	0.768	0.207	4 033.036
600	0.573	0.511	0.305	0	0.937	0.929	0.342	0.142	4 003.247
750	0.001	0.071	0.284	0	0.179	0.719	0.008	0.167	4 097.893
900	0.031	0.985	0.383	0	0.044	0.109	0.010	0.139	4 117.641
1 050	0.003	0.075	0.200	0	0.655	0.895	0.215	0.141	4 124.931

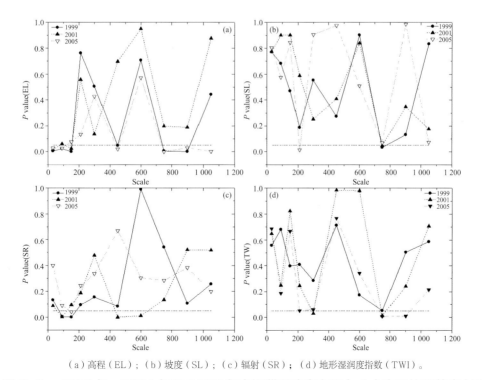

（a）高程（EL）；（b）坡度（SL）；（c）辐射（SR）；（d）地形湿润度指数（TWI）。

图 5-6 1999 年、2001 年和 2005 年空间滞后响应方程中 4 个变量的显著度水平

利用 SAM 计算在不同尺度上模型残差的 Moran's I 指数，共得到 3 期影像各 10 个尺度上的 Moran's I 指数。由于 Moran's I 较多，只在图 5-7 中列出 1999 年的 100 m 和 900 m 尺度、2001 年的 100 m 和 900 m 尺度以及 2005 年的 100 m 和 900 m 尺度上的 Moran's I 指数。利用独立 t 检验，比较普通多元回归与空间滞后响应模型残差 Moran's I 指数间的差异，结果表明两者差异显著，空间滞后响应模型显著地降低了模型残差的 Moran's I 指数，见表 5-10 和图 5-7。

表 5-10　普通多元回归与空间滞后响应模型残差 Moran's I 指数 t 检验结果

年份	普通多元回归（OLS）		空间滞后响应模型（SLM）		t 值	P 值
	均值（Mean）	标准差（SD）	平均值（Mean）	标准差（SD）		
1999	0.079	0.062	0.022	0.021	10.902	0.000
2001	0.030	0.025	0.013	0.011	7.603	0.000
2005	0.047	0.030	0.037	0.028	3.026	0.003

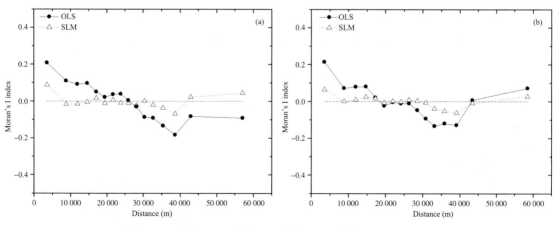

（a）100 m；（b）900 m；（c）100 m；（d）900 m；（e）100 m；（f）900 m。

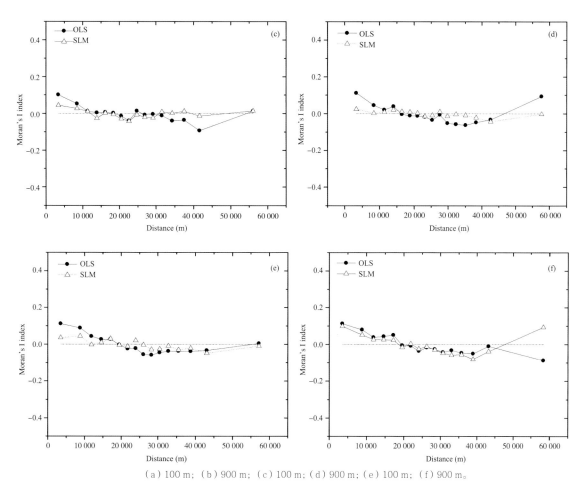

（a）100 m；（b）900 m；（c）100 m；（d）900 m；（e）100 m；（f）900 m。

图 5-7　普通回归方程（OLS）和空间滞后方程（SLM）1999 年影像（a 和 b）、2001 年影像（c 和 d）和 2005 年影像（e 和 f）的残差的 Moran's I 指数

由表 5-7~表 5-10 可知，在所有的尺度上，TVDI 基本上均表现为显著，表明土壤水分仍然是黄河三角洲植被分布的主要因素。而在小尺度上，EL 与 SR 表现为显著，这很有可能与小尺度上的地表蒸发过程有关。黄河三角洲地下水埋深较浅，在持续的地表蒸发过程中，深层土壤以及地下水中的可溶性盐类借助毛细管作用上升积聚于上层土壤（姚荣江等，2006），土壤盐分因此与地下水埋深紧密相关（关元秀等，2001），而针对地下水分布的研究又表明地下水埋深与微地形起伏有关（姚荣江等，2006），因此地表高程在小尺度上通过土壤表面蒸发过程参与对水分和盐分的调控，从而影响植被的分布（Pan et al., 1998；关元秀等，2001；姚荣江等，2006）。由空间滞后响应模型的结果可知（表 5-7~表 5-10），TWI 和 SL 均在 750 m 尺度左右表现为显著或者接近于显著，表明地形要素极有可能在该尺度上通过水分再分配过程对土壤盐分和水分进行调控。黄河三角洲土壤成土母质为黄河冲积物，土壤质地细腻，渗透性较差，表面极易板结，这种土壤性质极易产生沿地表高程梯度方向的地表径流（Galle et al., 1999；Valentin et al., 1999）。黄河三角洲区域内地下水流动方向与地表高程降低方向基本一致，因此下渗的降水进入地下水系后，其流动方向与地表径流流动方向也基本保持一致，在较大尺度上土壤水分与盐分再分配的方向均为近海低洼地区（Chen et al., 2007）。由于黄河的作用与影响，使黄河三角洲形成了小尺度上"岗 – 坡 – 洼"相间排列的微地貌类型，而在较大尺度上，黄河三角洲的地形从内陆到沿海呈递减趋势。在小的粒度尺度上，反映的是微地形起伏对植被分布格局的调控。当粒度尺度大于微地形起伏单元的平均大小时，小尺度地形起伏的效应消失，大尺度地形格局的作用更容易被观察到，因此 750 m 的尺度极有可能对应着黄河三角洲地形起伏单元的平均大小。

Legendre（1993）指出存在空间自相关的数据违背了标准统计学方法的独立性假设，在进行统计学检验时，就会对标准误做出较低的估计，导致第一类型错误地膨胀，表现为模型残差中存在较显著的空间自相关。如果不能提供足够多的解释变量以解释变量本身的空间自相关格局特性，那么利用传统统计学方法分析数据时，强烈的空间自相关残差会导致响应变量与解释变量之间的相关偏向于用于较高空间自相关特性的变量，从而可能导致错误的解释和结论（Lennon, 2000）。采用非空间方法（基于最小二乘法的普通多元回归模型）与空间方法（空间滞后响应模型）对黄河三角洲 3 个时期的植被与地形关系进行了多尺度的分析，结果存在着较大的差异（表 5-4~表 5-10）：原本在普通多元回归模型中的显著变量，其显著度出现了较大的变化，而且不同变量表现为显著的尺度区域也发生了较大的变化。两种模型残差的 Moran's I 指数比较表明：空间滞后响应模型显著地降低了模型残差的 Moran's I 指数，因此可以较好地抑制空间自相关对于模型的不利影响，从而得到更加真实可靠的结论（Overmars et al., 2003; Dormann, 2007）。

三、基于样线和小波分析的多尺度植被与地形关系

图 5-8、图 5-9 和图 5-10 是选用 Morlet 小波对所选取样线（A99、B99、A01、B01、A05 和 B05）的 NDVI 及地形要素变量坡度（Slope）和地形湿润度指数（TWI）进行的小波变换。图 5-11、图 5-12 和图 5-13 是对所选取样线的 NDVI 及地形要素变量坡度（Slope）和地形湿润度指数（TWI）进行的交叉小波分析。图 5-14、图 5-15 和图 5-16 是对所选取样线的 NDVI 及地形要素变量坡度和地形湿润度指数进行的小波一致性分析。

由图 5-8 可知，1999 年的两条样线中，A99 样线中 NDVI 与坡度的共同高能量区在小尺度和大尺度上均有分布，NDVI 与地形湿润度指数的共同高能量区在小尺度上和大尺度上均有分布，NDVI 与坡度的共同高能量区和 NDVI 与地形湿润度指数的共同高能量区表现出一定的相似性；B99 样线中的格局与 A99 样线类似，共有能量区在小尺度和大尺度上均有分布，但是 NDVI 与坡度的共同高能量区和 NDVI 与地形湿润度指数的共同高能量区表现出的相似性较 A99 小。A01 和 B01 样线中共同高能量区在小尺度和大尺度上均有分布，而且 A01 和 B01 样线的 NDVI 与坡度的共同高能量区和 NDVI 与地形湿润度指数的共同高能量区均表现出较高的相似性（图 5-9）。A05 和 B05 样线中共有高能量区在小尺度和大尺度上均有分布，A05 样线的 NDVI 与坡度的共同高能量区和 NDVI 与地形湿润度指数的共同高能量区均表现出较高的相似性，B05 的相似性较 A05 小（图 5-10）。

由图 5-11 可知，1999 年的两条样线中，NDVI 与坡度、NDVI 与地形湿润度指数的小波一致性谱的高值区域分布在较大的尺度上，而且 NDVI 与坡度、NDVI 与地形湿润度指数的小波一致性谱的高值区域的分布格局较为相似。由图 5-12 可知，对 A01 和 B01，NDVI 与坡度、NDVI 与地形湿润度指数的小波一致性谱的高值区域同样分布在较大的尺度上，特别是 B01 样线中 NDVI 与坡度、NDVI 与地形湿润度指数的小波一致性谱的高值区域的分布格局极为相似。由图 5-13 可知，对 A05 和 B05，NDVI 与坡度、NDVI 与地形湿润度指数的小波一致性谱的高值区域基本分布在较大的尺度上，而两条样线中 NDVI 与坡度、NDVI 与地形湿润度指数的小波一致性谱的高值区域的分布格局极为相似。

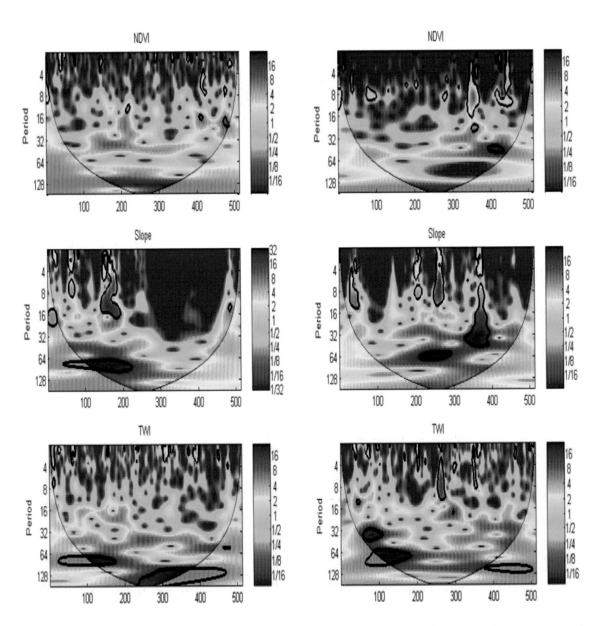

图 5-8　1999 年两条样线（A99 和 B99）的连续小波分析变换图

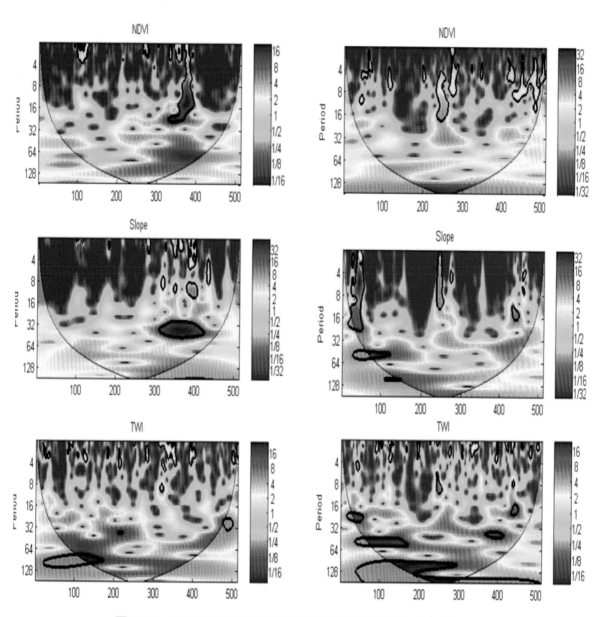

图 5-9　2001 年两条样线（A01 和 B01）的连续小波分析变换图

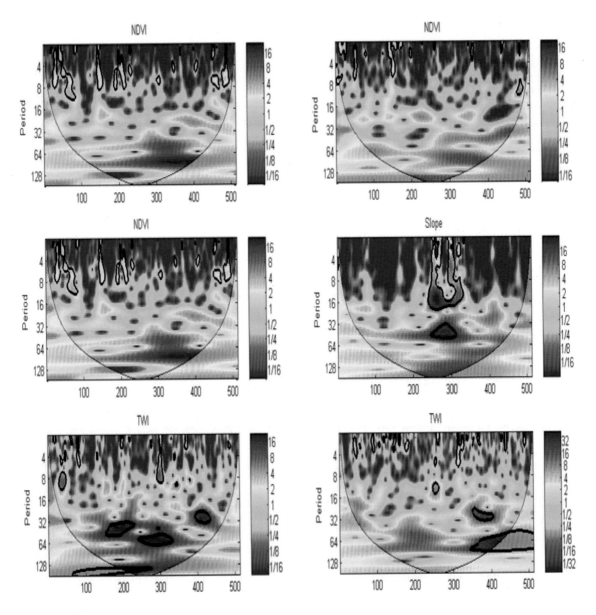

图 5-10　2005 年两条样线（A05 和 B05）的连续小波分析变换图

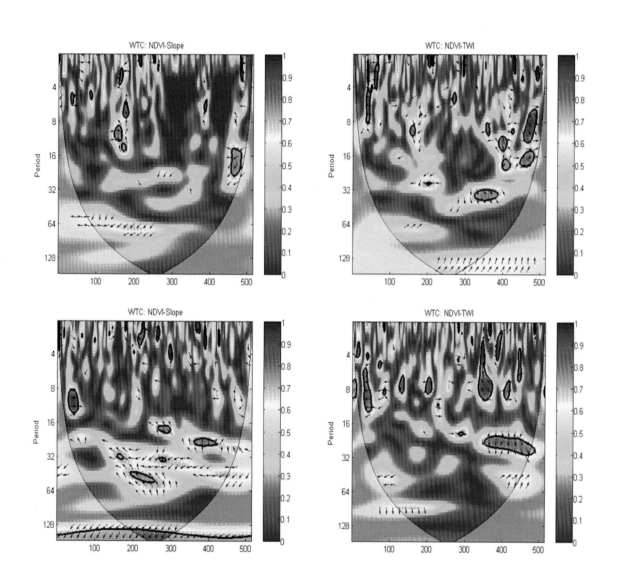

图 5-11　1999 年两条样线（A99 和 B99）的交叉小波分析变换图

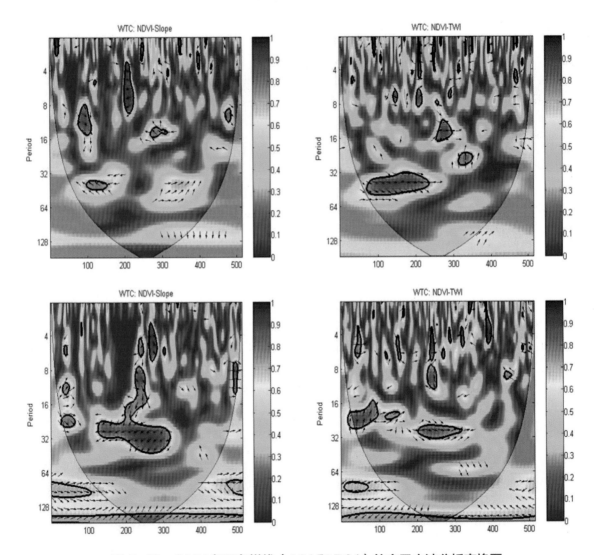

图 5-12　2001 年两条样线（A01 和 B01）的交叉小波分析变换图

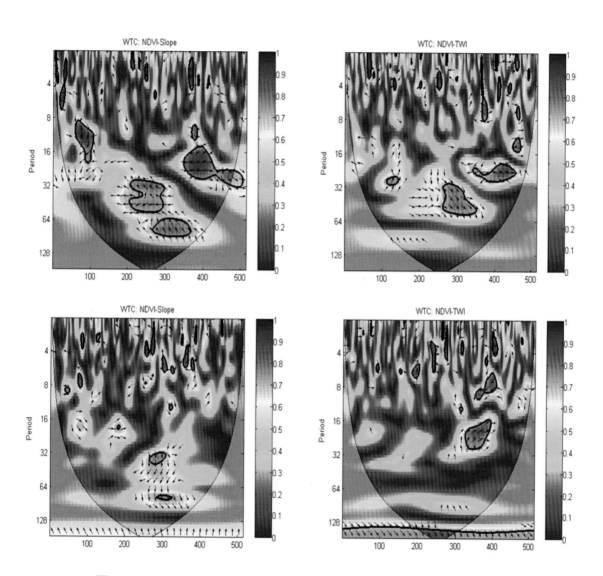

图 5-13　2005 年两条样线（A05 和 B05）的交叉小波分析变换图

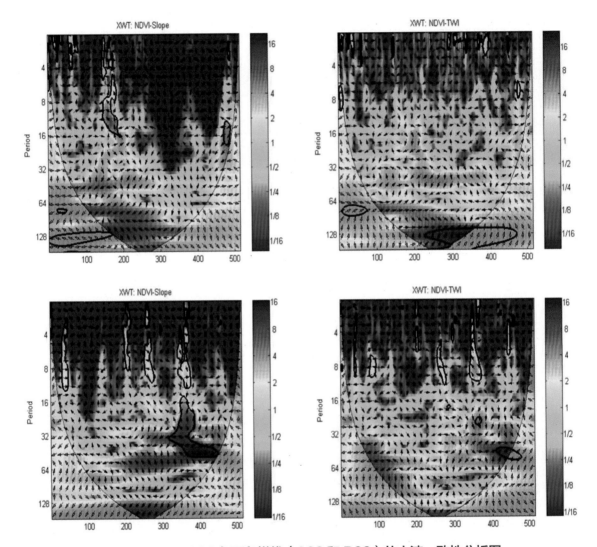

图5-14　1999年两条样线（A99和B99）的小波一致性分析图

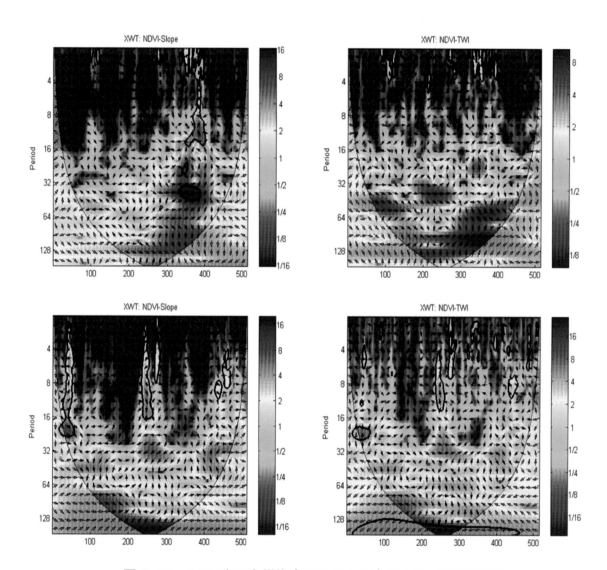

图 5-15　2001 年两条样线（A01 和 B01）的小波一致性分析图

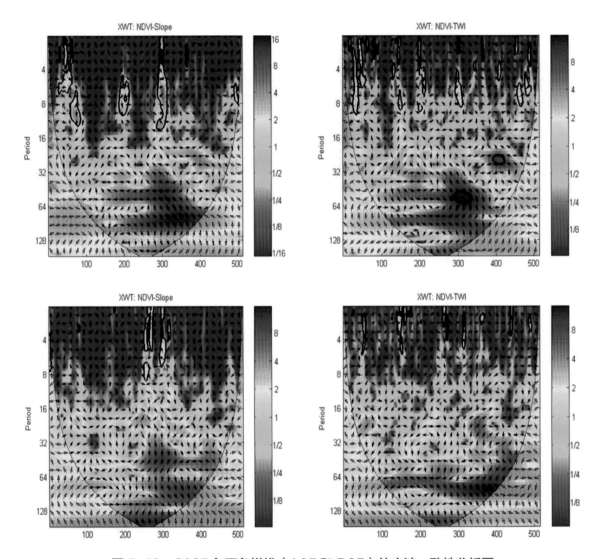

图 5-16 2005 年两条样线（A05 和 B05）的小波一致性分析图

基于样线的植被地形的小波分析中有两种方法，一种是交叉小波分析，另外一种是小波一致性分析。交叉小波分析反映的是两个时间序列或者两个空间序列高能量区的局部相关密切程度。与交叉小波变化不同的是，小波一致性分析的是两个时间序列或者两个空间序列局部相关密切程度，包括交叉小波功率谱中低能量值区，因为两者在小波一致性谱中的相关性也有可能很显著。因此 Qin 等（2008）认为小波一致性分析更能刻画两个序列间的尺度依赖关系。由图 5-11~图 5-16 可知，小波一致性分析中 NDVI 与坡度间的小波一致性谱、NDVI 与地形湿润度指数间的小波一致性谱的相似性较高，而且小波一致性谱的高值区域其分布的尺度一般较大，因此地形对降水的再分配过程其作用的具体尺度虽然可大可小，但是一般都是发生在大尺度上。

本章小结

黄河三角洲是研究多尺度植被与环境关系的理想区域。本章采用遥感与地理信息系统技术对高分辨率遥感数据和栅格化的生物物理、地理和人类干扰环境变量间的关系进行研究。基于典范对应分析探究了多尺度植被与环境关系，基于回归分析以及样线和小波分析探讨了多尺度植被与地形关系。结果表明：土壤水分与盐分的交互作用是所有研究尺度上植被分布的决定性变量。在小尺度上，土壤表面蒸发是土壤水分和盐分调控的主要机制；在大尺度上，地形因素参与水分再分配的过程，并极有可能通过地表径流和地下水再分配过程对土壤水分和盐分进行调控。排序轴与部分人类干扰变量显著相关，表明区域内的人类干扰已经对植被格局产生了明显的作用。而黄河三角洲 4 种主要植物群落间的 NDVI 值差异显著，可以作为指示该地区不同植物群落的良好指标。空间滞后响应模型显著地降低了模型残差的 Moran's I 指数，可以较好地抑制空间自相关对于模型的不利影响，从而得到更加真实可靠的生态学结论。多尺度的回归分析表明，地形湿润度指数和坡度均在 750 m 尺度左右表现为显著或者接近于显著，表明地形要素极有可能在该尺度上通过水分再分配过程对土壤盐分和水分进行调控。基于样线的小波分析表明，降水再分配的过程虽然在较小的尺度上也存在，但是一般分布在较大尺度上。

一般对土壤盐分的监控往往通过野外采样和实验室化验完成，成本高且难以在较大范围内同时完成。所以尽管土壤盐分是盐生植被分布的重要决定变量，却不是环境管理和监测的合适变量。通过遥感影像生成的土壤水分指数（TVDI）不仅在所有的尺度上与植被矩阵显著相关，而且易于生成，有望成为对区域植被监测与预测的可靠指标。地形要素在小尺度上与植被格局密切相关，而在大尺度上通过地表水文过程影响植被格局，也是对区域植被预测和管理的可靠变量。本章的研究结果进一步从景观生态学的角度印证了黄河三角洲在较大尺度上存在着水分再分配的调控作用。在小尺度上，地表高程与太阳辐射表现为显著，这很有可能与小尺度上的地表蒸发过程有关；TWI和坡度均在750 m尺度左右表现为显著或者接近于显著，表明地形要素极有可能在该尺度上通过水分再分配过程对土壤盐分和水分进行调控。考虑空间自相关的方法和不考虑空间自相关的方法得到的结论存在较大差异，需要注意对残差自相关特性的检验，否则可能得到存在偏差的结论。

随着研究尺度的不断增加，经典的小尺度样方调查方法对时间和花费的要求呈现指数型增长趋势，从而限制了其适用的尺度范围。综合利用高分辨率遥感技术与地理信息系统技术的优势在于可以在较大尺度上研究植被与环境间的尺度依赖关系，有着较为广泛的应用前景。研究结果也对黄河三角洲环境管理和植被分布预测有着一定的启示。

第六章

黄河三角洲植被与
景观动态变化

第一节 黄河三角洲植被覆盖动态变化

本节所研究区域与第四章一致，为现代黄河三角洲，地理坐标大致在东经 118° 30′~119° 20′，北纬 37° 35′~38° 10′。现代黄河三角洲地理位置见图 4−1。

本节所用方法与第四章类似。根据处理后的遥感影像，计算植被指数（韩美，2012）。

植被指数指从多光谱遥感数据中提取的有关地球表面植被状况的定量数据。通常是用红波段（R）和近红外（IR）波段通过数学运算进行线性或非线性组合得到的数据，用以表征地表植被的数量分配和质量情况。植被指数已被广泛用来定性和定量评价植被覆盖及其生长活力。二十多年来，已研究发展了几十个植被指数，常用的有比值植被指数 RVI、归一化植被指数 NDVI、环境植被指数 EVI、绿度植被指数 GVI 等。由于植被指数对植被的敏感性、抗土壤和大气的干扰性不同，植被指数没有一个普遍的值。用不同的植被指数分析的结果往往不同。由于归一化植被指数与一些重要的生物物理参数如生物量、叶面积指数、光有效辐射等有密切联系，所以 NDVI 被广泛用于植被研究，考虑到研究区植被盖度特点，经综合比较，选用归一化植被指数 NDVI。

对 LANDSAT TM 图像而言，NDVI 的计算公式如下：

$$NDVI=(TM4-TM3)/(TM4+TM3)$$

式中：TM4、TM3 分别为 LANDSAT25 专题制图仪的第四（近红外）和第三（红）波段亮度值。

利用 ENVI 软件进行 NDVI 运算，自动设定值，将结果控制在 0~255 范围绘制 NDVI 图件。

对植被指数图进行增强处理。人眼只能分辨 10~20 个灰度等级，但却能分辨几千种颜色的色调和强度，因此对植被指数图进行假彩色及密度分割处理，并赋以不同色彩，以增强目视判读的效果。

将植被指数由大到小划分为 6 级，分别赋以亮度值和色彩。根据黄河三角洲植被分布图和实地调查结果，植被指数在 0.2 以下，即灰度指数在 54~94 之间为非植被分布区，植被指数大于 0.2 的区域为植被分布区。因此，将 NDVI 为 0.2 作为划分植被与非植被分布区的阈值。对植被指数 >0.2 的区域，再划分为低盖度植被（0.2~0.4）、中盖度植被（0.4~0.6）和高盖度植被（>0.6）。植被指数计算值及灰度值见下表 6-1。

表 6-1　植被指数及分级

指数层	1	2	3	4	5	6
灰度指数	>191	153~190	129~152	108~128	95~107	54~94
植被指数	1.0	0.8	0.6	0.4	0.2	0

利用 ENVI 软件分别计算了黄河三角洲 1977 年、1987 年、1996 和 2004 年的 NDVI 值，生成了 NDVI 植被指数图。对植被指数图进行假彩色及密度分割处理，为植被覆盖区赋以绿色，以增强目视判读效果。将上述四时相植被指数图进行矢量化，计算了黄河三角洲 1977 年、1987 年、1996 年和 2004 年植被覆盖面积，结果见表 6-2。植被覆盖图见图 6-1。

一、植被覆盖面积变化

由图 6-1 和表 6-2 可以看出，黄河三角洲 1977 年植被覆盖面积为 37 995.57 hm²，占黄河三角洲面积的 17.88%；1987 年，植被覆盖面积为 84 222.00 hm²，占三角洲总面积的 36.57%，植被增加面积为 46 226.43 hm²；1996 年，植被覆盖面积为 137 127.00 hm²，植被覆盖率为 57.36%，植被面积较 1987 年增加了 52 905.00 hm²；2004 年，植被覆盖面积为 129 085.00 hm²，比 1996 年减少了 8 042.00 hm²。黄河三角洲植被覆盖面积总趋势是增加的，27 年间，植被覆盖面积增加了 91 089.43 hm²，平均每年增加 3 373.68 hm²。

表6-2 黄河三角洲植被覆盖面积变化

年份	植被覆盖面积 /hm²	三角洲面积 /hm²	植被覆盖率 /%	植被累计增加面积 /hm²
1977	37 995.57	212 484.78	17.88	37 995.57
1987	84 222.00	230 320.44	36.57	46 226.43
1996	137 127.00	239 064.48	57.36	99 131.43
2004	129 085.00	245 415.87	52.59	91 089.43

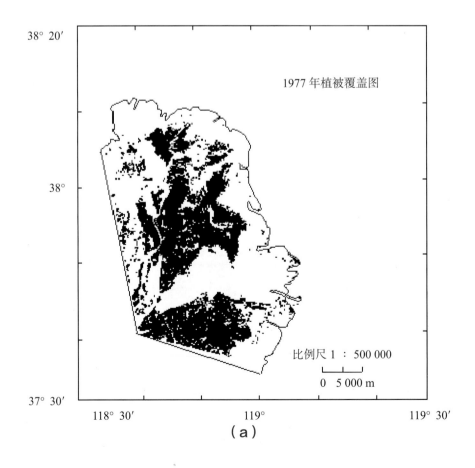

（a）

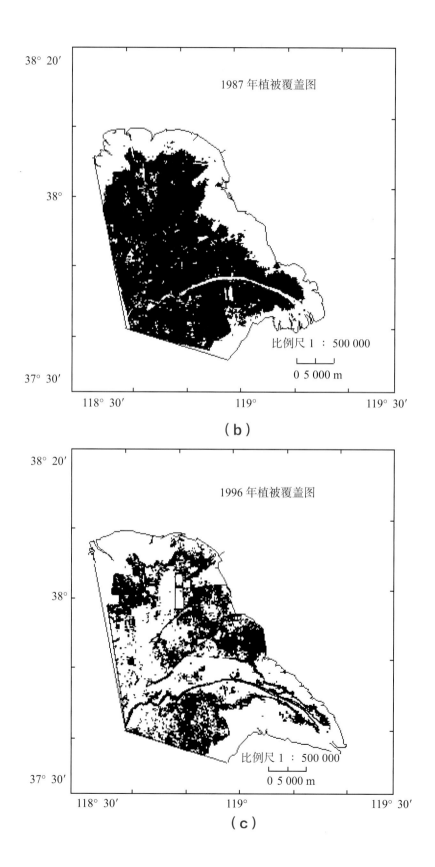

（b）

（c）

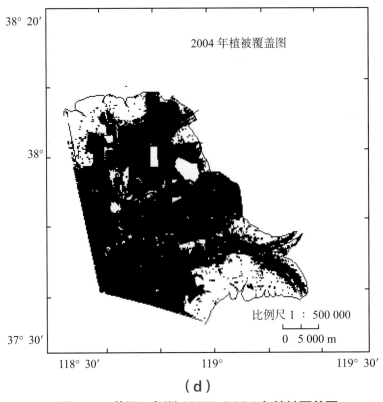

（d）

图6-1 黄河三角洲1977~2004年植被覆盖图

从1977~2004年27年间，黄河三角洲新淤积土地41 066.43 hm²，平均每年新增土地1 520.98 hm²，植被覆盖面积累计增加了91 089.43 hm²，平均每年增加3 373.68 hm²。由此可见，黄河三角洲植被覆盖面积的增加，除了黄河三角洲新淤出的土地上新增加的植被面积外，很大一部分是由于植被覆盖率增加了。1977年，黄河三角洲植被覆盖率为17.88%，到1987年，植被覆盖率增加至36.57%，而到2004年植被覆盖率增至52.59%，27年增加了34.71%，平均每年增加1.29%。

二、植被覆盖分级

根据黄河三角洲植被指数计算值，将黄河三角洲植被覆盖划分为3个级别，即低盖度植被、中盖度植被和高盖度植被。这三种不同盖度植被覆盖面积见表6-3。不同盖度植被覆盖图见图6-2。

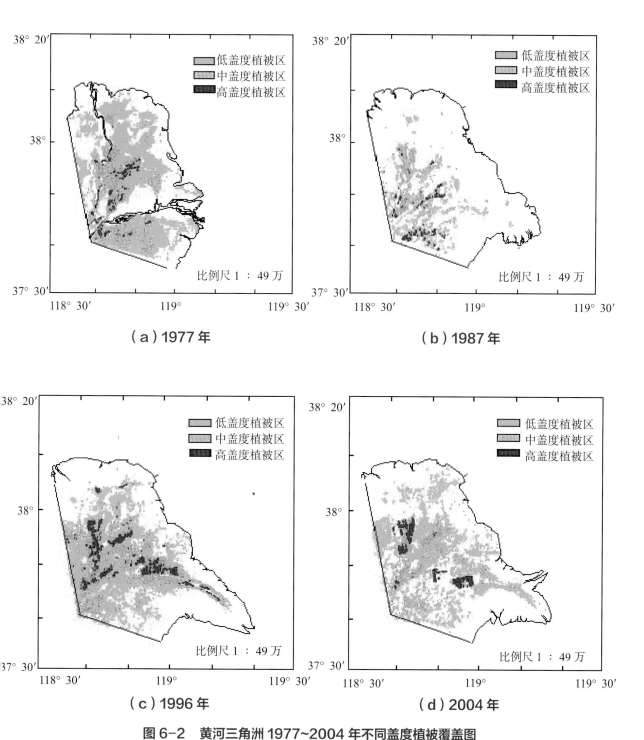

图 6-2　黄河三角洲 1977~2004 年不同盖度植被覆盖图

表6-3　黄河三角洲不同盖度植被面积

年份	低盖度植被		中盖度植被		高盖度植被		植被覆盖面积 /hm²
	面积 /hm²	所占比例 /%	面积 /hm²	所占比 /%	面积 /hm²	所占比例 /%	
1977	31 327.35	82.45	6 067.89	15.97	600.33	1.58	37 995.57
1987	57 043.56	67.73	23 691.64	28.13	3 486.79	4.14	84 222.00
1996	101 268.29	73.85	25 821.01	18.83	10 037.69	7.32	137 127.00
2004	97 910.97	75.85	19 427.29	15.05	11 746.74	9.10	129 085.00

由表6-3可见，在1997~2004年间，低盖度植被面积占植被覆盖面积的67.73%~82.45%，中盖度植被覆盖面积占植被覆盖面积的15.05%~28.13%，高盖度植被覆盖面积所占比例较小，在1.58%~9.10%之间。高盖度植被面积在逐年增加，从1977~2004年，高盖度植被覆盖面积从600.33 hm²增加到11 746.74 hm²，面积增加了11 146.41 hm²。由此可见，黄河三角洲植被以低盖度植被为主，高盖度植被所占面积较小，但高盖度植被面积逐年增加，平均每年增加412.83 hm²。

据对研究区域内样方调查资料分析，研究区低盖度植被区主要分布在土壤含盐量较高的地区，以盐生植被碱蓬、柽柳为主；中盖度植被主要分布在土壤含盐相对较低的区域，以草甸为主；高盖度植被主要分布在地势高、土壤含盐量低、水浇条件好的地区，主要植被类型有农田、芦苇草甸、成片刺槐林、人工草场等。

植被覆盖率的变化与周围生境条件有着直接关系。黄河三角洲低盖度植被面积较大，反映了该区域环境较为脆弱的一面。一是土壤含盐量高，淡水资源不足，这两大因素制约着该地区植物的生长，使得该地区近海陆域只能生长耐盐植物，植被覆盖度也不高。二是该地区成陆时间短，黄河由该地区入海，由于黄河携带大量泥沙沉积河口，使黄河三角洲每年平均向海延伸 2.21 km，该地区面积逐年增大，各种植物处于产生、发展的初期阶段，植被也不断地由陆地向海岸方向发展，各种植物群落之间的产生、发展、演替频繁。三是黄河来水在维持该地区生态系统中起着重大作用。黄河自 1972 年出现断流，到 2000 年，年年出现断流，并且断流天数越来越长，断流河段不断上延。黄河断流对该地区以滨海湿地为特征的植被覆盖产生了巨大影响，湿生植被退化。四是黄河三角洲自然保护区的设立，对保护该地区自然植被发挥了积极作用。1990 年 12 月，东营市人民政府批准设立了黄河三角洲自然保护区；1991 年 11 月，经山东省人民政府批准为省级自然保护区；1992 年，经国务院批准为国家级自然保护区。该自然保护区占地面积为 15.33 万 hm^2。整个自然保护区全部处于黄河三角洲区域内，保护区面积占黄河三角洲面积的 62.34%。自然保护区的设立，使得该区大面积土地得到保护和恢复，禁止了无序的工农业开发活动，这也是该地区高盖度植被面积增加的一个重要原因。

第二节 黄河三角洲主要植被类型动态变化

本节所用方法与第四章类似,所研究区域也与第四章一致,为现代黄河三角洲,地理坐标大致在东经118° 30′~119° 20′,北纬37° 35′~38° 10′。现代黄河三角洲地理位置见图4-1。

一、芦苇群落动态变化

黄河三角洲1977年、1987年、1996年和2004年主要植物群落解译结果见图6-3和表6-4。

表6-4　黄河三角洲主要群落覆盖面积变化

年份	芦苇面积/hm²	柽柳面积/hm²	碱蓬面积/hm²	农田面积/hm²	合计/hm²	占三角洲面积比例/%
1977	4 501.71	5 493.42	7 606.26	2 973.46	20 574.85	9.68
1987	3 969.90	6 336.09	8 036.73	5 319.45	23 662.17	10.27
1996	4 548.78	6 410.52	8 163.72	7 128.27	26 251.29	10.98
2004	4 815.90	6 559.56	8 735.13	8 785.17	28 895.76	11.77

芦苇覆盖面积变化不大,1977年芦苇分布面积为4 501.71 hm²,到1987年芦苇分布面积减少为3 969.90 hm²,减少了531.81 hm²。1987~2004年,芦苇面积逐渐增加,到2004年芦苇面积增至4 815.90 hm²,面积增加了846 hm²,平均每年增加49.76 hm²。芦苇分布面积从总体上看是增加的,在所研究的27年间,面积增加了314.19 hm²,平均每年增加11.64 hm²。从空间分布看,黄河自1976年改道由南部入海,芦苇也随黄河新淤出的土地分布,沿黄河入海口两岸呈带状分布。芦苇分布区域土壤含盐量在

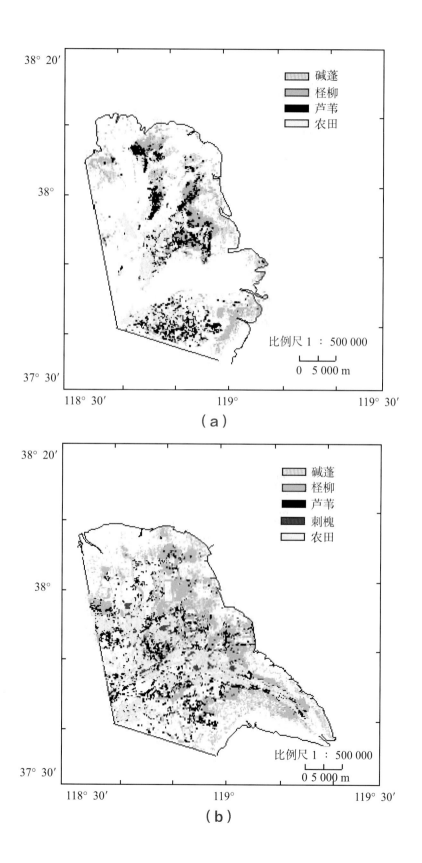

（a）

（b）

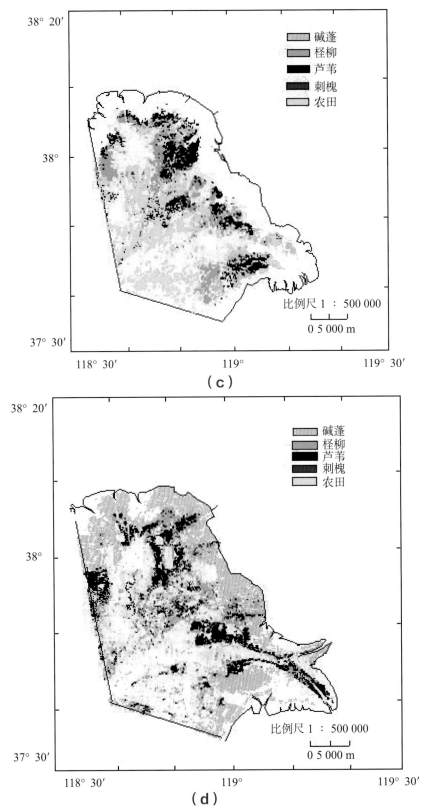

图 6-3　黄河三角洲 1977~2004 年主要植被分类图

0.4% 左右。芦苇在内陆淡水比较充分、低洼地区常呈片状分布。

二、柽柳群落动态变化

柽柳分布面积呈逐年增加的趋势。1977 年柽柳分布面积为 5 493.42 hm²，到 2004 年分布面积增加到 6 559.56 hm²，27 年增加了 1 066.14 hm²，平均每年增加面积为 39.49 hm²。柽柳群落耐盐性较强，多分布于土壤含盐量较高的地区。从空间分布上看，在远离海岸线的内陆，柽柳群落在盐碱荒地零星分布；由内陆向海岸，柽柳群落覆盖度增加，多呈连片分布。群落盖度一般为 30%~60%，偶有 70% 以上。覆盖大小也受土壤盐分和水分的制约，土壤含盐量太高时，柽柳群落消失，多见碱蓬呈片状分布。据现场考查，在黄河入海口南、北岸，沿黄河两岸有大面积柽柳群落呈带状分布，在孤东油田范围内、一千二林场内也有大面积柽柳群落分布。

三、碱蓬群落动态变化

从 1977~2004 年，碱蓬群落分布面积总体上呈增加趋势。1977 年，碱蓬分布面积为 7 606.26 hm²，至 2004 年，分布面积为 8 735.13 hm²，27 年间分布面积增加了 1 128.87 hm²，平均每年增加 41.81 hm²。在分布上，碱蓬多分布在近海岸、土壤含盐量较高的低平洼地，群落分布较为集中，有些为连片分布。由海岸向内陆推进，碱蓬分布面积减少，多呈零星分布，覆盖度降低。

四、农田动态变化

1977~2004 年农田面积呈明显增加趋势。1977 年黄河三角洲有农田 2 973.46 hm²，到 2004 年，农田面积增加至 8 785.17 hm²，面积增加了 5 811.71 hm²，平均每年增加 215.25 hm²。农田面积的增加，主要来自以下途径：一是在水浇条件较好的地势高的地区，将荒地改造为农田；二是将土壤含盐量相对较低的内陆低洼地改造为水田；三是在黄河入海口、黄河两岸、地势较高处开垦新农田。

五、刺槐林动态变化

刺槐林覆盖面积的变化见表6-5。黄河三角洲刺槐林是纯人工林，是黄河三角洲森林的主体。刺槐林集中分布在自然保护区黄河口管理站黄河北岸中心路以西和黄河故道两侧。据当地林业部门介绍，黄河北侧刺槐林系1982~1992年间人工造林形成的。从1987年影像图中还未看出黄河北侧成片的刺槐林，主要是因为刺槐林林龄短，郁闭度低。而黄河故道两侧的刺槐在1987年图像上呈暗红色，成片分布。据记载，黄河故道两侧刺槐林林龄大约在19~29年之间。刺槐林分布生境多为由黄河泛滥改道形成的新淤土地，海拔高2~3 m，土壤肥沃，含盐量在0.3%以下。林下植物主要有狗尾草、蒿类等。

表6-5　黄河三角洲刺槐林覆盖面积变化表

年份	像元数	覆盖面积 /hm²
1987	5 604	504.36
1996	24 206	2 178.54
1998	11 223	1 010.07
2000	10 551	949.59
2004	16 321	1 468.89

1987~2004年间，刺槐林面积有增有减。1987~1996年，刺槐林面积由504.36 hm²增加至2 178.54 hm²，面积增加了1 674.18 hm²，平均每年增加186.02 hm²。1996~2004年，刺槐林面积呈减少趋势，减少了709.65 hm²。1987~1996年刺槐林的大面积增加，主要是由于黄河1976年改道后，黄河新淤出大面积土地，在黄河北岸即目前的自然保护区黄河口管理站黄河北岸中心路以西营造了大面积刺槐林，其他区域刺槐林虽有增加，但不是太大。1996年后刺槐林面积的减少，主要是受特大风暴潮的影响，海水淹没了自然保护区北部一千二管理站黄河故道东侧的刺槐林，致使部分地块土壤含盐量增高，造成大片刺槐林死亡（赵延茂等，1995）。

第三节 黄河三角洲土地覆被动态变化

由于不同影像获取时期其海岸线的分布不尽相同，本节使用第五章中海岸线提取方法，提取了 1992 年、1996 年、2001 年、2005 年和 2008 年的海岸线，并使用 2005 年 SPOT 影像的边界（见第五章）进行了统一校正，得到了 5 个时期的影像。5 期影像的统一边界范围与第五章所描述的研究区域一致。

在 ERDAS 中采用最大似然法进行监督分类。结合相近年份土地利用的矢量数据和野外调查的样点，综合考虑遥感影像数据的光谱信息和纹理特征，选择训练样本对模板进行反复的编辑评价。综合考虑国家已有土地利用分类体系以及本研究需要，将研究区域土地覆被分为以下几类：耕地、林地、灌草地、居民工矿用地、水域、裸地和滩涂地。采用分层随机采样法，结合目视判读的结果、相近时期的土地利用图和地形图，利用误差矩阵方法对以上 5 期土地覆被分类结果进行精度检验，5 期土地覆被图 Kappa 系数均达到 0.8 以上。

为了有效地比较和发现不同时间段之间覆被的变化信息，当分类类别不超过 10 类时，利用地图代数功能进行栅格图像间的图谱运算（史培军，2000）。

$$Mc = If \times 10 + Ic$$

式中：Mc 为变化图谱；If 为原有图层编码；Ic 为现有图层编码。

通过以上运算，分类代码中个位数与十位数相同的代码为不变地物类型，其余的为变化类型，十位数代表原有代码，个位数代表现有代码。

为了有效地分析 1992~2008 年间黄河三角洲土地覆被变化的热点区域，采用如下的图谱运算策略：以 1992 年与 1996 年的分类影像为例，对两期影像进行逐像元的逻辑运算，为两期影像上分类代码发生变化的像元值赋值为 1，为分类代码未发生变化的像元值赋值为 0。依次计算 1996~2001 年、2001~2005 年、2005~2008 年的变化与未变化的图谱影像。然后将 1992~1996 年、1996~2001 年、2001~2005 年和 2005~2008 年的变化图谱影像相加，将像元值为 0 的定义为未变化区域，像元值为 1 的定义为轻微变化区域，像元值为 2 的定义为中度变化区域，像元值为 3 的定义为较强变化区域，像元值为 4 的定义为强烈变化区域。

最后对土地覆被动态变化指数进行计算。

单一覆被类型的动态度，反映的是某一研究区一定时段内某种覆被类型的数量变化特征，其表达式如下（王秀兰等，1999；朱会义等，2003）：

$$L_{ci} = \frac{U_i^{k+1} - U_i^k}{U_i^k} \times \frac{1}{T} \times 100\% = \frac{U_{i,in} - U_{i,out}}{U_i^k} \times \frac{1}{T} \times 100\%$$

式中：L_{ci} 为研究时段内第 i 类型覆被的动态度；U_i^{k+1} 和 U_i^k 分别为研究末期 $k+1$ 及研究初期 k 中第 i 类型覆被的数量；T 为研究时段的长度，当 T 的时段设定为年时，则 L_{ci} 值为研究区域内第 i 类型的年际变化率。

而某一特定区域内的综合土地覆被动态度 L_c 由下式计算（王秀兰等，1999；朱会义，2003）：

$$L_c = \frac{\sum_i \left| U_i^{k+1} - U_i^k \right|}{U_i^k} \times \frac{1}{T}$$

土地覆被变化程度不仅反映了土地利用方式中的自然属性，同时也反映了人类因素与自然环境因素的综合效应。根据刘纪远（1996）的定义，按照土地自然综合体在社会因素影响下的自然平衡保持状态将土地利用分为 4 级，并按照不同等级赋值（表 6-6）。

表 6-6 黄河三角洲土地利用程度分级赋值表

类型	赋值
未利用土地级	1
粗放利用土地级	2
集约利用土地级	3
城镇聚落土地级	4

反映土地利用综合程度的指标——土地利用综合指数如下式所示：

$$L_a = \sum_{i=1}^{n} A_i \bullet C_i$$

式中：L_a 为土地利用综合指数，$L_a \in [1,4]$；A_i 为第 i 级别土地利用程度分类指数；C_i 为第 i 级别土地利用程度分级面积百分比。

$$\Delta L_a = L_a^{k+1} - L_a^k = \sum_{i=1}^{n} A_i \bullet C_i^{k+1} - \sum_{i=1}^{n} A_i \bullet C_i^k$$

一、海岸线变化特征

1992~2008 年间研究区域的海岸线变化特征见图 6-4。在 1964~1976 年间黄河从刁口河入海，而在 1976 年 5 月西河口改道清水沟后，在南北呈喇叭形大堤的控制下，黄河的流向稳定在新河口附近，而刁口河附近的老河口逐步被废弃，由于缺少水沙来源，在海洋动力的作用下，出现了海水入侵的情况，导致附近的海岸线在 1996~2005 年间出现了蚀退现象，而在 2005~2008 年间则保持一种相对稳定的状态。1996 年以后，为了配合石油的开采，即利用黄河泥沙淤积成陆的能力，将沿海的部分地区的石油开采由海上开采变为陆上开采，从而降低石油的开采成本，将黄河尾闾改道为其原来的一个北汊，这样在黄河的新河口分为南汊和北汊两个部分。南汊部分，在 1992~1996 年间表现出明显的淤积扩展过程，而在尾闾改道北汊之后，在 1996~2008 年间，南汊

表现出逐步的蚀退态势。而在南汊河道的西侧，在 1992~2008 年间则表现出逐步淤积
扩展的趋势。北汊河道，在 1996 年之后，其附近海岸线呈现出较为缓慢的淤积扩展
态势，而在 2005 年之后表现出在黄河河道入海口附近向两侧逐步淤积扩展的态势。

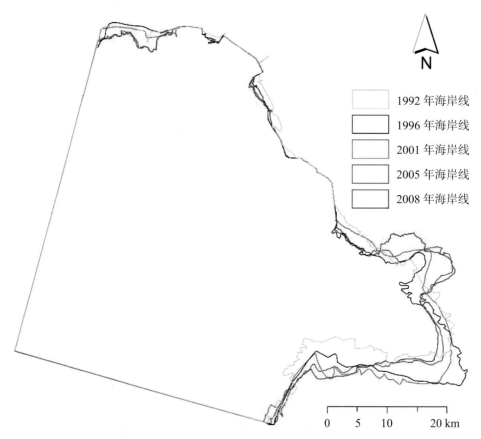

图 6-4　1992~2008 年间研究区域内海岸线变化示意图

黄河三角洲由于泥沙来源特别丰富，数量特别大，泥沙组成又比较细，使研究
区域内海岸线的变化又快又频繁。常军等人（2004）认为黄河三角洲海岸线的动态受
到黄河来水来沙条件、黄河流路的位置、海洋动力的输沙作用、人为因素等众多因素
的影响。黄河来水来沙是黄河三角洲形成的物质基础，也是决定黄河三角洲海岸线演
变的最根本因素。大量的泥沙被挟带到河口，必然使河口沙嘴迅速向外延伸，海岸线

也随之向外扩展；而较少的来沙则会使沙嘴向外延伸的速度减慢，甚至发生蚀退。一般而言，河口的海岸线总体上是逐年向外延伸的，而在流路改道后原来流路的河口则会发生蚀退。在同一流路不同时期的河口海岸线，当来沙量大时会淤积，而当来沙量减少时也会在局部时段内发生蚀退。20 世纪 90 年代中期，黄河连续 4 年断流时间超过 100 天，1997 年高达 226 天，受此影响，海洋动力对河口的侵蚀作用更加突出，黄河南汉河道的淤积过程缓慢。1996 年 5 月，在黄河尾闾改道从北汉入海之后，在北汉河口迅速形成了一个小沙嘴。常军等（2004）认为受沙嘴向海突出、沙嘴前缘地形变陡、海流流速增大、泥沙沉积减少、海洋动力输沙能力增强等多重因素的影响，黄河入海口附近的泥沙淤积一般是在改道初期几年造陆速率大，而在改道后期造陆速率有逐年减小的趋势。在 1996~2005 年间，北汉河口的造陆速度并不是很快，这可能与这个时期黄河来水水量年际变化较大有关。2002~2006 年间黄河防总利用小浪底水库连续进行了 5 次调水调沙。在调水调沙期间，小浪底水库共下泄水量 199 亿 m³，黄河下游共冲刷泥沙 3.56 亿 t，其中在山东河道共冲刷泥沙 0.913 亿 t（包括引沙量）。受此影响，在 2005~2008 年间，河口造陆呈现出向河口两侧发展的趋势，速度明显加快，造陆的面积明显加大。与此同时，南汉河口由于缺少水沙来源，在海洋动力的作用下，出现了侵蚀后退现象，1996 年之前形成的尖锐沙嘴逐步被蚀退，且顶端愈加平滑。对于刁口河附近的海岸线，自 1976 年断流之后，沙嘴及附近海岸线一直处于蚀退状态，但 1986 年以前沙嘴蚀退的速度较快，1986 年以后蚀退较慢，变化不大（常军等，2004）。如结果所示，在 1992~2008 年间，刁口河附近海岸线的蚀退速度仍然较为缓慢，特别是在 2001 年以后，附近的海岸线处于一种相对平衡的状态。

二、数量变化特征

1992 年、1996 年、2001 年、2005 年和 2008 年的土地覆被分类影像见图 6-5~图 6-9。不同土地覆被类型的面积变化见表 6-7。灌草地、耕地和滩涂地是面积最大的三种土地覆被类型，城镇与建设用地和林地则是面积最小的两种土地覆被类型。灌草地的面积表现出逐步减少的趋势，由 1992 年的 1 430.13 km² 减少为 2008 年的 954.06 km²，在 1996~2001 年间其变化的幅度较小，而在 2001 年后其减少的速度较快。耕地则表现出 U 型变化的趋势，在 1992 年研究区域内耕地的面积为 576.15 km²，而 1996~2005 年间其面积基本保持稳定，分别为 448.72 km²、465.83 km² 和 435.81 km²，而在 2005~2008 年间，耕地面积显著增加，达到 647.46 km²。区域内滩涂地的面积基本呈现一个逐步增加的趋势，虽然刁口河附近的海岸线出现蚀退，导致滩涂地面积减少，但是由于在新河口附近黄河淤积的速度仍然较快，所以区域内滩涂地的面积基本呈现增加的趋势。城镇与建设用地在 1992~2005 年间的增长速度一直较慢，但是在 2005~2008 年间其增长速度突然加快，主要是由于当地政府提出在临海地区进行临港工业园区建设的原因，新增城镇与建设用地主要出现在研究地区的南部地区。

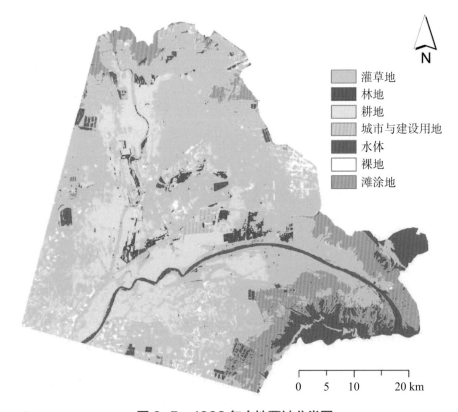

图 6-5　1992 年土地覆被分类图

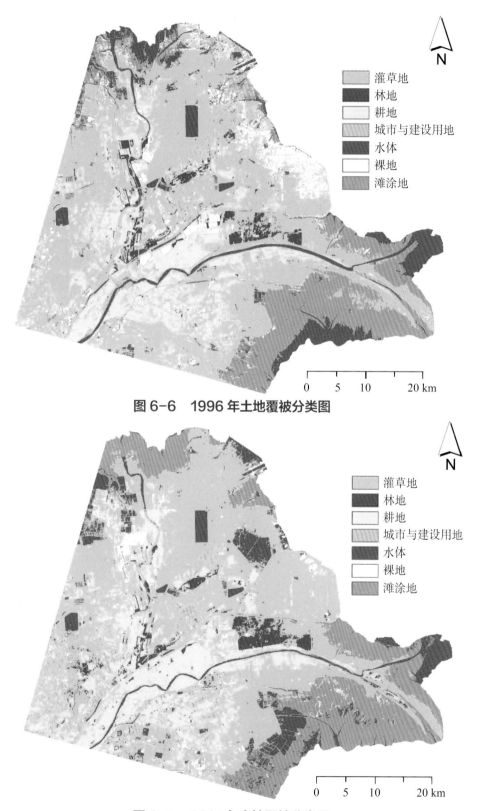

图 6-6　1996 年土地覆被分类图

图 6-7　2001 年土地覆被分类图

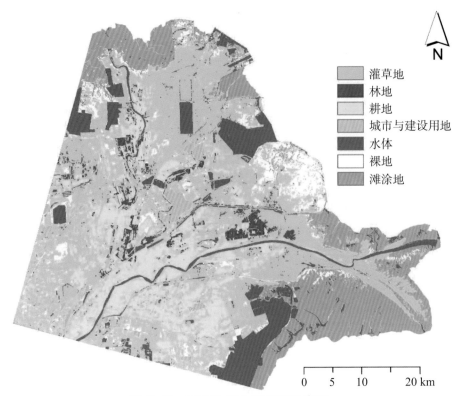

图 6-8　2005 年土地覆被分类图

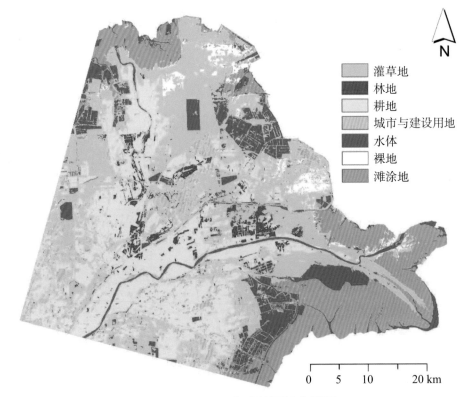

图 6-9　2008 年土地覆被分类图

表 6-7　黄河三角洲 1992~2008 年间各土地覆被类型面积　　　单位：km²

类型	1992 年	1996 年	2001 年	2005 年	2008 年
灌草地	1 430.13	1 330.09	1 329.18	1 178.96	954.06
林地	56.96	64.84	76.09	72.80	87.69
耕地	576.15	448.72	465.83	435.81	647.46
城镇与建设用地	60.78	66.21	73.89	85.79	137.08
水体	225.11	231.52	238.02	319.14	314.63
裸地	100.98	204.92	131.55	225.18	163.51
滩涂地	364.09	467.64	499.38	495.02	509.50
总和	2 814.20	2 813.93	2 813.93	2 812.69	2 813.93

　　1992~2008 年间，研究区域内土地覆被的变化迅速而复杂，灌草地、耕地、裸地、水域和滩涂地的状态转换频繁，区域内水资源条件和人类活动是区域内土地覆被最主要的驱动要素，与土地覆被状态的转换之间存在着密切的联系。黄河三角洲的年平均降水量约为 537 mm，而全年由降水产生的地表径流约 44 855 万 m³，能饮用和灌溉的地下水仅占总面积的 7.9%，且主要分布在小清河以南地区。因此，黄河是研究区域内唯一可大规模开发利用的淡水资源。而黄河来水年际变化大，来水量年内分配极不均匀，造成区域内在枯水季节（3~6 月）和枯水年份存在严重的供需矛盾。1992~1996 年间，研究区域内耕地面积减少较多，主要原因就是在该时间段内黄河连续 4 年断流时间超过 100 天，区域内生态系统需水难以保证，水资源矛盾突出，导致

耕地面积大规模减少。与此同时，灌草地面积也有所减少，裸地面积出现较大增加。而在1996~2001年间，黄河流域启动统一调水，黄河口地区来水补给力度加大，区域内缺水的情况得到改善，滩涂地和灌草地的面积增大，裸地面积大量减少，农业用地面积也出现了一定程度的增加。2001~2005年间，区域内水文条件较为平稳，因而不同土地覆被类型的数量变化也较为平稳，但是由于坑塘养殖、盐池建设等人类活动的影响，盐池建设中出现的裸地和坑塘养殖形成的水体面积出现较大的变化。2005~2008年间，由于黄河持续调水调沙，黄河三角洲淡水补给力度加大，土地适宜度得到较大程度的改善，人类活动成为该时间段内黄河三角洲土地覆被变化的重要驱动力。

三、图谱变化特征

1992~1996年间、1996~2001年间面积最大的10种图谱单元类型见表6-8，2001~2005年间、2005~2008年间面积最大的10种图谱单元类型见表6-9。1992~1996年间，面积最大的图谱单元类型为灌草地不变类型，其次为耕地不变类型和滩涂地不变类型。在覆被转换类型中，面积最大的覆被转换类型为耕地向灌草地的转换，其次为灌草地向滩涂地、灌草地向裸地和耕地转换的类型。在1996~2001年间，面积最大的图谱单元类型仍然为灌草地不变类型，其次为滩涂地不变类型和耕地不变类型。在覆被转换类型中，面积最大的是灌草地向耕地转换类型和耕地向灌草地转换类型。

表 6-8　1992~1996 年和 1996~2001 年间面积前 10 名的图谱单元类型

图谱单元类型 （1992~1996 年）	编码	面积 /km²	图谱单元类型 （1996~2001 年）	编码	面积 /km²
灌草地不变类型	11	1 005.21	灌草地不变类型	11	984.15
耕地不变类型	33	309.92	滩涂地不变类型	77	324.53
滩涂地不变类型	77	257.34	耕地不变类型	33	285.02
耕地向灌草地转换类型	31	218.37	灌草地向耕地转换类型	13	132.26
水体不变类型	55	115.18	耕地向灌草地转换类型	31	127.85
灌草地向滩涂转换类型	17	108.66	水体不变类型	55	107.78
灌草地向裸地转换类型	16	107.55	裸地向灌草地转换类型	61	100.11
灌草地向耕地转换类型	13	104.48	水体向滩涂地转换类型	57	93.10
水体向滩涂地转换类型	57	89.03	灌草地向裸地转换类型	16	68.88
灌草地向水体转换类型	15	59.78	灌草地向水体转换类型	75	66.70

　　2001~2005 年间图谱单元类型中面积最大的仍然是灌草地不变类型，其次是滩涂地不变类型和耕地不变类型。在转换类型中，面积最大的是灌草地向裸地转换类型，其次为耕地向灌草地转换类型、灌草地向耕地转换类型、灌草地向水体转换类型。2005~2008 年间，图谱单元类型中面积最大的仍然是灌草地不变类型，其次是耕地不变类型和滩涂地不变类型。在转换类型中，面积最大的是灌草地向耕地转换类型和灌草地向建设用地转换类型。

表6-9　2001~2005年和2005~2008年间面积前10名的图谱单元类型

图谱单元类型 （2001~2005年）	编码	面积/km²	图谱单元类型 （2005~2008年）	编码	面积/km²
灌草地不变类型	11	876.24	灌草地不变类型	11	633.81
滩涂地不变类型	77	379.77	耕地不变类型	33	391.62
耕地不变类型	33	298.28	滩涂地不变类型	77	385.53
灌草地向裸地转换类型	16	162.80	灌草地向耕地转换类型	13	299.35
水体不变类型	55	162.33	水体不变类型	55	181.07
耕地向灌草地转换类型	31	144.26	灌草地向建设用地转换类型	14	103.46
灌草地向耕地转换类型	13	108.64	裸地向灌草地转换类型	61	91.94
灌草地向水体转换类型	15	79.86	滩涂地向水体转换类型	75	70.31
滩涂地向水体转换类型	75	66.54	水体向滩涂地转换类型	57	67.41
裸地向灌草地转换类型	61	58.27	滩涂地向灌草地转换类型	51	59.82

　　1992~2008年间研究区域内土地覆被的热度变化特征见图6-10。强烈变化区域和较强变化区域主要分布在人类干扰较为频繁的区域，如东营港附近、孤东油田附近以及刁口河和神仙沟附近。而新河口附近，由于黄河改道的淤积和蚀退过程的影响，也出现了一定面积的强烈变化区域和较强变化区域。而未变化区域分布得较为分散，其中面积最大的一块出现在西自然保护区以及孤北水库附近。而轻微变化区域和中度变化区域分布得较为分散，并无十分明显的规律。

　　人类活动对黄河三角洲土地覆被变化的影响也十分突出，如在灌草地垦荒、石油开采和坑塘养殖等。黄河三角洲是由黄河尾闾摆动形成的亚三角洲套叠而成的。而每个亚三角洲均由黄河携带的肥水肥沙淤积而成，在亚三角洲表层新淤的潮土便于积累有机质和贮存能量，成为宜垦区。在垦殖后，人工植物群落取代了天然植物群落，但是由于人们采取"不投入、光索取"的掠夺式经营方式，在若干年后，土壤肥力减退，发生次生盐渍化后便被弃种，人们不断地弃种和另垦新地，形成了"垦荒——撂荒——再垦荒——再撂荒"的恶性循环。2005~2008年间，由于区域内水资

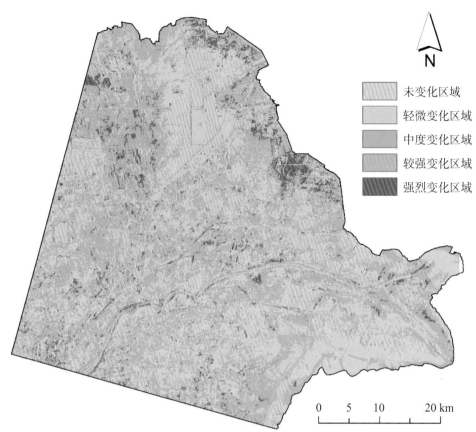

图例
- 未变化区域
- 轻微变化区域
- 中度变化区域
- 较强变化区域
- 强烈变化区域

N

0　5　10　　20 km

图 6-10　1992~2008 年间研究区域土地覆被变化热度图

源的持续改善，土地适宜度得到了较大程度的改善，导致区域垦荒力度加大，耕地面积出现了较大增加，特别是在自然保护区一千二管理站附近，出现了较大面积的垦荒地。另外，由于黄河三角洲特定的自然条件，盐池和坑塘养殖大部分都是在滩涂地上发展起来的，使得未利用地或滩涂地向内陆水体的转变在 1992~2008 年间占有一定的比重。这种在滩涂地上进行盐池建设和坑塘开发的活动在一定程度上影响了区域内的生态系统功能。在 1992~2005 年间，研究区域内城镇与建设用地一直呈现平稳增加的趋势，这与区域内城镇用地主要为油田职工驻地有关，建设用地由于原油开采进入了平稳期而呈现缓慢增加的趋势。2005~2008 年间，随着当地政府提出"要集中力量突破临港产业区"，研究区域内的建设用地面积显著增加，主要出现在研究区域内的东部沿海区域。

四、动态度变化特征

由表 6-10 可知，单一土地覆被类型的动态度在不同的时间段里差异较大。在 1992~1996 年时间段，裸地是动态度最大的土地覆被类型，而水体则是最不显著的土地覆被类型。对于 1996~2001 年时间段，裸地仍然是动态度最大的土地覆被类型，而灌草地则是动态度最不显著的土地覆被类型。在 2001~2005 年时间段，裸地仍然是动态度最大的土地覆被类型，而滩涂地则是变化最不显著的土地覆被类型。在 2005~2008 年时间段，动态度最大的土地覆被类型是城镇与建设用地，而动态变化度最小的土地覆被类型则是滩涂地。对于综合动态度，1992~1996 年间为 4.97%，在 1996~2001 年间上升为 6.54%，在 2001~2005 年间为 6.44%，而在 2005~2008 年间则增大为 6.93%。土地利用程度指数在 1992 年为 2.09，在 1996 年为 1.95，在 2001 年为 1.98，在 2005 年为 1.98，而在 2008 年则为 2.11。土地利用综合变化指数在 1992~1996 年间为 −0.141，1996~2001 年间为 0.029，2001~2005 年间为 −0.007，而 2005~2008 年间则为 0.138。

表 6-10　1992~2008 年间土地利用指数

项目	1992-1996 年	1996-2001 年	2001-2005 年	2005-2008 年
单一动态度——灌草地	−1.75%	−0.01%	−2.83%	−6.36%
单一动态度——林地	3.46%	3.47%	−1.08%	6.81%
单一动态度——农田	−5.53%	0.76%	−1.61%	16.19%
单一动态度——城镇与建设用地	2.23%	2.32%	4.02%	19.93%
单一动态度——水体	0.71%	0.56%	8.52%	−0.47%
单一动态度——裸地	25.73%	−7.16%	17.79%	−9.13%
单一动态度——滩涂地	7.11%	1.36%	−0.22%	0.98%
综合动态度	4.97%	6.54%	6.44%	6.93%
土地利用综合变化指数	−0.141	0.029	−0.007	0.138

黄河三角洲的主要驱动力是区域内的水资源总量和人类干扰。主要依赖黄河来水作为淡水来源的现状决定了在水资源缺乏的情况下黄河三角洲的土地覆被状况与水资源状况。而在水资源充足的情况下，人类干扰就会通过垦荒、坑塘养鱼等多种形式成为区域内土地覆被的主要驱动力。特别是人们长期形成的"开垦——弃耕——荒芜——再开垦"的掠夺式土地利用方式，虽然在短时间内扩大了耕地面积，但从长远角度看，将导致灌草地、耕地和裸地间的频繁转换，必将严重损害区域内生态系统服务功能，引起生态系统服务价值的降低。为保持生态系统服务功能的稳定和区域的可持续发展，今后的农业发展应该根据土壤自然条件的差异，因地制宜地分区用地，禁止盲目对荒草地进行开垦。

第四节　黄河三角洲湿地景观动态变化

本节的研究区域为近代三角洲，地理坐标在东经 118°07′ ~ 119°23′ 和北纬 36°55′ ~ 38°16′ 之间。选取的遥感影像数据源为 1992 年、1995 年、2000 年、2006 年和 2010 年 5 期的 Landsat5 TM 和 Landsat7 ETM+ 数据。所选取的各期遥感影像云覆盖少，物候特征明显，可以较好地表现出研究区内各类地物的特征。这些遥感影像的时相、质量和分辨率均符合本节研究的要求。

一、遥感影像预处理

1. 几何精校正

受遥感平台的航高、航速、偏航等因素的影响，以及地球表面曲率、大气折射等外部因素和卫星所携带传感器设备内部问题的影响，遥感图像往往会失真和变形。对遥感影像进行几何校正，是提高图像精度、获取精确数据的必要手段。校正遥感影像的几何变形有多种方法，如多项式法、有理函数法、共线方程法等。其中，多项式法的原理及计算较为简单易行，对像黄河三角洲这样的平原区域，校正精度完全能够达到要求，因此本研究采用此方法。其操作步骤为：多项式系数选取、地面控制点（GCP）选取、图像重采样、校正完成（梅安新，2001）。

控制点数的多少取决于多项式的次数，例如，对于二元 n 次多项式，控制点的数目要大于 (n+1)(n+2)/2。由于黄河三角洲面积大、范围广、平原地形、影像分辨率较低，所以，在选择多项式参数时选取了比二次多项式计算量大但精度更高的三次多项式法。理论上，三次多项式法最少需要 10 个控制点，一般规律是随着控制点数目的增多，校正精度不断提高，但当控制点数量增加到一定程度后，校正精度增加缓慢。在几何校正的实际操作过程中，地面控制点的数量取理论数的 2 倍左右为宜（李立钢等，2006）。

鉴于上述情况，遵循均匀分布、易于分辨的原则，最终确定了 30 个控制点，这些控制点大多分布在交叉路口、桥梁、盐田拐角等地，其分布见图 6-11，其坐标见表 6-11。

控制点选定之后，需进行图像重采样，常用的重采样方法有 3 种：最邻近点内插法、双线性内插法和立方卷积插值法。这 3 种重采样方法各有优缺点。最邻近法的优点是速度快，缺点是会产生"锯齿效应"。这种方法是将距离最近的像元值赋给新像元，输出的图像还是原来的像元值，但会产生像元位置偏移，使输出图像中的某些地物不连贯，从而产生"锯齿效应"。双线性内插法的优点是有均化滤波效果，缺点是存在极值丢失的可能。该方法是使用 4 个邻近点的像元值进行内插，使边缘受到平滑作用的影响，精度相对较高。立方卷积插值法由于充分考虑到了周边 16 个像元，所以，该方法最大的优点是可以得到较高质量的图像，图像边缘增强，效果更加均衡和清晰。该方法的缺点是处理的数据量明显增大，处理速度明显降低（党安荣等，2003）。经过慎重比对，本研究采用了计算量较大但精度明显较高的双线性内插法对图像进行重采样。最终将重采样后的图像投影到 WGS84 坐标系。坐标基准参数见表 6-12。

表 6-11　研究区 TM 图像精校正控制点坐标一览表

GCP 点名	x 坐标	y 坐标	GCP 点名	x 坐标	y 坐标
GCP #0	615 892.51	4 130 598.10	GCP #15	621 772.49	4 143 075.89
GCP #1	662 824.14	4 135 344.25	GCP #16	646 708.62	4 132 956.78
GCP #2	672 485.94	4 174 952.45	GCP #17	665 402.58	4 178 639.37
GCP #3	632 544.74	4 161 343.84	GCP #18	671 776.86	4 163 389.77
GCP #4	638 582.52	4 190 624.10	GCP #19	608 782.06	4 213 225.90
GCP #5	654 257.31	4 157 602.34	GCP #20	621 440.59	4 189 229.67
GCP #6	636 962.50	4 145 301.31	GCP #21	623 005.36	4 207 174.86
GCP #7	642 425.42	4 162 588.95	GCP #22	624 690.54	4 197 851.86
GCP #8	679 380.96	4 187 069.06	GCP #23	628 403.64	4 122 348.54
GCP #9	655 845.05	4 188 546.44	GCP #24	648 136.94	4 124 120.86
GCP #10	636 659.00	4 210 577.54	GCP #25	626 801.20	4 111 548.28
GCP #11	662 961.41	4 151 107.38	GCP #26	608 702.01	4 159 854.60
GCP #12	648 050.89	4 171 771.67	GCP #27	644 380.04	4 112 200.54
GCP #13	635 090.17	4 173 698.97	GCP #28	631 646.27	4 096 651.20
GCP #14	655 134.86	4 195 186.54	GCP #29	619 700.17	4 100 187.30

表 6-12　坐标系基准参数

投影类型	通用横轴墨卡托
投影椭球体名称	D_WGS_1984
投影基准面	D_WGS_1984
纵轴偏移量	500 000 m
横轴偏移量	0 m

图 6-11　研究区 TM 图像精校正控制点分布图

2. 图像波段组合

不同波段可以反映不同的地物特征。通常情况下，可见光波段在反映地物的颜色和亮度差异方面优势突出。近红外波段在反映土壤的湿度、植被类型及长势和盖度、岩石和矿物的种类等方面优势突出。热红外波段在揭示地物的热性质方面优势突出，另外，该波段在区分硅酸盐矿物和岩溶方面的效果也很好（梅安新，2001）。

波段组合的选择关系着是否能对遥感信息进行正确、高效的提取。不同的波段组合所突出的景观侧重点不甚相同，直接影响解译结果的质量。因此，通常情况下在组合波段时，按下述原则进行：尽量选择相关性小的波段；优先选用信息量大的波段；波段的组合方式有利于增大地物的光谱差异（周成虎，1999）。

根据上述原则，本研究着重从两个方面进行波段选取：所选取的波段标准差较大，因为标准差越大信息量越大（二次根号下平方差）；本研究所侧重地物在该波段的反应强烈。

以 2006 年的 Landsat5 TM 遥感影像为例，通过 Erdas 分析其波谱统计特征，并计算各波段的相关系数，得出各波段光谱特征值（表 6-13）和相关系数（表 6-14）。本次波段组合不考虑第 6 波段，因为该波段是热红外波段，其优势是对热辐射目标敏感，而本研究关注的对象是湿地。

表 6-13　研究区 TM/ETM+ 多光谱遥感影像光谱统计特征值（以 2006 年为例）

波段序号	亮度最小值	亮度最大值	平均值	标准差
1	1	255	101.484	6.637
2	1	215	44.009	4.270
3	1	255	44.203	7.951
4	1	255	43.821	19.133
5	1	255	51.051	33.111
7	1	255	27.079	18.893

表 6-14 研究区 TM/ETM+ 多光谱遥感影像主要波段相关系数矩阵（以 2006 年为例）

	Band1	Band2	Band3	Band4	Band5	Band7
Band1	1.00					
Band2	0.84	1.00				
Band3	0.56	0.78	1.00			
Band4	−0.14	0.05	0.48	1.00		
Band5	−0.03	0.15	0.60	0.91	1.00	
Band7	0.10	0.27	0.68	0.79	0.96	1.00

由表 6-13 可见，各波段标准差依次为：5>4>7>3>1>2，故 Band5、4、7、3 信息较丰富。由表 6-14 可见，本研究所需 TM 影像的 6 个多光谱波段中，3 个可见光波段间的相关性较强，尤其是 Band1、Band2 和 Band2、Band3 之间，说明这 3 个波段光谱信息的冗余性较大。而近红外波段（Band4）与可见光波段（Band1、2、3）的相关性较低，表明近红外波段的信息独立性强。2 个中红外波段（Band5、7）相关性最高，说明 Band5 与 Band7 这 2 个波段信息冗余性最大。所以本次研究在波段选择时在 3 个可见光波段（Band1、2、3）和 2 个中红外波段（Band5、7）中各选取 1 个波段，与另一个近红外波段（Band4）进行组合，得到 20 个组合（见表 6-15）。然后利用最佳指数法（OIF）对 20 个波段组合进行筛选，步骤是将各波段的标准差、相关系数代入以下公式进行计算，得出研究区 TM/ETM+ 各波段组合的 OIF 指数表（表 6-15）。

OIF 指数的计算公式：

$$OIF = \frac{\sum_{i=1}^{3} S_i}{\sum_{r=1}^{3} |R_{ij}|}$$

式中：S_i 为第 i 个波段的标准差；R_{ij} 为 ij 两波段的相关系数。

表6-15 研究区TM/ETM+多光谱遥感影像各波段组合的OIF指数排列（以2006年为例）

组合编号	波段排列	OIF 指数	组合编号	波段排列	OIF 指数
1	123	8.65	11	234	23.93
2	124	40.05	12	235	29.63
3	125	45.85	13	237	17.98
4	127	24.63	14	245	45.95
5	134	37.47	15	247	38.10
6	135	42.13	16	257	40.78
7	137	24.99	17	345	30.25
8	145	82.93	18	347	23.58
9	147	59.55	19	357	26.77
10	157	56.93	20	457	26.74

从 OIF 指数计算结果可见，145、147、245、247、345 组合位列前五，是本研究理想的候选波段。在实际研究中，除了考虑 OIF 指数外，往往还需要结合研究所需的信息及研究区自身影像特征来选择最优波段组合。由于本研究主要是提取湿地信息，选择最优波段组合时还需要参考 TM 各波段的用途及研究区典型地物景观的 TM 光谱特性曲线（图 6-12）进行综合考虑。从各波段主要用途中可知，Band7 主要适用于对岩石、矿物进行分辨，一般不参与植被遥感解译。Band5 包含的地物信息多，对植被的分辨能力强，分辨率高。由图 6-12 可见，湿地景观如芦苇、灌草地等植被光谱亮度值在 Band3、4、5 这 3 个波段与其他地物差异较大，离散最大，更易于分辨。从上述研究可以得出结论，5、4、3 组合是 TM/ETM+ 遥感影像多波段彩色合成的最佳波段组合。为了得到最佳彩色合成图像，更有助于目视解译，还必须对波段进行赋色，将 5、4、3 波段分别赋以红、绿、蓝，从而合成近似自然彩色的图像，图像中各类地物的色调显示规律与常规认知相近。

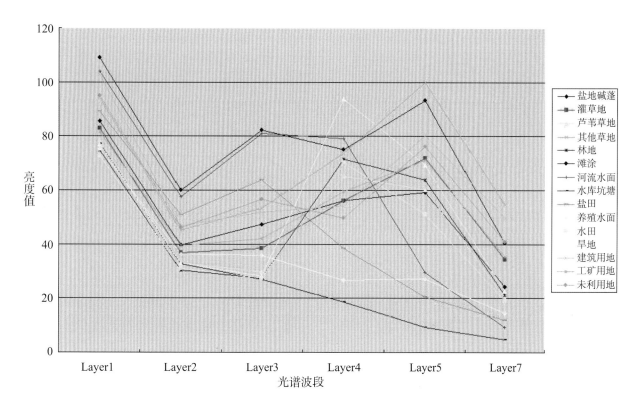

图 6-12　研究区典型地物景观 TM 光谱特性曲线

3. 图像增强

图像增强处理能突出所需信息，提高图像目视效果。由于研究区域处于海、陆、河交界处的河口海岸地带，近几年经济迅速发展导致地物复杂多样且转换频繁，应根据易于人机交互和易于识别的原则采取有针对性的图像增强算法。图 6-13（a、b、c、d）、图 6-14（a、b、c、d）、图 6-15（a、b、c、d）是对研究区 2006 年遥感影像部分区域的增强处理效果，由图可见，不同的增强方法其效果显著不同。经过反复对比发现，采取标准差 2.0 增强的图像具有亮度适中、色彩层次丰富的优点。

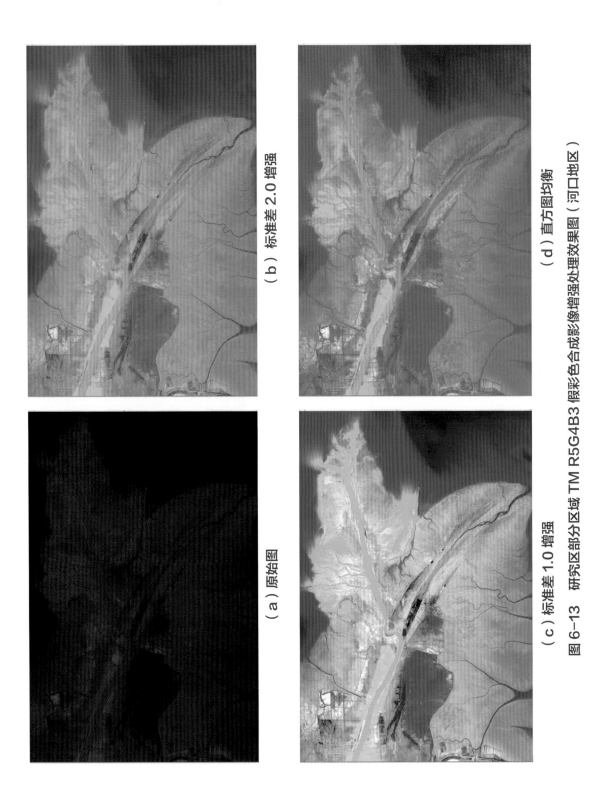

（b）标准差 2.0 增强

（d）直方图均衡

（a）原始图

（c）标准差 1.0 增强

图6-13　研究区部分区域 TM R5G4B3 假彩色合成影像增强处理效果图（河口地区）

（a）原始图

（b）标准差 2.0 增强

（c）标准差 1.0 增强

（d）直方图均衡

图 6-14　研究区部分区域 TM R5G4B3 假彩色合成影像增强处理效果图（内陆地区）

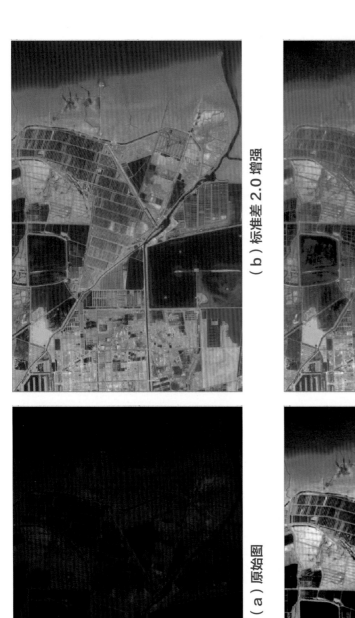

（a）原始图

（b）标准差 2.0 增强

（c）标准差 1.0 增强

（d）直方图均衡

图 6-15　研究区部分区域 TM R5G4B3 假彩色合成影像增强处理效果图（滨海地区）

二、遥感影像湿地分类

（一）湿地分类方案

湿地分类是湿地资源调查、评价中必须解决的问题，也是湿地资源保护、开发和管理的基础。近二十年来，国内外许多组织、机构和专家对湿地分类做了大量的基础研究，从不同角度提出了各自的湿地分类系统（唐小平等，2003）。在《湿地公约》中，将湿地划分为内陆湿地、海洋和海岸湿地、人工湿地三大类，每类又分为若干亚类。2008年11月，国家林业局颁布的《全国湿地资源调查技术规程（试行）》，将我国的湿地划分为近海及海岸湿地、湖泊湿地、河流湿地、沼泽湿地以及人工湿地五大类、34个小类。宗秀影等（2009）将黄河三角洲湿地分为人工湿地和天然湿地两大类、13个小类。结合研究区湿地特征及遥感影像的可判读性，建立了如表6-16所示的湿地分类系统及如表6-17所示的各类湿地解译标志。

表6-16　研究区湿地分类系统

一级分类	自然湿地	人工湿地	非湿地
二级分类	林地	水田	旱地
	盐地碱蓬草地	盐田	居民点建筑用地
	灌草地	养殖水面	工矿用地
	芦苇草地	坑塘水面	未利用地
	其他草地	水库水面	
	河流水面		
	滩涂		

表 6-17　研究区各类湿地解译标志

湿地与非湿地类型与定义		解译标志	解译样本
林地	包括生长有槐树林、柽柳林、柳树林及其他树种的林地	形状规则，纹理细腻，条纹清楚，色彩均匀，边缘清晰	
盐地碱蓬草地	指以耐盐、先锋植物盐地碱蓬为优势群落的草地	纹理不规则，位于滨海滩涂地带，色调差异较大	
灌草地	指以柽柳、杞柳灌丛和芦苇等为优势群落的灌草地	色调均匀，纹理不清，边界不明显，呈不规则片块状，植被覆盖率较高	
芦苇草地	是指以芦苇为优势群落的草地	纹理相对均匀，具有较高的芦苇覆盖度	
其他草地	指有狄草、蒲草、狗尾花、野大豆等草本植物杂生的草地	纹理无规律，植被覆盖度低，边界不清，不规则片状分布	
河流水面	指天然河流或人工河渠常水位线所围成的水面	呈条带状，边界清晰，纹理均匀，或直（人工河流）或弯曲（天然河流）	
滩涂	指沿海高潮位与低潮位之间的海水浸湿地带	靠陆侧有明显的高潮线，有许多细小沟流入海，色彩由陆向海渐变	
水田	指用于水生作物的耕种湿地。多为稻田和莲藕池	影像几何特征规则，纹理细腻，色调均匀	

表 6-17　研究区各类湿地解译标志（续）

湿地与非湿地类型与定义		解译标志	解译样本
盐田	指以蒸发法制取海盐的盐池场地，是一种人工湿地	形状较规则，边界清晰，内有大量规则的坑塘，且坑塘中水体颜色差异较大	
养殖水面	主要指滨海地区用于养殖虾、蟹等水产动物的水域	形状规则，边界清晰，内有大量形状规则的坑塘，色彩深浅变化呈条带规	
坑塘水面	指由人工开挖或天然形成的容积较小的常水位线所围成的水面	边界清晰，呈零散状分布，纹理均匀，水体特征明显	
水库水面	指库容较大的人工拦截或开挖的水库正常蓄水位线所围成的水面	边界清晰，面积较大，呈深蓝或浅蓝，平滑均一	
旱地	指常年种植旱生作物的耕地。本地区主要种植粮食、棉花、蔬菜等	几何特征明显，规律排列。色调均匀，影像纹理细腻	
居民点建筑用地	主要指居民点及特殊用地等，还包括占面积较大的交通运输用地	呈斑状或片状，边界基本清楚，明显区别于周围的农用地	
工矿用地	主要指油田用地及抽油机分布较为密集的土地	形状不规则，边界较为模糊，内有大量白色点状抽油机	
未利用地	主要为黄河口淤积的新生地以及盐碱地、光板地、荒地等	分布于滨海及地势低洼处，几乎无植被覆盖，无明显几何特征	

（二）湿地分类过程

目前比较常用的遥感影像分类方法有监督与非监督分类、最大似然分类、支持向量机分类、人工神经网络分类、面向对象分类、决策树分类等。传统的监督分类和非监督分类方法，重点依据的是不同光谱数据组合在统计上的差别来进行分类的。

传统的监督与非监督分类都是基于像元的分类，在分类过程中不能实现对遥感影像提供的形状和空间特征的充分利用，如几何形状、纹理特征等，也不能兼顾相邻像素间的关系，因此在对对光谱识别性不强烈的低中分辨率遥感影像进行分类时，不能达到最优效果。而比较先进的面向对象分类方法在信息提取和分类时，处理的不是单个像元，而是影像分割后所形成的对象，不仅可以基于影像的光谱信息，而且可以通过影像分割技术，获得无数影像对象，再综合考虑影像对象的几何形状、光谱表现、纹理组合及走向以及其他特征，利用面向对象的思想，利用分类算法对遥感影像进行地物解译，达到分类的目的（杜凤兰等，2004）。面向对象的分类方法不仅对高分辨率卫星影像、航空影像、雷达影像等的分类具有良好的效果（Benz et al., 2004），对中低分辨率影像的分类也能获得比传统以像素为单位的监督和非监督分类更好的结果和精度，后期人工目视解译对计算机解译结果的修改、细化、补充可以使解译结果的精度更高。所以采取了面向对象分类方法和人机交互式分类方法对所采用的 5 期 TM/ETM+ 影像进行分类，主要步骤见图 6-16（Lu et al., 2007）。

1. 图像分割

目前用于分割图像的方法较多，其中最为典型的是以多尺度为基础的图像分割法，利用这种方法进行图像分割时通盘考虑了遥感图像的光谱特征和几何特征，步骤为：对每个波段的形状异质性与光谱异质性的综合特征值进行加权计算，依据各波段的权重值计算图像所有波段的加权值，当这个加权值小于设定的阈值时，还要做重复迭代计算，目的是使所有分割对象或基元的光谱和形状综合加权值均大于指定阈值，至此，对遥感图像的多尺度分割结束（曹宝，2006）。

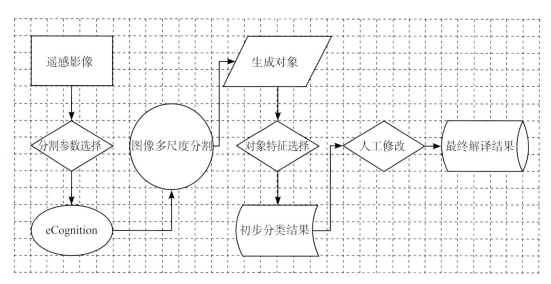

图 6-16 研究区遥感影像分类流程图

运用易康（eCognition）软件平台对遥感影像进行多尺度分割。分割的最终目的是生成对象，这些对象是遥感信息的载体，是进一步分类的基础。面向对象分类方法中，选择好的分割参数可以直接提高分类的精度，减少后续工作量。由于黄河三角洲湿地类型较多，且影像分辨率较低，所以在实施图像分割时应遵循以下原则：所生成对象与现实地物尽可能吻合；现实地物可由一个或多个对象来表示；对象边界明晰；同一对象内光谱差异小。

在进行多尺度分割时，可结合研究需要对遥感影像波段的权重进行设置。若解译对象的信息在某一个波段影像上特别突出，容易辨认，那么此波段的权重赋值就高。那些对地物信息提取贡献小或根本无贡献的影像波段层，其权重赋值可以很小或为 0。根据上文中波段最优组合的结果，赋予波段 5、4、3 的权重各为 1，其余不参与图像分割的波段其权重赋值为 0。

在面向对象遥感影像分类过程中，选择影像分割尺度很重要，尺度过大，会"淹没"小对象；尺度过小，会对大对象造成分割，甚至使其"破碎"。两种极端情况都会导致影像不能确切地反应分类目标的特征，进而影响分类精度（于欢等，2010）。

分割后对象的精度和质量不仅与分割尺度大小、波段权重赋值大小有关，还与两个分割属性因子密切相关，这两个属性因子分别是：色彩与形状因子、光滑度与紧密度参数。色彩与形状因子在易康中表现为 Shape 参数，其权重范围为 $0 \leqslant Shape \leqslant 1$，在判定过程中，若用户生成对象时强调光谱色彩特征，可将 Shape 值减小；反之如果认为形状空间特征在生成对象时更为重要，那么就将 Shape 值增大。一般情况下色彩是最重要的因子，但也不能忽略形状因子，形状因子的参与可有效避免对象形状的不完整，从而提高分类精度。

光滑度与紧密度因子在易康（eCognition）中由 Compact 参数表达，其权重范围为 $0 \leqslant Compact \leqslant 1$，其中光滑度因子用来完善影像的光滑边界，紧密度因子用来区分紧凑目标与非紧凑目标。在选择过程中，如果强调地物的边界平滑，则将 Compact 参数减小，如果强调那些边界较为不平滑但聚集度较高的影像对象，则将 Compact 参数增大（田波，2008）。Compact 参数到底多大为宜，要经过多次变换参数，对得到的不同参数下的分割结果进行比对确认，即用试错法验证，依据操作者的专业知识储备来确定分割参数。这种方法由于充分调动了人的知识储备与经验，具有直观、实用、操作简单、与人的思维接近等优势，目前应用比较广泛（于欢等，2010）。

由不同地区、不同 Scale 值分割效果图（见图 6-17~图 6-19）可以看出，当 Scale 值为 5 时，无论在河口、内陆还是滨海区域，对象均过于破碎、不能确切地描述地物，并且增加分类的工作量及难度；当 Scale 值为 10 时，虽在河口地区对象稍显破碎，但是在内陆及滨海地区的多要素复杂地区能够较好地表达目标地物；当 Scale=20 时，在河口地区对草地表达较好，这主要是因为草地范围较大，分布简单，连续性较强，但是对于内陆及滨海地区的零散地物，表达效果明显下降；而当 Scale=30 时，明显可以看出在任何区域内，一个对象内有多种地物要素，产生淹没现象，不利于分类精度。经过上述比对，最终将 Scale 值确定为 10。

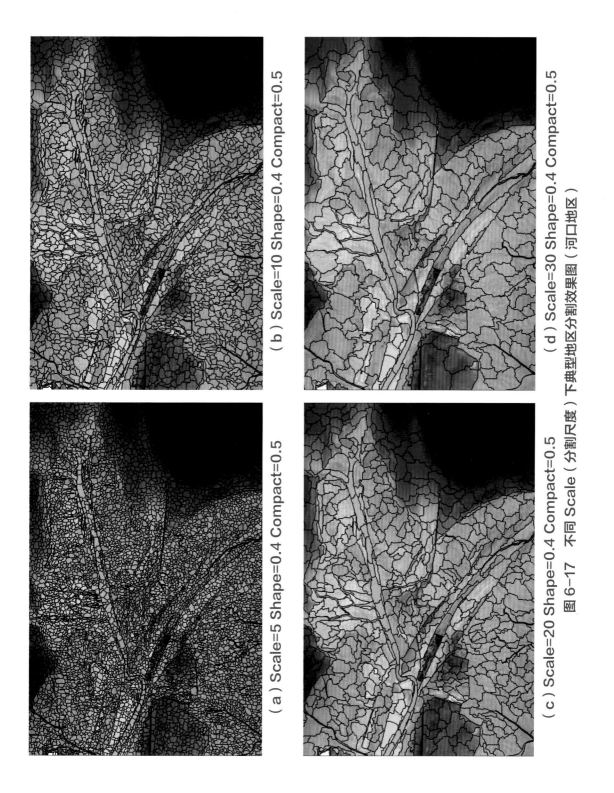

（a）Scale=5 Shape=0.4 Compact=0.5

（b）Scale=10 Shape=0.4 Compact=0.5

（c）Scale=20 Shape=0.4 Compact=0.5

（d）Scale=30 Shape=0.4 Compact=0.5

图6-17 不同Scale（分割尺度）下典型地区分割效果图（河口地区）

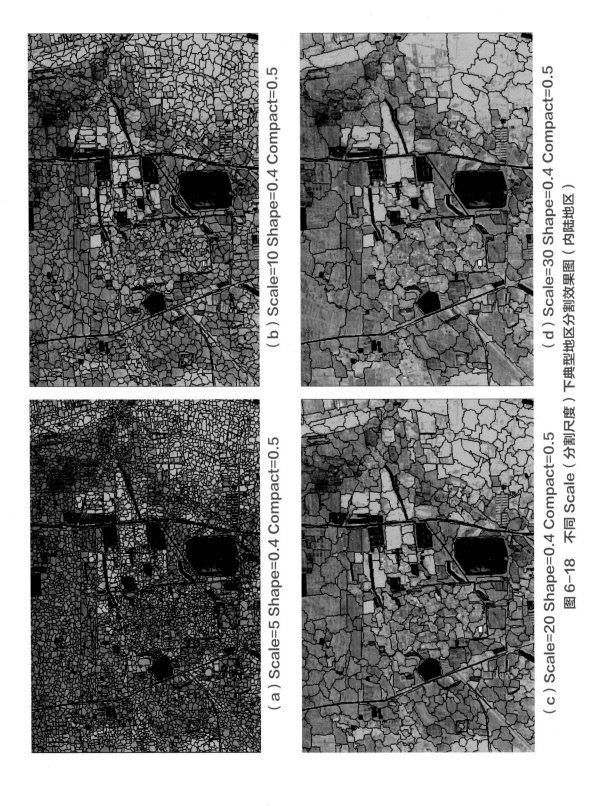

（a）Scale=5 Shape=0.4 Compact=0.5

（b）Scale=10 Shape=0.4 Compact=0.5

（c）Scale=20 Shape=0.4 Compact=0.5

（d）Scale=30 Shape=0.4 Compact=0.5

图6-18 不同Scale（分割尺度）下典型地区分割效果图（内陆地区）

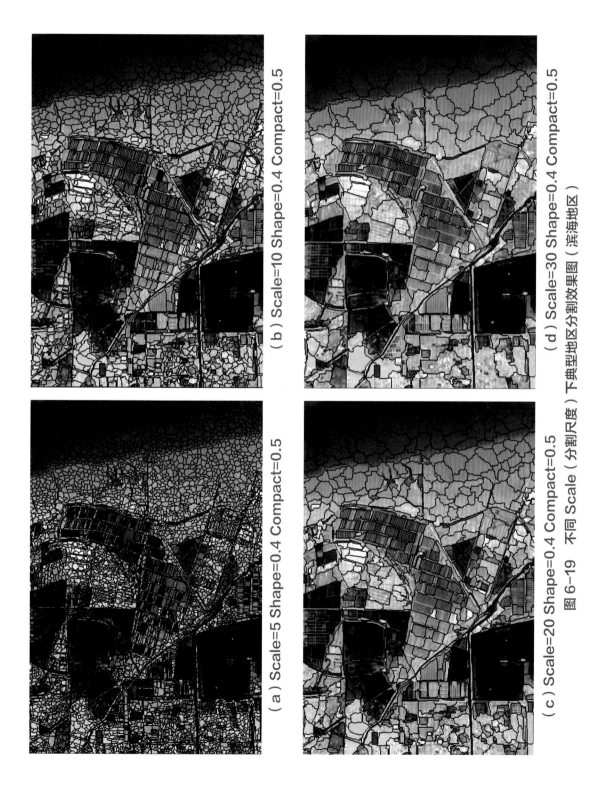

（a）Scale=5 Shape=0.4 Compact=0.5

（b）Scale=10 Shape=0.4 Compact=0.5

（c）Scale=20 Shape=0.4 Compact=0.5

（d）Scale=30 Shape=0.4 Compact=0.5

图6-19 不同Scale（分割尺度）下典型地区分割效果图（滨海地区）

　　由不同地区、不同 Shape 值分割效果图（图 6-20~图 6-22）看出，当 Shape=0.1 时，虽然对象内光谱差异较小，但是产生了过于破碎的效果，降低了分类的精度，增加了分类的难度；当 Shape=0.4 时，对象的光谱特征与形状特征达到相对平衡，对地物要素的表达较好；当 Shape>0.4 时，可以明显看出对象内光谱差异增大，对象产生部分淹没现象。所以最终选择 Shape 参数为 0.4。

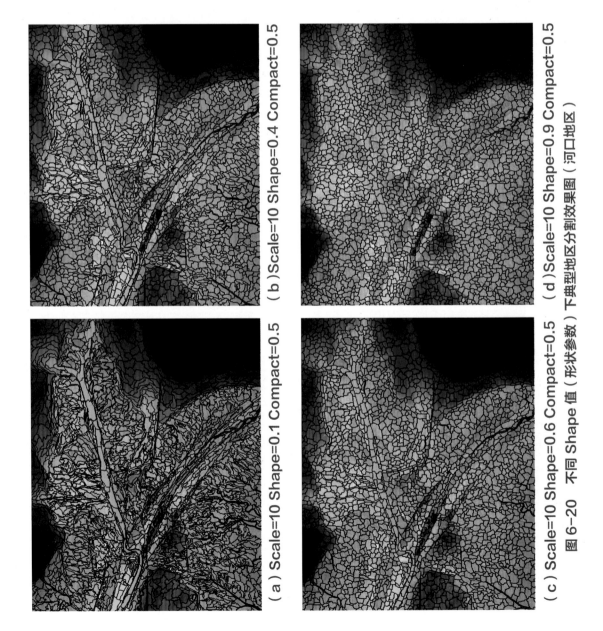

（a）Scale=10 Shape=0.1 Compact=0.5　（b）Scale=10 Shape=0.4 Compact=0.5

（c）Scale=10 Shape=0.6 Compact=0.5　（d）Scale=10 Shape=0.9 Compact=0.5

图 6-20　不同 Shape 值（形状参数）下典型地区分割效果图（河口地区）

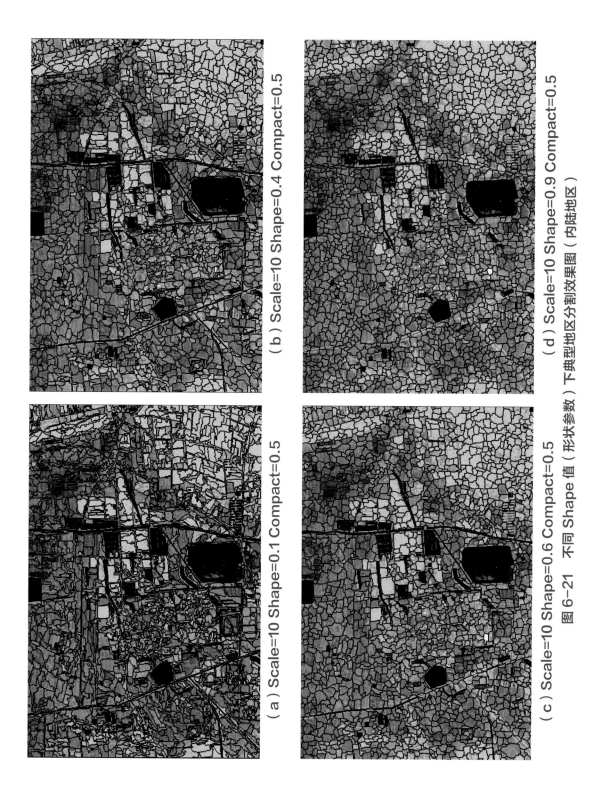

（a）Scale=10 Shape=0.1 Compact=0.5

（b）Scale=10 Shape=0.4 Compact=0.5

（c）Scale=10 Shape=0.6 Compact=0.5

（d）Scale=10 Shape=0.9 Compact=0.5

图6-21 不同 Shape 值（形状参数）下典型地区分割效果图（内陆地区）

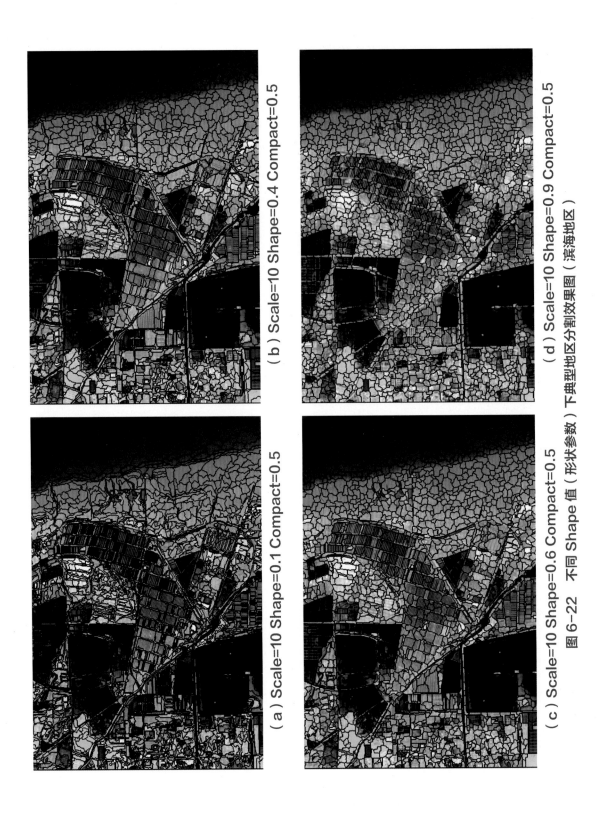

（a）Scale=10 Shape=0.1 Compact=0.5

（b）Scale=10 Shape=0.4 Compact=0.5

（c）Scale=10 Shape=0.6 Compact=0.5

（d）Scale=10 Shape=0.9 Compact=0.5

图6-22 不同 Shape 值（形状参数）下典型地区分割效果图（滨海地区）

由不同地区、不同 Compact 值分割效果（见图 6-23～图 6-25）可以看出，当 Compact=0.1 时，边界过于平滑，对地物要素的表现较差；当 Compact=0.5 时，边界平滑度与紧致度达到相对平衡，尤其对内陆及滨海地物要素的表现较好；当 Compact=0.7 时，对内陆地区表达较好，对滨海及河口地区表现较差；当 Compact=0.9 时，对象几乎完全失去对地物要素的表达能力。所以最终确定 Compact=0.5。

经过反复的试验与对比，最终确定图像分割参数为：Scale=10，Shape=0.4，Compact=0.5。

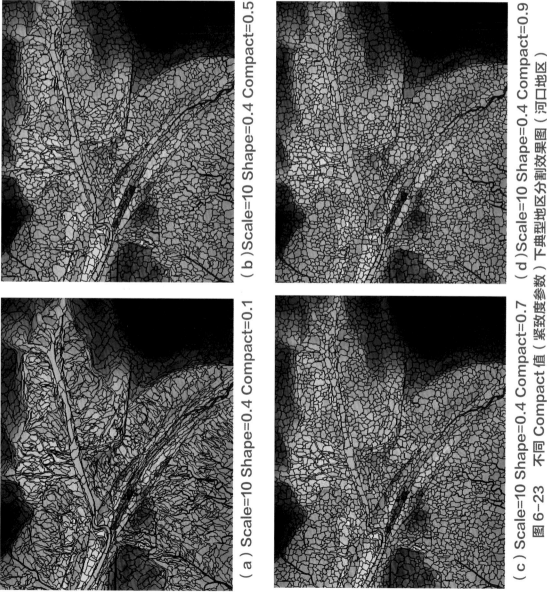

（a）Scale=10 Shape=0.4 Compact=0.1　（b）Scale=10 Shape=0.4 Compact=0.5

（c）Scale=10 Shape=0.4 Compact=0.7　（d）Scale=10 Shape=0.4 Compact=0.9

图 6-23　不同 Compact 值（紧致度参数）下典型地区分割效果图（河口地区）

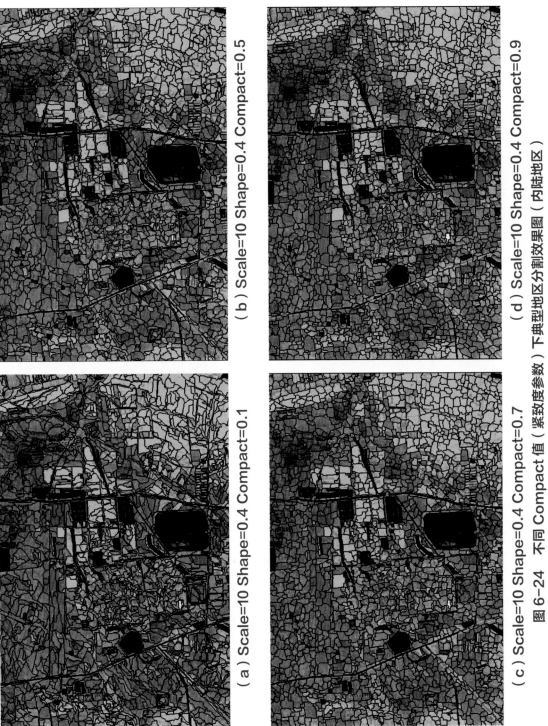

（b）Scale=10 Shape=0.4 Compact=0.5

（d）Scale=10 Shape=0.4 Compact=0.9

（a）Scale=10 Shape=0.4 Compact=0.1

（c）Scale=10 Shape=0.4 Compact=0.7

图6-24 不同Compact值（紧致度参数）下典型地区分割效果图（内陆地区）

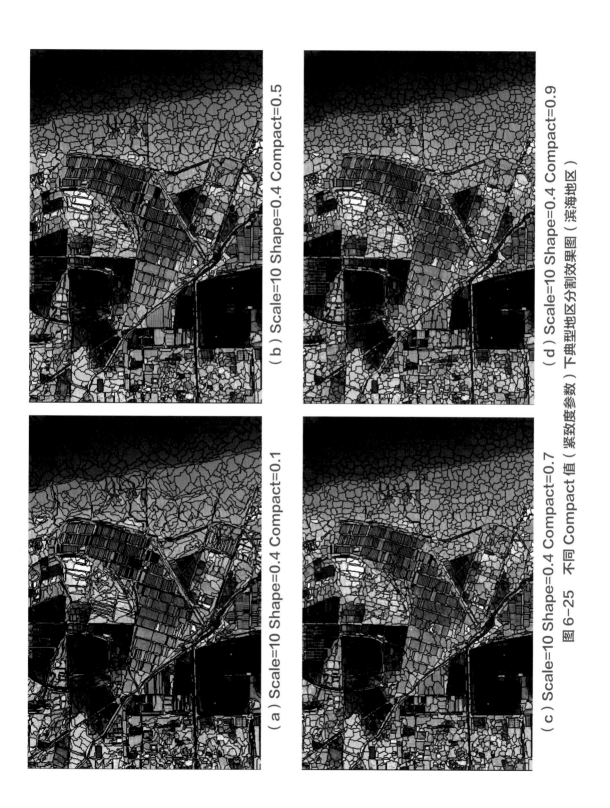

（b）Scale=10 Shape=0.4 Compact=0.5

（d）Scale=10 Shape=0.4 Compact=0.9

（a）Scale=10 Shape=0.4 Compact=0.1

（c）Scale=10 Shape=0.4 Compact=0.7

图 6-25　不同 Compact 值（紧致度参数）下典型地区分割效果图（滨海地区）

2. 对象特征选择及自动分类

将所确定的湿地分类系统中的 16 种湿地类型归结为植被覆盖区、水体、无植被覆盖区三大类，以三大类地区的光谱特征为依据进行自动分类。

首先用归一化植被指数、归一化裸露指数、改进的归一化裸露指数、亮度值、各波段特征值等构建多特征复合分类指标。

归一化植被指数（NDVI）是反映植被覆盖状况的一种遥感指标，定义为近红外通道与可见光通道反射率之差与之和的商。我们从植被的光谱特性可以看出 TM3（可见光红光波段）与 TM4（近红外波段）差异较大，且植被在 TM4 上的亮度值大于 TM3，而其他地物的 TM4 亮度值都小于 TM3。因此一般说来，NDVI 值大的地物都是植被。所以，NDVI 值可以准确反映植被的存在情况。其 TM/ETM+ 表达式为：

$$NDVI=(TM4-TM3)/(TM4+TM3)$$

在 TM4 和 TM5 波段之间，非植被覆盖区的归一化裸露指数（NDBI）变高，植被覆盖区的归一化裸露指数变低。其表达式为：

$$NDBI =(TM5-TM4)/(TM5 + TM4)$$

但是从图 6-26~图 6-28 的光谱曲线研究发现，无植被区在 TM5 波段和 TM4 波段的差异不如植被覆盖区和水体在此波段的差异大。由于 NDVI 反映的是植被信息，那么（1-NDVI）则代表非植被信息，即主要是居民地、裸地以及河流。由于 NDBI 主要反映的是城镇和裸露地信息，所以将 NDBI 和（1-NDVI）相加就可以使无植被覆盖信息更加明显。因此称之为改进的归一化裸露指数（MNDBI），其表达式为（詹庆明，2001）：

$$MNDBI=NDBI+(1-NDVI)$$

由图 6-27 典型的水体光谱曲线可知，水体的 TM5、TM7 值较非水体区都低，因此可以借助 TM5、TM7 的 DN（灰度值）值提取水体。

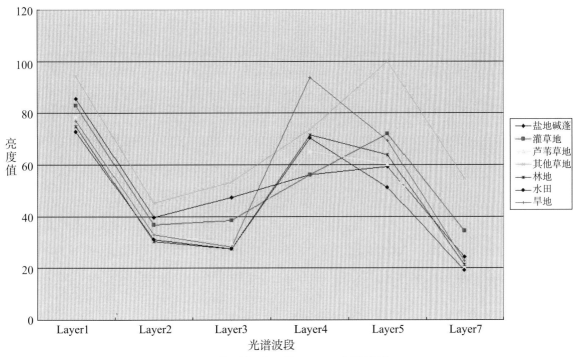

图 6-26　典型植被覆盖区 TM 光谱特性

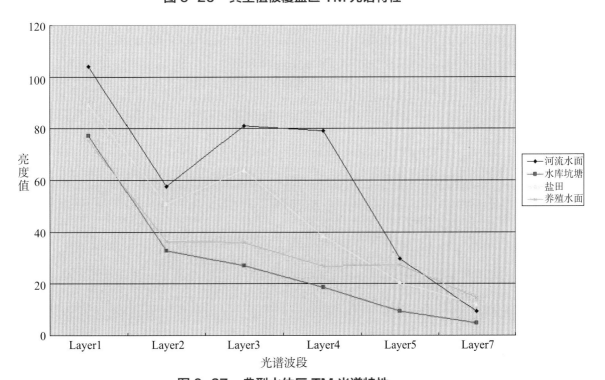

图 6-27　典型水体区 TM 光谱特性

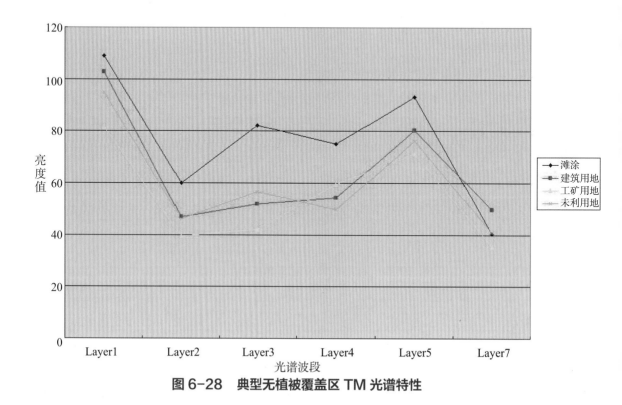

图 6-28　典型无植被覆盖区 TM 光谱特性

3. 人工目视解译

由于分类较为复杂，并且各种地物之间光谱差异较小，在进行完初步的计算机分类后，为了提高分类精度，采用人工目视解译的方法通过 Arcmap 软件对前期分类进行了修改、细化、补充，最终得到了研究区 1992 年、1995 年、2000 年、2006 年和 2010 年 5 期湿地分类（图 6-29~图 6-33）与各类型湿地面积及 5 期平均面积（见表 6-18、表 6-19）。

为了验证上述分类结果，需要对结果的精度进行评价。该精度评价在 Erdas 软件的精确性评价模块中进行，采用的方法是基于误差矩阵的 Kappa 系数精度评价方法，该方法由 Cohen 于 1960 年首次提出，其主要用途是验证和评价遥感影像分类结果的精度，它能够在统计意义上反映分类结果在多大程度上优越于随机赋予各点某一类型的分类结果（许文宁，2011）。

对地面调查的地物类型数据和影像分类结果建立误差矩阵，其中矩阵列表示地面调查的地物类型，矩阵行表示影像数据的分类类型，每一个元素代表像元的数量。Kappa 系数计算公式为：

$$k = \frac{P_0 - P_e}{1 - P_e}$$

$$P_0 = \frac{\sum\limits_{i=1}^{n} P_{ii}}{N}$$

式中：P_0 是分类的总体精度，表示对每个随机抽取的样本的分类结果和地面实际调查类型一致的概率；P_e 表示由于偶然机会造成的分类结果与地面调查数据类型相一致的概率；n 为分类的类型数量；N 为样本总数；P_{ii} 为第 i 类型的被正确分类的样本数目。

当分类结果与实际类型完全吻合时，Kappa 系数的值为 1。

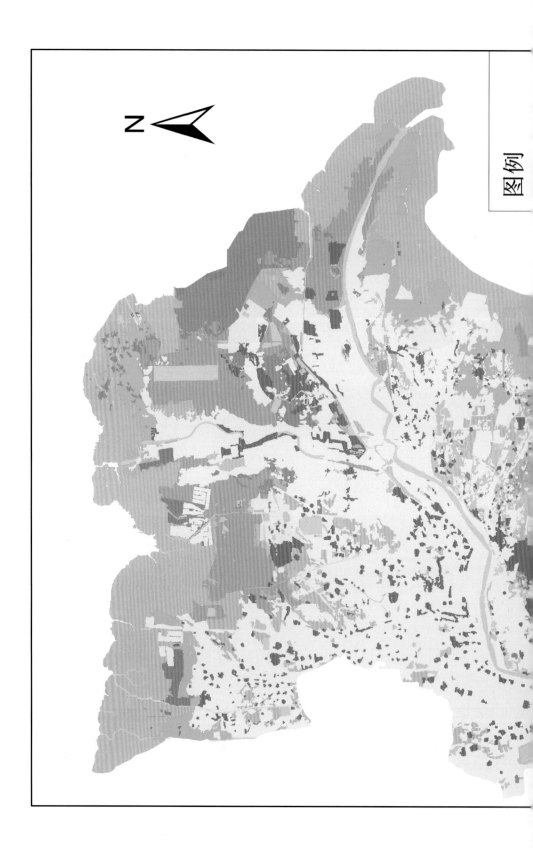

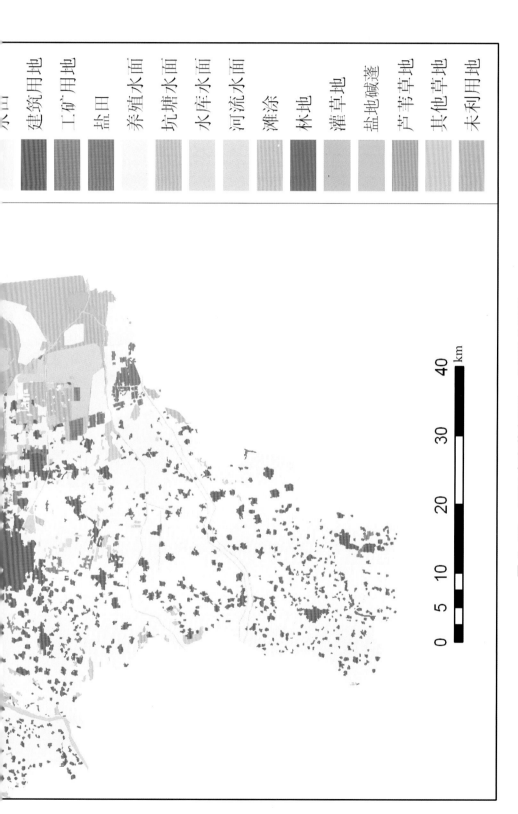

图 6-29　1992 年东营市湿地、非湿地分类图

建筑用地

工矿用地

盐田

养殖水面

坑塘水面

水库水面

河流水面

滩涂

林地

灌草地

盐地碱蓬

芦苇草地

其他草地

未利用地

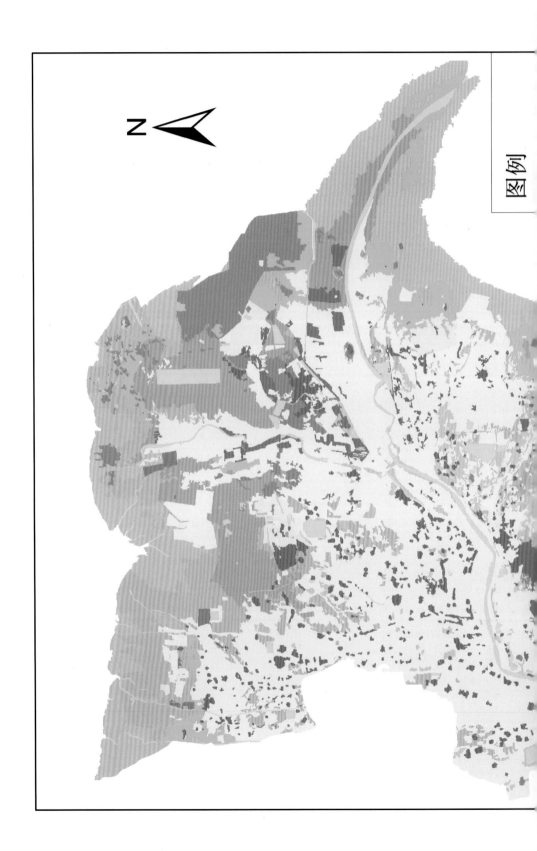

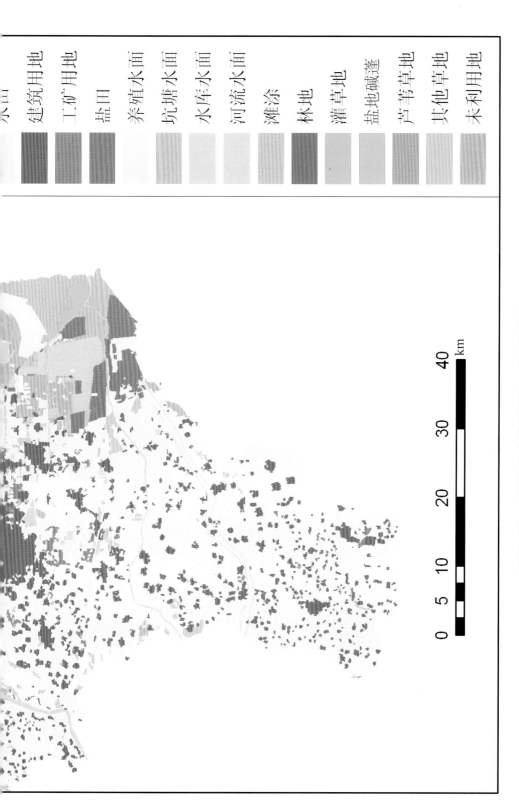

图例（从上到下）：
建筑用地
工矿用地
盐田
养殖水面
坑塘水面
水库水面
河流水面
滩涂
林地
灌草地
盐地碱蓬
芦苇草地
其他草地
未利用地

0 5 10   20   30   40 km

图6-30 1995年东营市湿地、非湿地分类图

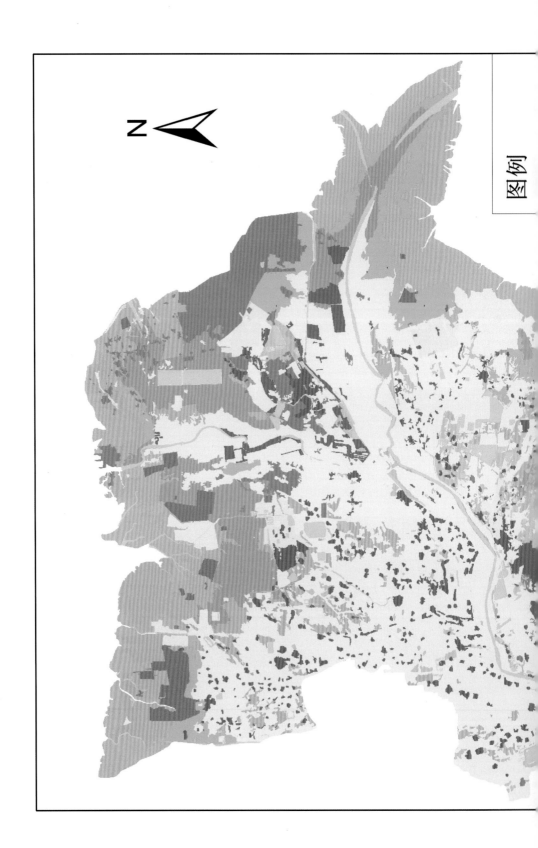

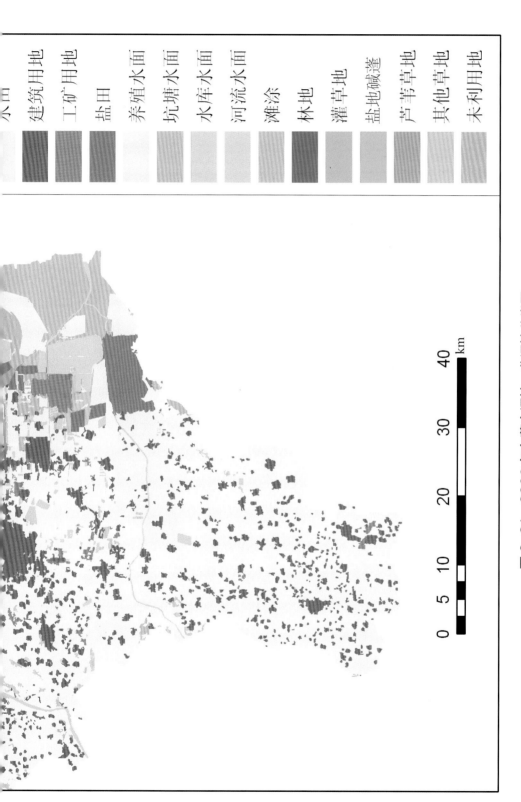

水田
建筑用地
工矿用地
盐田
养殖水面
坑塘水面
水库水面
河流水面
滩涂
林地
灌草地
盐地碱蓬
芦苇草地
其他草地
未利用地

图6-31　2000年东营市湿地、非湿地分类图

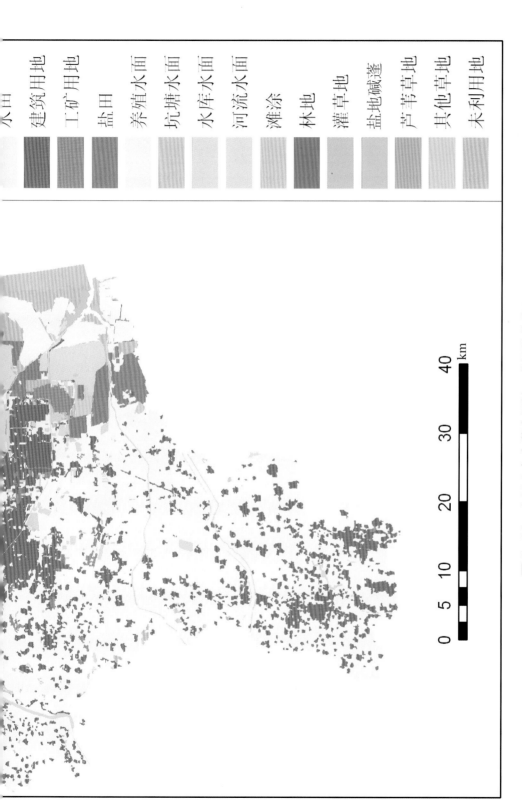

水田　建筑用地　工矿用地　盐田　养殖水面　坑塘水面　水库水面　河流水面　滩涂　林地　灌草地　盐地碱蓬　芦苇草地　其他草地　未利用地

0　5　10　20　30　40 km

图6-32　2006年东营市湿地、非湿地分类图

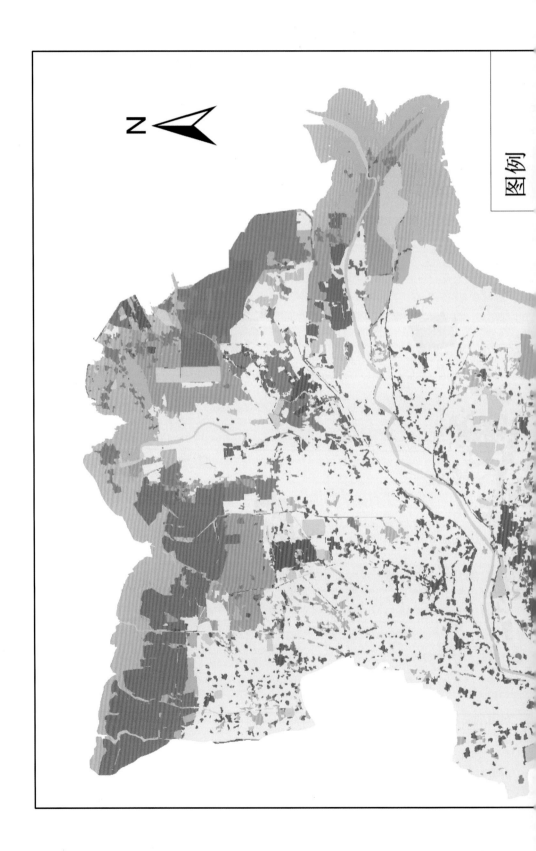

水田 建筑用地 工矿用地 盐田 养殖水面 坑塘水面 水库水面 河流水面 滩涂 林地 灌草地 盐地碱蓬 芦苇草地 其他草地 未利用地

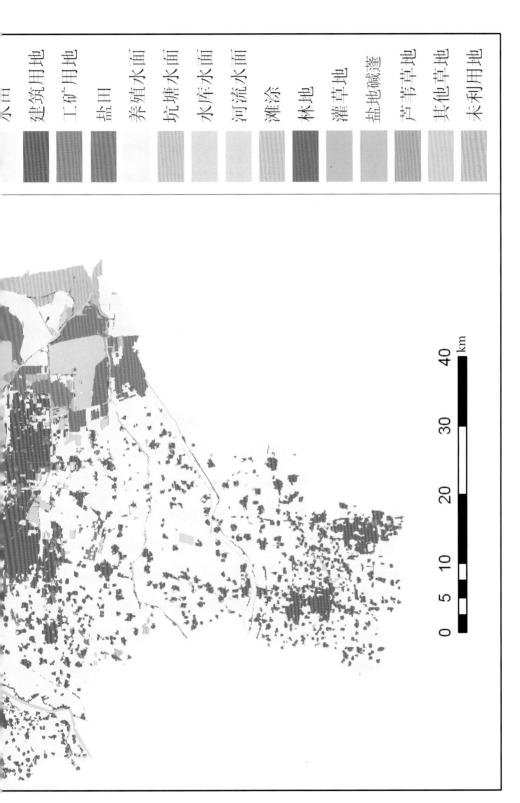

图6-33 2010年东营市湿地、非湿地分类图

表6-18 不同年份研究区湿地景观遥感解译面积及比例

湿地类型	1992年		1995年		2000年		2006年		2010年	
	面积/hm²	百分比/%	面积/hm²	百分比/%	面积/hm²	百分比/%	面积/hm²	百分比/%	面积/hm²	百分比/%
养殖水面	13 670.09	1.79	14 179.15	1.85	18 636.02	2.42	29 988.55	3.89	27 851.49	3.61
坑塘水面	1 675.43	0.22	1 827.44	0.24	2 041.51	0.27	1 809.36	0.23	1 731.54	0.22
水库水面	17 191.60	2.26	18 209.69	2.38	21 110.38	2.74	24 077.68	3.13	26 997.15	3.50
水田	32 827.16	4.31	33 455.25	4.37	32 372.55	4.20	29 101.15	3.78	25 909.47	3.36
盐田	6 203.64	0.81	11 431.81	1.49	18 523.26	2.40	39 013.65	5.07	59 293.26	7.69
人工湿地	71 567.92	9.39	79 103.34	10.33	92 683.72	12.03	123 990.39	16.10	141 782.91	18.38
河流水面	12 298.68	1.61	11 940.93	1.56	10 181.72	1.32	10 266.39	1.33	9 549.81	1.24
滩涂	78 822.19	10.34	74 017.16	9.67	70 491.52	9.15	65 386.70	8.49	58 875.87	7.63
灌草地	23 266.25	3.05	21 612.51	2.82	19 632.65	2.55	14 371.65	1.87	10 345.77	1.34
盐地碱蓬	9 873.71	1.30	9 020.81	1.18	8 002.11	1.04	5 987.88	0.78	4 802.58	0.62
芦苇草地	47 261.33	6.20	44 819.37	5.85	42 320.50	5.49	38 253.24	4.97	33 407.91	4.33
其他草地	19 905.00	2.61	17 673.03	2.31	15 439.49	2.00	10 038.69	1.30	6 579.09	0.85
林地	6 438.14	0.84	6 367.68	0.83	6 933.20	0.90	7 384.41	0.96	7 586.82	0.98
天然湿地	197 865.31	25.95	185 451.49	24.22	173 001.21	22.46	151 688.96	19.69	131 147.85	17.00
工矿用地	26 469.60	3.47	27 950.67	3.65	28 205.95	3.66	30 063.96	3.90	31 825.01	4.12
建筑用地	57 073.07	7.49	59 028.38	7.71	63 781.56	8.28	75 206.32	9.76	84 960.10	11.01
旱地	346 129.13	45.40	348 705.04	45.54	351 988.29	45.70	348 312.24	45.22	351 154.88	45.51
未利用地	63 261.93	8.30	65 459.79	8.55	60 633.00	7.87	40 972.61	5.32	30 661.55	3.97
非湿地	492 933.73	64.66	501 143.88	65.45	504 608.80	65.51	494 555.13	64.21	498 601.54	64.62
总面积	762 366.95		765 698.71		770 293.73		770 234.48		771 532.30	

表 6-19　研究区湿地景观遥感解译 5 期面积平均值

一级湿地	二级湿地	5 期平均面积 /hm²	总面积 /hm²
人工湿地	养殖水面	20 865.06	101 825.7
	坑塘水面	1 817.055	
	水库水面	21 517.3	
	水田	30 733.12	
	盐田	26 893.12	
天然湿地	河流水面	10 847.51	167 831
	滩涂	69 518.69	
	灌草地	17 845.77	
	盐地碱蓬	7 537.419	
	芦苇草地	41 212.47	
	其他草地	13 927.06	
	林地	6 942.05	
非湿地	工矿用地	28 903.04	498 368.6
	建筑用地	68 009.89	
	旱地	349 257.9	
	未利用地	52 197.78	
总面积		768 025.2	768 025.2

错分误差是指不该属于某一类型的像元被分为该类型造成的误差，漏分误差是指属于某一类型的像元未被分为该类型而被漏掉所造成的误差，其公式分别为：

$$P_{ci} = 1 - \frac{P_{ii}}{P_{i+}}$$

$$P_{oi} = 1 - \frac{P_{ii}}{P_{+i}}$$

式中：P_{ci} 是第 i 类型的错分误差；P_{oi} 是第 i 类型的漏分误差；P_{i+} 是第 i 类型所在列的像元数目之和，P_{+i} 是第 i 类型所在行的像元数目之和。

通过以上各种描述性的精度值，Kappa 系数计算方法可以表示为：

$$k = \frac{P_0 - P_e}{1 - P_e} = \frac{\dfrac{\sum\limits_{i=1}^{n} P_{ii}}{N} - \dfrac{\sum\limits_{i=1}^{n}(P_{i+} \times P_{+i})}{N^2}}{1 - \dfrac{\sum\limits_{i=1}^{n}(P_{i+} \times P_{+i})}{N^2}}$$

在分类的精度评价中，不同的精度评价方法有不同的划分标准和含义。直接借用 Kappa 系数分类评价标准（表 6-20）（Feinstein et al., 1990; Cicchetti et al., 1990），经计算得到各期分类结果的精度（表 6-21）。

表 6-20　Kappa 系数分类标准

Kappa 值	< 0.00	0.00~0.20	0.21~0.40	0.41~0.60	0.61~0.80	0.81~1.00
准确度	极差	差	较差	一般	良好	最佳

结果表明，5 期影像的总体精度均在 85% 以上，kappa 系数均大于 0.8，说明本研究的分类结果较为理想，完全符合本研究所需要求。

另外，我们还把 2010 年遥感影像的解译面积数据与 2009 年全国第二次土地调查数据进行了比较，结果也比较理想（表 6-22），从另一个方面验证了本次分类结果的精确性。

表 6-21 各期影像分类评价精度

年份	总体精度 %	Kappa 系数
1992	88.67	0.8443
1995	87.33	0.8264
2000	86.67	0.8172
2006	87.00	0.8206
2010	87.67	0.8294

表 6-22 2010 年解译数据与 2009 年全国第二次土地调查数据 单位：hm²

湿地一级分类	2010 年遥感解译面积	2009 年全国第二次土地调查面积
天然湿地	131 147.85	165 005.68
人工湿地	141 782.91	183 189.09
非湿地	498 601.54	464 093.18
总面积	771 532.30	812 287.94

三、湿地景观基本情况

由上述遥感解译结果可知，1992 年研究区总面积为 762 366.95 hm²，其中非湿地面积最大，占研究区面积的 64.66%。非湿地中旱地的面积最大，为 346 129.13 hm²，占研究区总面积的 45.40%；未利用地及建筑用地的面积也比较大，分别占 8.30% 和 7.49%。其次为天然湿地，面积约为 197 865.31 hm²，占研究区总面积的 25.95%。天然湿地中滩涂的面积最大，约 78 822.19 hm²；芦苇草地、灌草地及其他草地次之，河流水面、盐地碱蓬及林地所占比例较少。人工湿地面积最小，仅占研究区面积的 9.39%，且以水田及水库水面为主。

1995 年研究区景观格局主要表现为研究区面积增加至 765 698.71 hm²，人工湿地面积增幅较大,由 1992 年的 71 567.92 hm² 增加至 79 103.34 hm²,尤其以盐田、养殖水面、水库水面面积的增加最为显著;非湿地面积下降,其中建筑用地及旱地面积小幅增长,仍是研究区面积最大的景观类型;天然湿地总面积略有减少,大部分自然湿地景观都有小幅度减少。

2000 年研究区面积为 770 293.73 hm²,其景观格局变化主要表现为天然湿地的减少较为明显,河流水面、滩涂以及各类草地面积都有较大幅度减少;人工湿地的增加相较于 1992~1995 年更加快速,增加的原因是养殖水面及盐田面积的快速增加;非湿地面积继续小幅增加,其中建筑用地及旱地面积持续增加,虽然未利用地面积减少较多,但是非湿地依然是东营市面积最大的景观类型。天然湿地虽然减少较多,但是其面积仍大于人工湿地。

2006 年研究区面积为 770 234.48 hm²,其景观格局相较于 1992 年、1995 年、2000 年发生了巨大变化,其中最明显的景观变化为人工湿地面积(123 990.39 hm²)已经接近于天然湿地面积(151 688.96 hm²)。主要是因为人工湿地中养殖水面、盐田面积增长迅速,且天然湿地退化严重,虽然河流水面及芦苇草地面积保持得较为稳定,但是大量滩涂、灌草地及其他草地的减少导致天然湿地的面积大幅度减少。其次,由于 1999 年以来东营市境内河流径流量减少,导致泥沙淤积造陆速度小于海岸侵蚀速度,导致 2006 年东营市总面积较 2000 年有小幅减少。非湿地面积略有减少,虽然建筑用地相比于 2000 年增长幅度巨大,农用地面积保持稳定,但是未利用地大量减少。这是非湿地面积减少的主要原因。

2010 年研究区面积增至 771 532.30 hm²,人工湿地面积已经超过天然湿地面积成为东营市第二大景观类型,虽然水田及坑塘水面面积相较于前期略有下降,但是盐田面积快速增长,这是人工湿地面积增长的主要原因。同时,由于天然湿地的主要景观类型——滩涂与芦苇面积大幅度下降,导致天然湿地面积急剧萎缩。非湿地面积略有增长,其中建筑用地面积增长幅度巨大,增长了约 10 000 hm²,但未利用地面积相对于 2006 年减少了 10 000 hm²。

由上述可见，研究区总面积呈波动增加的趋势，由 1992 年的 762 366.95 hm²、1995 年的 765 698.71 hm²、2000 年的 770 293.73 hm²、2006 年的 770 234.48 hm² 增至 2010 年的 771 532.30 hm²，这主要是由于黄河携带泥沙在河口淤积所致。从全区来看，1992~2010 年天然湿地总体呈减少趋势，人工湿地总体呈增加趋势。这主要是由于部分天然的滩涂、芦苇等转化为人工的盐田、养殖水面等所致。1992~2006 年天然湿地面积大于人工湿地，而至 2010 年人工湿地面积超过了天然湿地面积。

四、湿地景观时空变化

1. 湿地景观时间变化

将遥感解译所得的各期、各类湿地面积数据绘制成更加直观的柱状图，可清楚地看出湿地的动态变化情况。1992~2010 年各类湿地的面积有较大幅度的变化，从大类上来看，人工湿地呈增加趋势，天然湿地呈减少趋势，非湿地基本呈稳定态势（图 6-34、图 6-35）。

将每一种湿地的面积变化绘制成图 6-36，可以看出如下的变化趋势：在人工湿地中，养殖水面的面积呈波动增加趋势；坑塘水面面积较小，整体趋势减少；水库水面面积呈增长趋势；水田面积 2000 年以前较为稳定，2000 年以后减少；盐田面积一直保持增长趋势。自然湿地中，河流水面一直呈下降趋势；滩涂面积总体呈下降、减少趋势；而草地，包括盐地碱蓬草地、灌木草地、芦苇草地及其他草地面积皆有不同程度的下降；林地面积则一直保持较稳定的状态。在非湿地中，工矿用地面积保持稳定增长；未利用地一直处于减少的状态中；而旱地面积虽然偶有增减，但基本保持数量上的稳定；建筑用地一直保持增长趋势，其中 1995~2000 年缓慢增长，2000 年以后飞速增长。

由上述分析可见，1992~2010 年，面积总体呈减少趋势的湿地类型是：河流水面、水田、滩涂、灌草地、盐地碱蓬草地、芦苇草地及其他草地。面积总体呈增加趋势的湿地类型是：盐田、水库水面、养殖水面。在非湿地中，旱地保持稳定，建筑用地持续增加，未利用地持续减少（图 6-37、表 6-23）。

表 6-23 1992~2010 年湿地面积减少情况统计

一级分类	二级分类	1992 年面积 /hm²	2010 年面积 /hm²	减少面积 /hm²
人工湿地	水田	32 827.16	25 909.47	6 917.69
天然湿地	河流水面	12 298.68	9 549.81	2 748.87
	滩涂	78 822.19	58 875.87	19 946.32
	灌草地	23 266.25	10 345.77	12 920.48
	盐地碱蓬	9 873.71	4 802.58	5 071.13
	芦苇草地	47 261.33	33 407.91	13 853.42
	其他草地	19 905.00	6 579.09	13 325.91

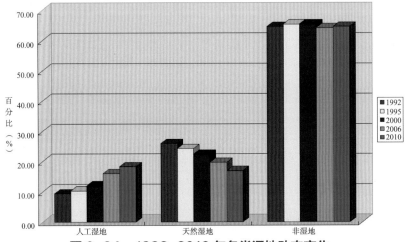

图 6-34 1992~2010 年各类湿地动态变化

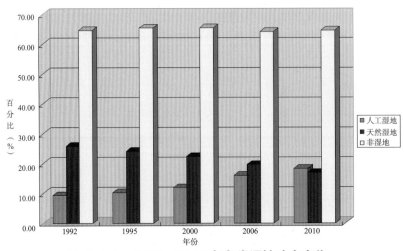

图 6-35 1992~2010 年各类湿地动态变化

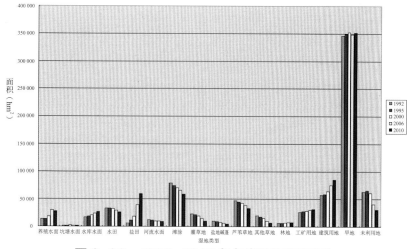

图 6-36　1992~2010 年各类湿地动态变化

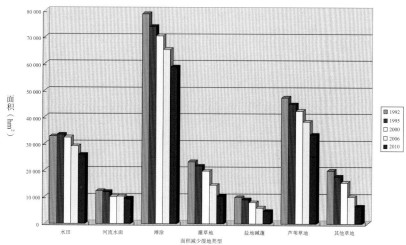

图 6-37　1992~2010 年面积减少的湿地的动态变化

2. 湿地景观空间变化

在 Arcmap 平台中通过空间叠加分析工具 intersect 得到了东营市湿地景观空间变化图（图 6-38）。分析结果表明，1992~2010 年东营市景观变化最明显的区域主要集中在北部、东部滨海地区以及中东部平原地区。北部及东部滨海地区景观变化较为显著的原因是人类对滨海地区草地、滩涂及未利用地的开发所致。主要表现为未利用地被用于建筑或被开垦，滩涂被大量开发为盐田、养殖水面，草地被开垦为农用地等。中东部平原地区变化显著则是因该区交通便利、经济发达、人口密集、环境优良，是工农业生产及城市化的主要地区，也是人地矛盾最为突出的区域，导致其景观要素变化显著。东营市西部及南部多为耕地，工业用地较少，景观变化不明显。

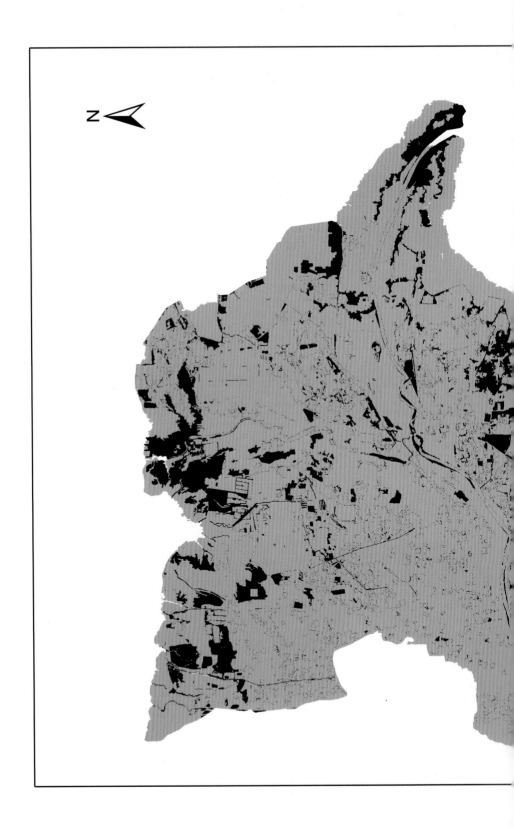

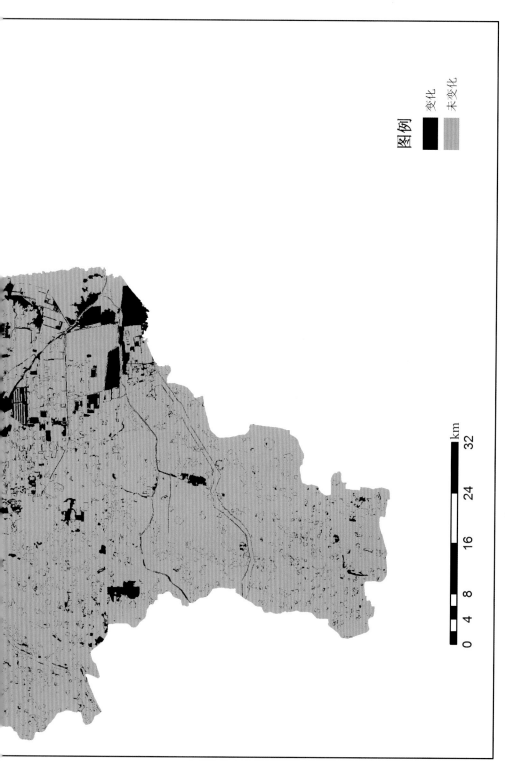

图例

变化

未变化

km

0 4 8   16   24   32

（a）1992~1995 年间东营市景观变化图

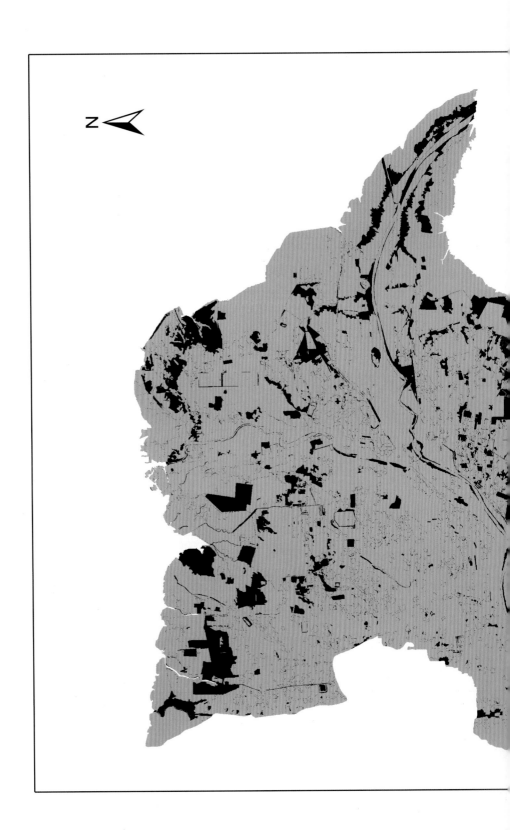

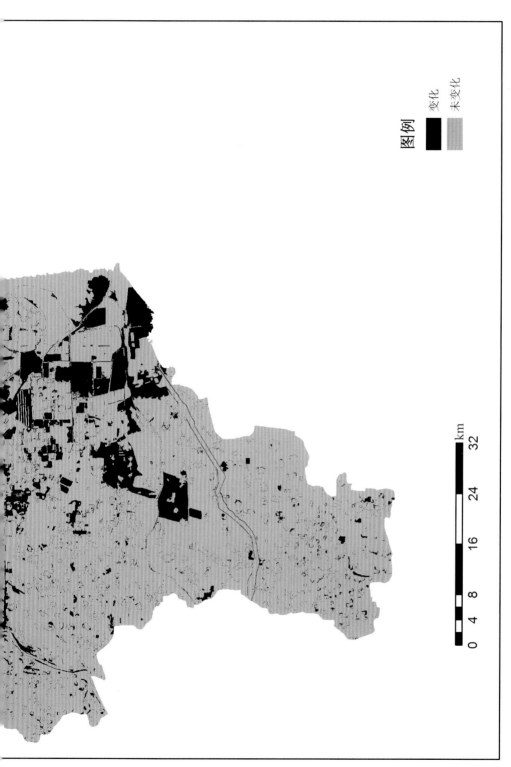

图例

变化

未变化

（b）1995~2000 年间东营市景观变化图

0 4   8   16   24   32
km

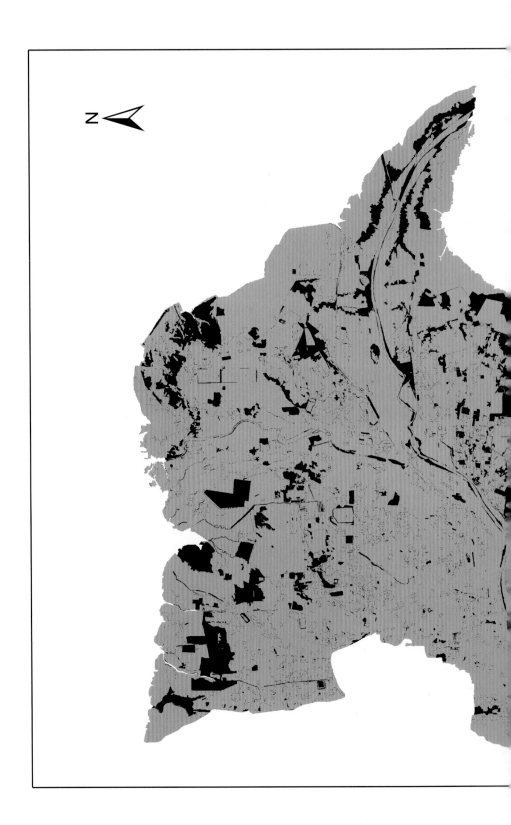

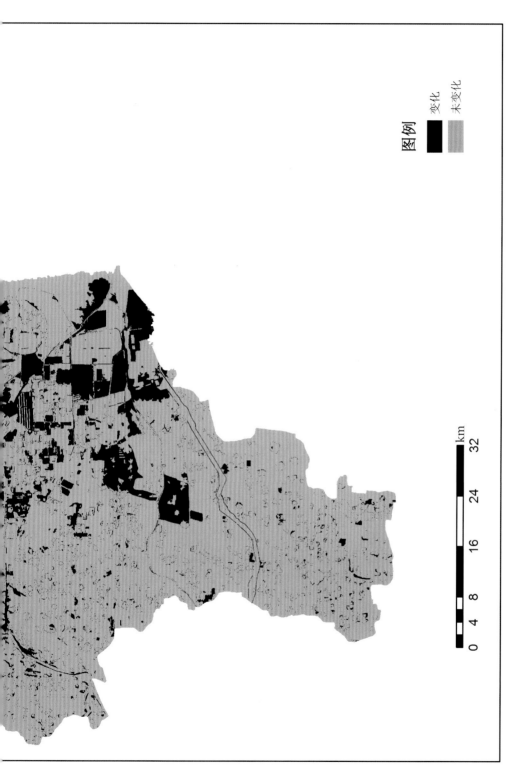

（c）2000~2006 年间东营市景观变化图

图例

变化

未变化

km

0　4　8　16　24　32

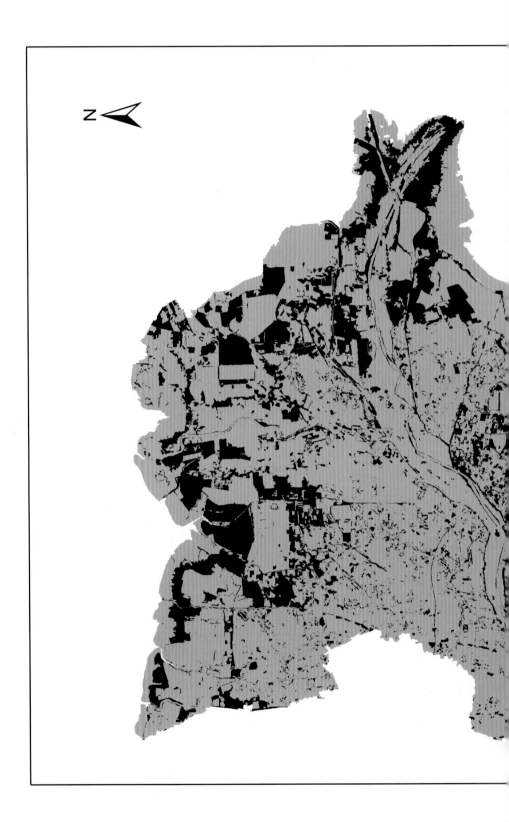

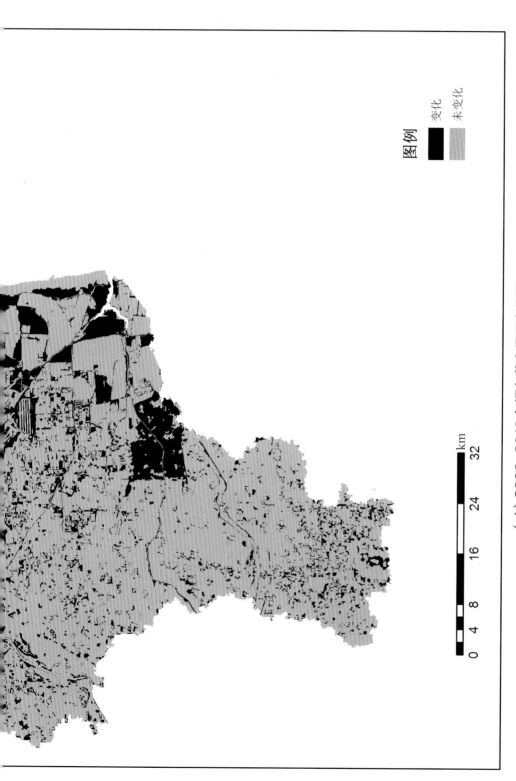

（d）2006~2010 年间东营市景观变化图

图 6-38　1995~2010 年间东营市景观变化图

五、湿地景观类型特征

1. 以非湿地为主，土地利用程度较低

从东营市景观类型结构图可以看出，非湿地占研究区的优势地位，其面积比例一直稳定在 60% 以上，其中旱地占土地总面积的比例接近于 50%。东营市未利用地面积较大，1995 年未利用地面积最大时达到 6 万余 hm^2，占东营市总面积超过 8%，表明东营市土地利用率较低。

2. 湿地面积较大，生物资源丰富

研究区湿地面积广大，占东营市面积的比例始终保持在 30% 以上，是山东省湿地面积最大的地区。黄河入海口便位于东营市河口区，境内有大量的水库坑塘、河流沟渠，草地面积广阔，动植物资源丰富。

3. 景观类型区域差异较为明显

研究区内湿地（人工湿地和天然湿地）以及非湿地中的未利用地、工矿用地多分布于滨海地区，景观类型分布较为复杂，内陆地区多为旱地及建设用地，景观类型较为单一。

4. 景观类型转移变化剧烈

东营市是我国重要的能源工业城市，近些年随着经济的不断发展、城镇化的加速，东营市景观类型变化尤为明显，表现为非湿地尤其是建筑用地及旱地对湿地的侵蚀、人工湿地对天然湿地的侵蚀、天然湿地退化以及未利用地不断转为其他景观。1992~1995 年、1995~2000 年、2000~2006 年、2006~2010 年各地类之间的转换矩阵见表 6-24~表 6-27。

表6-24 1992~1995年面积转移矩阵

1992~1995年	旱地	水田	建筑用地	工矿用地	盐田	养殖水面	坑塘水面	水库水面	河流水面	滩涂	林地	灌草地	盐地碱蓬	芦苇草地	其他草地	未利用地
旱地	337 180.0	1 790.8	1 078.9	1 968.7	1 426.1	1 027.6	383.6	904.2	94.6	0	251.8	0	0	0	0	0
水田	1 314.9	31 085.0	131.4	59.3	33.2	0	5.1	78.5	39.6	0	0	0	0	29.3	0	0
建筑用地	0	0	57 008.0	0	0	0	0	0	0	0	0	0	0	0	0	0
工矿用地	0	0	322.5	24 187.0	686.6	0	47.6	0	0	0	4.5	418.9	137.5	194.3	119.7	314.2
盐田	0	0	0	0	5415.9	681.1	0	0	0	36.0	0	0	0	0	0	0
养殖水面	0	21.0	7.2	0	2 426.7	11142.0	35.0	0	0	0	0	0	0	0	0	0
坑塘水面	518.2	1.1	6.1	5.9	0	0	969.4	0	0	0	0	0	0	103.2	30.9	0.9
水库水面	0	40.6	0	17.7	0	205.5	0	16 744.0	0	0	3.6	5.0	13.0	104.8	0	0
河流水面	612.4	51.8	0	31.0	5.2	32.4	6.3	21.9	10 502.0	326.5	9	48.4	22.1	200.8	168.8	252.2
滩涂	0	0	0	960.8	774.9	272.2	0.8	0	945.9	60 075.0	0	225.8	3 303.1	1 808.2	33.12	10 388.0
林地	438.1	0.5	2.7	123.4	0	0	0	0	15.8	0	5 772.9	0	25.4	0	0	2.7
灌草地	2 948.1	32.7	80.2	69.5	15.8	91.6	81.2	13.1	0	2 058.9	13.2	16 459.0	301.5	324.5	0	764.5
盐地碱蓬	0	0	0	30.3	0	0	7.7	0	2.2	2 505.4	0	0	4 810.5	2 128.3	155.2	171.2
芦苇草地	2 164.3	11.1	88.5	299.2	420.9	410.4	48.2	215.1	40.3	1 708.7	299.3	918.7	230.2	37806.0	1 358.0	1 228.8
其他草地	1 689.8	57.9	84.1	79.6	4.6	62.8	195.6	42.3	6.7	106.1	0	843.9	0	691.3	15 613.0	418.5
未利用地	1 822.0	341.8	193.6	64.5	218.2	202.6	26.9	172.9	200.7	3 778.3	0	2 667.9	140.9	1 423.8	107.6	51 826.0

注：矩阵元素中行元素表示1992年土地利用类型转变为1995年各土地利用类型的面积概率，即1992~1995年土地利用类型变化转移概率矩阵。

表6-25 1995~2000年面积转移矩阵

1995~2000年	旱地	水田	建筑用地	工矿用地	盐田	养殖水面	坑塘水面	水库水面	河流水面	滩涂	林地	灌草地	盐地碱蓬	芦苇草地	其他草地	未利用地
旱地	332311.0	3908.9	3088.6	549.7	3407.0	958.6	136.6	3207.1	60.8	0	492.4	136.1	33.6	350.6	0	0
水田	4031.9	28138.0	280.2	46.7	624.3	8.5	6.5	117.6	49.4	0	0.5	12.2	0	10.2	31.1	47.8
建筑用地	0	0	58910.0	40.7	0	0	0	0	0	0	0	0	0	0	0	0
工矿用地	0	0	1070.5	26163.0	25.2	43.9	3.9	11.9	1.6	8.9	6.5	92.7	70.0	179.6	85.3	143.9
盐田	0	0	0	1.1	7847.3	2240.7	0	162.0	0.1	694.9	0	12.9	0	120.0	5.1	334.7
养殖水面	0	0	0	0	2128.2	10713.0	30.9	181.4	0.5	612.6	0	10.1	0	446.8	2.1	31.0
坑塘水面	216.6	3.9	0.8	3.8	22.8	7.2	1159.3	0	0	1.3	0.1	27.9	0	271.1	14.1	78.0
水库水面	0	80	98.5	72.7	306.2	109.4	73.6	16767.0	0	0	0	0	0	216.7	239.8	242.4
河流水面	679.3	33.8	18.4	38.2	195.6	0.7	0	3.6	9669.7	296.6	16.6	0.5	2.4	174.8	108.2	631.5
滩涂	49.1	0	0	67.0	180.5	3466.1	4.2	7.8	89.1	61521.0	0	376.4	3612.6	247.4	2.7	4384.3
林地	320.1	0	2.3	4.0	0	0	0.5	2.8	7.3	0	5880.0	1.6	1.3	101.8	36.2	0
灌草地	1722.2	22.2	19.4	16.3	167.9	563.4	132.3	2.5	19.7	32.6	0	18138.0	92.3	441.3	92.0	125.2
盐地碱蓬	30.8	0	0	78.7	0	0.1	0	0.5	72.6	2428.2	0	162.5	3364.2	2429.8	9.3	427.3
芦苇草地	4392.5	28.4	15.1	296.8	65.9	7.7	209.7	216.1	109.2	184.4	511.9	235.7	427.9	36056.0	1403.7	608.3
其他草地	4080.2	28.9	145.3	28.3	243.4	14.0	125.4	220.6	29.6	0.9	22.8	169.2	0	125.2	11965.0	467.5
未利用地	4093.6	94.1	104.2	774.2	3266.6	494.9	100.7	126.9	70.8	129.7	0	251.5	364.9	1108.4	1376.5	53072.0

注：矩阵元素元素表示1995年土地利用类型转变为2000年各土地利用类型的面积概率，即1995~2000年土地利用类型变化转移概率矩阵。

表6-26 2000~2006年面积转移矩阵

2000~2006年	旱地	水田	建筑用地	工矿用地	盐田	养殖水面	坑塘水面	水库水面	河流水面	滩涂	林地	灌草地	盐地碱蓬	芦苇草地	其他草地	未利用地
旱地	334 088.0	3 489.1	6 068.1	1 740.8	680.0	491.9	299.6	918.1	966.2	0	1 004.1	45.1	0	547.4	1 600.2	19.4
水田	6 771.1	22 023.0	1 993.9	176.8	51.0	741.2	87.6	390.2	41.6	0	18.3	7.1	0	17.7	23.9	12.5
建筑用地	0	0	63 490.0	57.7	97.8	0	0	97.1	0	0	1.8	0	0	0	0	0
工矿用地	27.7	0	360.4	22 433.0	3 978.6	6.6	20.5	162.9	9.3	0	3.5	33.8	2.0	204.3	8.9	951.5
盐田	0	0	72.7	155.8	15 324.0	1 908.4	0	563.7	0	0	0	9.6	0	10.2	182.9	252.7
养殖水面	0	100.4	101.1	22.9	2 727.5	14 852.0	4.4	89.1	17.1	196.7	0	2.3	0	54.5	56.2	405.9
坑塘水面	138.3	114.7	97.9	53.1	86.0	44.8	993.0	31.1	0	0.3	0	60.1	0	203.9	79.7	127.0
水库水面	0	807.9	453.4	183.5	283.4	28.8	0	18 052.0	0	0	0	23.22	0	68.9	252.1	948.2
河流水面	126.9	32.2	22.5	4.3	105.2	19.4	46.4	330.2	6 884.4	420.3	145.4	829.8	10.1	104.9	200.5	895.9
滩涂	106.9	0.6	83.6	1 551.2	3 415.2	7 859.7	10.4	974	613.1	44 055.0	0	1 709.9	3 467.2	62.8	91.9	6 489.5
林地	392.2	0	10.2	107.6	0	0	10.0	68.9	75.8	0	5 630.4	113.5	0	320.0	108.0	60.5
灌草地	1 597.3	296.0	89.2	328.4	2 158.0	1 590.2	44.6	196.5	7.8	0.1	11.5	6 070.3	0	4 008.7	1 433.5	1 727.3
盐地碱蓬	104.4	0	10.9	186.4	0	0	0	529.7	8.6	1 907.5	0.1	1 278.9	2 111.2	465.4	175.7	1 175.8
芦苇草地	1 712.5	399.1	373.5	1 154.3	1 015.3	233.9	112.3	435.2	247.1	6.5	426.5	2 581.2	367.4	28 281.0	247.8	4 706.6
其他草地	1 855.3	965.1	791.7	187.5	447.1	7.5	26.6	343.9	35.4	0	125.7	211.4	0	148.1	4 967.3	5 322.0
未利用地	1 340.4	827.3	1 097.7	1 674.3	8 613.3	2 148.5	121.8	856.4	1 297.1	19 058.0	6.2	1 363.2	0	3 729.7	538.2	17 875.0

注：矩阵元素表示2000年土地利用类型转变为2006年各土地利用类型的面积概率，即2000~2006年土地利用类型变化转移概率矩阵。

表6-27 2006~2010年面积转移矩阵

2006~2010年	旱地	水田	建筑用地	工矿用地	盐田	养殖水面	坑塘水面	水库水面	河流水面	滩涂	林地	灌草地	盐地碱蓬	芦苇草地	其他草地	未利用地
旱地	327129.0	7040.5	7747.1	2933.8	174.3	512.7	17.0	1433.0	274.1	76.6	386.6	6.6	0	327.1	187.9	0
水田	9611.2	18184.0	822.7	70.5	40.7	55.3	0	72.5	19.1	0	1.3	0	0	120.1	49.9	3.8
建筑用地	0	0	73702.0	1258.8	77.1	0	0	124.1	0	0	0	0	0	0	0	0
工矿用地	322.3	0	180.1	25347.0	3533.5	7.5	28.7	23.6	11.1	107.1	31.0	44.3	0	248.6	4.0	111.7
盐田	0	0	91.1	109.7	36401.0	2159.4	0	178.7	0	26.2	0	16.9	0	0	0	0
养殖水面	0	0	70.2	11.3	7050.2	20595.0	0	19.2	0	2219.5	0	0	0	0	3.5	0
坑塘水面	212.1	46.71	102.2	32.0	0	0	1139.7	132.5	0	0	10.4	0.5	0	42.8	1.6	13.9
水库水面	0	19.89	187.5	214.1	0	76.9	0	22876.0	0	0	0	20.3	0	252.9	0	337.4
河流水面	171.8	25.92	276.4	7.4	262.3	12.2	0	3.8	8433.1	479.7	14.6	125.9	1.5	45.7	2.7	375.0
滩涂	231.0	0	26.7	126.8	2325.6	228.7	91.5	330.5	339.5	47121.0	0	981.9	867.8	1116.6	3.7	11587.0
林地	359.7	6.93	31.3	57.1	0	0	0	0	33.8	0	6185.4	33.8	0	527.3	138.2	10.0
灌草地	935.6	3.33	102.8	236.5	259.7	1066.9	50.0	22.0	53.3	1287.8	322.8	6175.1	1162.4	425.6	2176.1	56.3
盐地碱蓬	20.3	0	62.1	57.1	345.6	7.7	67.3	379.0	89.3	479.4	4.9	1241.5	2469.1	373.1	38.6	348.3
芦苇草地	2956.6	82.89	238.7	983.7	2761.5	976.9	0.7	551.5	64.0	45.1	554.0	549.6	158.4	27596.0	515.3	128.7
其他草地	2989.6	379.89	719.5	23.4	370.4	317.6	0	441.8	33.9	508.8	41.4	0.1	9.9	621.4	3343.2	237.9
未利用地	6079.1	114.91	593.9	280.6	5644.2	1826.6	300.4	331.2	115.9	5252.6	26.3	1086.8	71.1	1703.1	90.6	17423.0

注：矩阵元素表示2006年各土地利用类型转变为2010年各土地利用类型的面积概率，即2006~2010年土地利用类型变化转移概率矩阵。

六、湿地景观动态变化

（一）天然湿地转入转出分析

1. 林地转入转出分析

1992~1995 年，林地在景观上基本保持稳定，少量林地与旱地及草地发生相互转换；1995~2000 年，林地主要转入景观为旱地及芦苇草地，主要转出为旱地；2000~2006 年，林地主要转入景观为旱地及芦苇草地，主要转出为旱地及芦苇草地；2006~2010 年，林地主要转入景观为旱地及灌草地，主要转出为旱地。

2. 滩涂转入转出分析

1992~1995 年，滩涂转入转出较为剧烈，转出景观主要为工矿用地、未利用地、草地。转入方面有部分草地退化为滩涂，以盐地碱蓬草地退化最为严重。1995~2000 年，转入滩涂的景观主要为盐地碱蓬草地及养殖水面、盐田，主要转出为养殖水面、未利用地。2000~2006 年，主要转入滩涂的景观为盐地碱蓬草地及未利用地，主要转出为工矿用地、盐田、养殖水面和草地。2006~2010 年，主要转入滩涂的景观为灌草地、盐地碱蓬草地及未利用地，主要转出为盐田、灌草地、盐地碱蓬及未利用地。

3. 芦苇草地转入转出分析

1992~1995 年，芦苇草地转出主要转化为旱地、工矿用地、盐田及其他草地，转入主要为滩涂及盐地碱蓬草地。1995~2000 年，芦苇草地转出主要转化为旱地、灌草地、工矿用地、坑塘水面，转入主要为旱地、灌草地、未利用地等。2000~2006 年，芦苇草地转出主要为旱地、工矿用地、盐田、水库水面及灌草地，转入景观主要来自未利用地、灌草地等。2006~2010 年，芦苇草地转出主要转化为旱地、建筑用地、工矿用地、盐田、养殖水面、水库水面及部分林地，转入主要为旱地、滩涂及未利用地。

4. 灌草地转入转出分析

1992~1995 年，灌草地主要转出为旱地、滩涂及未利用地，主要转入景观类型为工矿用地、芦苇草地、其他草地及未利用地。1995~2000 年，灌草地主要转出为旱地、养殖水面及芦苇草地，主要转入景观为芦苇草地及少量未利用地。2000~2006 年，灌草地主要转出为旱地、盐田、养殖水面及芦苇草地、未利用地等，主要转入景观类型为滩涂、芦苇草地。2006~2010 年，灌草地主要转出为旱地、养殖水面，主要转入景观类型为盐地碱蓬、芦苇草地及未利用地。

5. 盐地碱蓬转入转出分析

1992~1995 年，盐地碱蓬草地主要的转入转出是与滩涂之间相互转换的。1995~2000 年，主要转入景观为滩涂及芦苇草地，主要转出为滩涂、芦苇草地、未利用地。2000~2006 年，主要转入景观为滩涂、灌草地及未利用地，主要转出为滩涂及小部分芦苇草地。2006~2010 年，主要转入景观为滩涂及灌草地，主要转出为水库水面、滩涂、灌草地、未利用地、盐田等景观类型。

6. 其他草地转入转出分析

1992~1995 年，其他草地主要转出为旱地及灌草地，主要转入为芦苇草地等景观。1995~2000 年，主要转出为旱地、未利用地，主要转入景观为未利用地及少量芦苇草地。2000~2006 年，主要转出为旱地、水田、建筑用地、灌草地及未利用地，主要转入为旱地、未利用地。2006~2010 年，其他草地主要转出为旱地、建筑用地、水库水面，主要转入为旱地、工矿用地等景观。

7. 河流水面转入转出分析

1992~1995 年，河流水面主要转出为旱地、滩涂及草地，主要转入景观类型为未利用地及滩涂。1995~2000 年，转出为旱地、盐田、草地及未利用地，主要转入景观为滩涂、芦苇草地及未利用地。2000~2006 年，主要转出为水库水面及小部分草地，主要转入景观为旱地、滩涂及未利用地。2006~2010 年，河流水面主要转出为旱地、盐田、滩涂等，主要转入景观为滩涂及未利用地。

（二） 人工湿地转入转出分析

1. 水库水面转入转出分析

1992~1995 年，水库水面转出较少，主要转出为坑塘水面、芦苇草地及养殖水面，仍然是水域自身转换较多，有部分水库水面用地退化为各类草地，在此期间，有部分旱地、河流水面、草地转化为水库水面。1995~2000 年，水库水面的转出主要为盐田及芦苇草地等，转入主要为旱地、水田及未利用地。2000~2006 年，水库水面的转出主要为旱地、水田、建筑用地及未利用地，转入主要为旱地、滩涂、草地等景观类型。2006~2010 年，水库水面的转出主要为芦苇草地及建筑用地等，转入主要为旱地、滩涂、草地及未利用地。

2. 坑塘水面转入转出分析

1992~1995 年，坑塘水面原始保留较少，坑塘水面与旱地及草地之间的相互转换剧烈。1995~2000 年，坑糖水面转出主要为旱地、芦苇草地，转入主要景观类型为草地、旱地及未利用地。2000~2006 年，坑糖水面转出主要为水田及芦苇草地，转入主要为旱地、未利用地等。2006~2010 年，坑糖水面转换剧烈，转入景观类型主要是滩涂、未利用地，转出类型主要是旱地、水库水面及建筑用地。

3. 养殖水面转入转出分析

1992~1995 年，养殖水面主要转出为盐田，主要转入为滩涂及未利用地。1995~2000 年，养殖水面的转入主要归结于对旱地、未利用地及滩涂的开发，主要转出为部分养殖水面退化为滩涂及芦苇草地。2000~2006 年，养殖水面的转入来源于对未利用地、草地及滩涂的开发，转出主要集中于转化为小部分盐田。2006~2010 年，养殖水面的转入仍然集中于对草地、旱地及未利用地的开发，转出主要为部分盐田。

4. 盐田转入转出分析

1992~1995 年，部分盐田转出为养殖水面，转入主要归结于旱地、滩涂等景观的转化。1995~2000 年，盐田主要转出为养殖水面，转入主要为旱地、未利用地及养殖水面。2000~2006 年，盐田主要转出较少，主要集中于养殖水面，转入主要景观类型为旱地、工矿用地、草地、滩涂及未利用地。2006~2010 年，盐田主要转出为养殖水面，转入主要景观类型为工矿用地、养殖水面、滩涂及芦苇草地、未利用地。

5. 水田转入转出分析

1992~1995 年，水田基本保持稳定，主要与旱地之间有相互转化，与其他景观类型转化较少。1995~2000 年，水田与旱地有较大面积转化，与其他类型转换较少。2000~2006 年，水田主要转出为旱地及建筑用地，主要转入为旱地、水库水面及未利用地。2006~2010 年，水田与旱地有较大面积转化，与其他类型转换较少。

（三）非湿地转入转出分析

1. 建筑用地转入转出分析

1992~1995 年，建筑用地转出较少，转入较多，以旱地、未利用地、草地转入为主，说明 1992~1995 年建筑用地对湿地侵蚀较多。1995~2000 年，建筑用地转入依然以旱地转入为主。2000~2006 年，建筑用地主要转出为水库水面及盐田，主要转入景观为旱地、水田、未利用地及草地。2006~2010 年，建筑用地转出较少，有部分建筑用地转换为工矿用地及水库水面，主要转入景观为旱地、水田、草地、未利用地。

2. 旱地转入转出分析

1992~1995 年，旱地转出主要集中在水田、建筑用地、工矿用地、盐田、养殖水面、水库水面这几类景观。有大量草地转入为旱地，说明旱地对草地的侵蚀较为严重。1995~2000 年，旱地转出方向主要为建筑用地、盐田、水库水面及草地。主要转入的景观类型为草地、未利用地等，说明经济发展对旱地的破坏较为严重，旱地的开垦对自然景观的破坏较为严重。2000~2006 年，旱地主要转出为建筑用地、坑塘水面、水库水面等景观，主要转入景观为水田、部分草地及未利用地。2006~2010 年，旱地主要转出为水田、建筑用地、工矿用地、水库水面，主要转入景观为水田、草地及未利用地等。

3. 工矿用地转入转出分析

1992~1995 年，工矿用地主要转出为建筑用地、盐田，少部分因生态功能恢复转出为草地。转入为工矿用地的多为旱地、滩涂及草地。1995~2000 年，工矿用地转入以旱地、草地及未利用地为主，有部分工矿用地转出为建筑用地及草地。2000~2006 年，工矿用地转入以旱地、草地、滩涂、未利用地为主，转出则主要转化为盐田及未利用地。2006~2010 年，工矿用地转入以旱地、芦苇草地及未利用地为主，有部分工矿用地转出为建筑用地。

4. 未利用地转入转出分析

1992~1995 年，有大量未利用地转出为其他用地，其中主要转出为旱地、水库水面、滩涂、草地，主要景观转入为滩涂。1995~2000 年，未利用地主要转出为盐田、养殖水面、工矿用地、旱地、灌草地等，主要转入为滩涂、草地及河流水面。2000~2006 年，未利用地主要转出为旱地、建筑用地、盐田、滩涂等，主要转入为滩涂、草地等。2006~2010 年，未利用地主要转出为盐田、建筑用地、旱地、滩涂、灌草地等，主要转入为滩涂。

综上所述，1992~2010 年人工湿地、自然湿地、非湿地之间相互转换，总体趋势是：自然湿地转化为人工湿地较多，未利用地转化为建设用地较多。

本章小结

本章首先以配准后的四时相遥感影像数据为基础，应用归一化植被指数，研究了现代黄河三角洲植被覆盖和主要植被的动态变化，并对植被盖度进行了分级。结果表明，在过去 27 年间，植被覆盖面积、覆盖率呈增加趋势。植被以低盖度植被为主，高盖度植被所占面积较小，但高盖度植被覆盖面积逐年增加。现代黄河三角洲低盖度植被覆盖面积较大，反映了该区域生态环境较为脆弱的一面。芦苇植被面积从总体上是增加的，柽柳、碱蓬群落和农田植被的分布面积也呈逐年增加的趋势。受特大风暴潮影响，刺槐林面积出现较大波动。

之后，利用 1992 年、1996 年、2001 年、2005 年和 2008 年 5 期遥感影像，通过遥感与地理信息系统技术对黄河三角洲 1992~2008 年间土地覆被状况进行了解译，获取了土地覆被动态变化特征。研究结果表明，黄河三角洲海岸线的动态受到黄河来水来沙条件、黄河流路的位置、海洋动力的输沙作用、人为因素等众多因素的影响，在保持现有条件不变的情况下，将继续快速地扩展。1992~2008 年间，研究区域内土地覆被变化迅速而复杂，灌草地、耕地、裸地、水域和滩涂地的状态转换频繁，区域水资源条件和人类活动是区域土地覆被的最主要驱动要素，区域水资源条件和人类活动交替影响着土地覆被分布格局，当人类活动较为频繁时，水资源短缺的矛盾进一步突出，导致以垦荒为特点的人类活动减少；而当水资源条件改善后，垦荒活动又开始频繁。目前，黄河三角洲地区正处于人类活动频繁的时期。

最后，通过对 1992~2010 年间 5 期遥感影像的解译，探究了黄河三角洲湿地景观动态的变化特征。得到如下结论：研究区总面积呈波动增加趋势，这主要是由于黄河携带泥沙在河口淤积所致。总体来看，1992~2010 年间研究区湿地发生了明显的时间和空间变化，总体呈退化趋势。表现在以下几个方面：从一级湿地类型来看，人工湿地呈增加趋势，天然湿地呈减少趋势，非湿地呈基本稳定态势。这主要是由于部分天然的滩涂、芦苇等转化为人工的盐田、养殖水面等，尽管非湿地中大量未利用地转化为建设用地，但非湿地与湿地转化较少。从二级湿地类型来看，河流水面、水田、滩涂、灌草地、盐地碱蓬草地、芦苇草地及其他草地的面积总体呈减少趋势。盐田、水库水面、养殖水面的面积总体呈增加趋势。在非湿地中，旱地保持稳定，建筑用地持续增加，未利用地持续减少。而从整个区域景观格局来看，变化最明显的区域集中在研究区的北部、东部滨海地区以及中东部平原地区。北部及东部滨海地区景观变化显著的原因是人类对滨海地区草地、滩涂及未利用地的大量开发。中东部平原地区变化显著则由于该区域为东营市所在地，乃城市扩展所致。西部及南部多为耕地，景观变化不明显。

第七章

黄河三角洲湿地
生态功能价值核算与
生态补偿

　　湿地能够为人类提供多种物质产品。湿地具有重要的环境养护功能，在调蓄洪水、净化污染物、抵抗自然灾害、调节小气候等方面具有重要的价值。湿地也是重要的物种资源库，在维护生物多样性方面有重要意义。此外，湿地还能够提供科研、文化、娱乐等多种服务功能。湿地生态功能价值的评价研究是近年来湿地研究的一个重要方面。

第一节　湿地生态服务功能与生态补偿概况

一、湿地生态服务功能的概念与分类

1. 湿地生态服务功能的概念

　　生态服务功能的概念最早出现在 1971 年联合国大学发表的《人类对全球环境的影响报告》中，随后，Odum 等（1986）、Daily（1997）、Costanza 等（1997）、欧阳志云等（1999a）、张苹（2011）等学者也进行了相关研究。但由于生态服务功能是近些年来提出的新概念，历程短，尚未形成统一的认识。如 Daily（1997）在其主编的 *Nature's Services: Societal Dependence on Natural Ecosystems* 中，把生态系统服务定义为自然生态系统及其物种所提供的能够满足和维持人类生活需要的条件和过程；欧阳志云等（1999b）提出生态服务功能是指生态系统与生态过程所形成及所维持的人类赖以生存的自然环境条件与效用；张苹等人（2011）认为生态服务功能是指生态系统的自然过程和组分提供给人的产品和服务。总结前人的研究成果，本书认为湿地生态服务功能是指湿地生态系统的自然过程和组分提供给人的产品和

服务，即湿地生态系统发生的各种物理、化学、生物过程及其组分为人类提供的各种产品和服务。

2. 湿地生态服务功能的分类

湿地生态系统是一个复杂的非线性动态系统，影响因素众多，其内部各组成要素之间以及各要素与外部环境之间相互制约、相互影响，形成了丰富多样的生态系统服务功能（王宪礼等，1997；崔保山等，2001；武海涛等，2005；江春波等，2007）。

关于湿地生态服务功能的分类，国内外学者都有各自的划分体系。其中最有影响力的是美国生态学家 Costanza 等（1998）的划分，他将全球生态系统服务功能划分为 17 类：气体调节、气候调节、干扰调节、水分调节、水分供给、控制侵蚀和保持沉积物、土壤形成、养分循环、废弃物处理、授粉、生物控制、庇护、食物生产、原材料、基因资源、休闲、文化。这 17 类功能已经成为国内外学者进行生态服务功能评价的标准和参照，也被我国的一些学者所接受，如欧阳志云等（1999a）、蒋延玲等（1999）、陈仲新（2000）、韩维栋等（2000）、谢高地等（2001a）。其次是 Daily（1997）的划分体系，他认为自然生态系统的生态服务功能可以看作经济学理论中的 4 种资本（人力资本、金融资本、人造产品资本和自然资本）中的自然资本，指自然生态系统用来支持、弥补、满足人类生产、生活所需的产品和服务。他将生态系统服务分为 15 个类型，主要包括：物质生产、农业害虫的控制、产生和更新土壤和土壤肥力、植物授粉、废物的分解和解毒、缓解干旱和洪水、稳定局部气候、缓解气温骤变及风和海浪、支持不同的人类文化传统、提供美学和文化娱乐等。MEA（Millennium Ecosystem Assessment）工作组（2003）认为自然生态系统的主要生态服务功能由 4 类组成，即产品提供功能、调节功能、文化功能和支持功能。不同的生态系统所提供的服务功能在数量与种类上都有较大差异，其中被誉为

"地球之肾"的湿地，其服务价值在各类生态系统中居于首位（Cairns, 1977）。

我国许多学者也展开了湿地生态服务功能分类研究，各自形成了不同的分类体系。如吴玲玲等（2003）将长江口湿地生态服务功能划分为资源功能（成陆造地、物质生产等）、环境功能（大气调节、蓄水、净化水体、提供栖息地等）、人文功能（教学科研、旅游等）；崔丽娟（2004）将鄱阳湖湿地的生态服务功能分为涵养水源功能、调蓄洪水功能、调节气候功能、降解污染物功能、固定 CO_2 功能、释放 O_2 功能、控制侵蚀功能、保护土壤功能、营养循环和生物栖息地功能；陆健健等（2007）认为湿地生态系统所提供的服务主要包括物质生产、能量转换、水分供给、气候调节、气体调节、调蓄水量、水质净化、生物多样性保育、人文功能；许妍等（2010）将太湖湿地生态服务功能划分为生产与供给功能（渔业生产、植物生产、供水）、生态环境调节与维护功能（调节气候、净化水质、调蓄洪水、涵养水源、维护生物多样性）、文化社会功能（旅游休闲娱乐、科研教育）；张华等（2008）把辽宁省湿地生态服务功能划分为物质生产功能（湿地产品生产）、环境调节功能（大气调节、水分调节、污染净化、重要物种栖息地、消浪促淤护岸）、人文社会功能（旅游、教育科研）三大类；周葆华等（2011）把安庆沿江湖泊湿地各项生态服务功能大体分为3类：经济功能（如提供水资源、提供水产品、提供土地资源等）、环境功能（旅游休闲、调蓄洪水、净化水质、调节气候、提供生物栖息地等）、社会文化功能（教育、科研、文化等）。

综合上述国内外学者关于湿地生态服务功能的分类成果，可以看到，尽管各位学者划分的功能类型不尽相同，但大多集中在物质生产、大气调节、水体调节、生物栖息地、文化科研等方面。在借鉴前人研究成果的基础上，从研究区湿地的具体情况出发，将研究区湿地的生态服务功能分为：成陆造地、物质生产、气候调节、提供水源、调蓄洪水、降解污染物、保护土壤、提供生物栖息地、教育科研、旅游休闲10项。

二、湿地生态服务功能价值估算方法

关于湿地生态服务功能价值的量化，国际上目前尚未形成统一、规范、完善的评估标准（欧阳志云等，1999a；谢高地等，2001a；何浩等，2005）。现在使用的评估方法都源于生态经济学、环境经济学和资源经济学。常用的评估方法有：直接市场法，包括市场价值法、费用支出法、机会成本法、影子工程法、人力资本法等；揭示偏好与替代市场法，包括旅行费用法、防护费用法、享乐价格法等；还有模拟市场价值法、碳税法、造林成本法等（崔丽娟，2001；戴星翼等，2005）。由于这些方法各有优缺点（表7-1），所以分别适用于不同类型生态功能的价值核算（表7-2）。

表 7-1　生态服务功能价值主要评估方法对比分析

评估方法	优点	缺点
市场价值法	评估结果相对客观，得到较多专家公认，结论可信度高	对数据要求高，必须有足够的、全面的数据支持
费用支出法	便于操作，可以粗略地估算生态价值	费用统计必须全面
影子工程法	有些抽象的价值难以直接估算，这时可以某工程的价值替代，此方法便于解决难题	在选择替代工程时要慎重考虑，不同的工程替代，其替代效果和精度相差较大
旅行费用法	多用于估算游憩价值及其他无市场价格的生态价值	精度不如直接市场法
条件价值法	适用于缺乏实际市场和替代市场交换的商品的价值评估，能评价各种生态服务功能的经济价值，适用于对非实用价值占较大比重的独特景观和文物古迹价值的评价	与实际评价结果常出现重大偏差，调查结果的准确与否很大程度上依赖于调查方案的设计和被调查的对象等诸多因素，可信度低于替代市场法
碳税法	多用来评价湿地温室气体排放造成的环境负效应	需要对植物生物量做精确计算
生态价值法	由于该方法涉及多个经济指标，这些指标是变化的，所以评估结果随时间变化而变化	涉及多个经济指标

表 7-2　湿地生态功能、价值类型与评估方法

生态功能类型	价值类型	常用评估方法
物质生产	直接使用价值	市场价值法
休闲旅游	直接使用价值	费用支出法、旅行费用法
教育科研	直接使用价值	替代费用法
水文调节	间接使用价值	影子工程法、搬迁费用法、生产成本法
侵蚀控制	间接使用价值	替代费用法、机会成本法
调节大气组分	间接使用价值	碳税法、造林成本法、工业制氧影子法
净化水质	间接使用价值	恢复费用法、防护费用法、替代费用法
维持生物多样性	非使用价值	条件价值法、市场价值法、Shannon-Wiener 指数法
提供栖息地	非使用价值	条件价值法

通过分析比较可以看出，每一种生态服务功能的价值评估方法各有优缺点，都存在可行性和局限性，但总体来看，直接市场法的可信度高于替代市场法，而替代市场法的可信度又高于模拟市场法。故本章研究在选取评估方法时，遵循以下基本原则：首选直接市场法，若条件不具备则采用替代市场法，当两种方法都无法采用时，选择条件价值法等其他方法。

三、生态补偿

随着全球生态环境的不断恶化，生态补偿日益成为生态学、生态经济学等领域的研究热点。在过去 20 年里，国内外学者在生态补偿的概念、机制与模式、标准、效益评价等方面做了大量的研究。但是由于生态补偿研究具有很强的学科交叉性和

地域差异性，致使该研究方向尚存在较大分歧，还有待于进一步完善（赖力等，2008）。

关于生态补偿的概念，不同学者有不同的见解。如 Couperus 等（1996）认为生态补偿是指生态功能或质量受损的替代措施；Allen 等（1996）认为生态补偿是对生态破坏地的恢复；叶文虎等（1998）认为生态补偿是自然生态系统对由于社会、经济活动造成的生态环境破坏所起的缓冲和补偿作用；Xiong 等（2010）认为生态补偿是指对生态环境保护与经营的财政支付。

生态补偿机制和模式也是国内外学者研究的重点（Canters et al., 1999；Johst et al., 2002；Kleijn et al., 2004；Aschwanden et al., 2005；Blaine et al., 2005）。如刘桂环等（2006）研究了北京、河北、天津的流域生态补偿机制；Jenkins 等（2004）研究了墨西哥、巴西、哥斯达黎加的生态补偿模式。上述对于不同国家和地区生态补偿机制和模式的研究表明，政府虽然是生态效益的主要购买者，但是市场竞争机制在生态补偿政策的实施过程中发挥着越来越重要的作用。

生态补偿标准关系到生态补偿的效果及可行性，因此是生态补偿研究的核心。但是由于生态补偿标准的制定涉及生态经济学、环境管理学、区域地理学等相关理论和方法，并且与当地的生态环境水平、经济发展水平、公民生态意识等密切相关，所以至今尚没有统一的内涵和方法。如郑海霞（2006）认为生态补偿标准是成本估算、生态服务价值增加量、支付意愿、支付能力4个方面的综合。金蓉等（2005）认为，补偿标准取决于损失量（效益量）、补偿期限、道德习惯等因素。还有部分学者把生态系统服务价值作为确定生态补偿标准的依据，他们采取机会成本法、市场价格法、影子价格法等对生态系统服务价值进行评估，依据评估结果制定补偿额度（Johst et al., 2002；周晓峰等，2002；吴晓青等，2003；章锦河等，2005；鲍锋等，2005；顾岗等，2006；Wang et al., 2007）。如熊鹰等（2004）认为，湿地生态补偿额度应该以增加湿地的生态功能服务价值为上限，以农户损失的机会成本为下限。

生态补偿效益评价是验证补偿标准实施效果的重要手段。国外学者多运用 3S 技术、生态学模型等对生态补偿标准实施的资源环境效应和社会经济效益进行定量分析。如 Herzog 等（2005）和 Dietschi 等（2007）定量分析了生态补偿对生物多样性的影响；Morris 等（2000）和 Rodrigo 等（2006）定量分析了生态补偿对土地利用变化的影响；Pagiola 等（2005）定量分析了生态补偿对消除贫困的影响；在中国，关于生态补偿效益评价的研究正由定性向定量化方向发展（刘明远等，2006；郝春旭等，2010）。

生态补偿的研究对象有森林、矿区、流域、湿地等，其中对森林生态补偿的研究起步最早、最完善（杜受祜，2001；吴水荣等，2001；刘东林，2003）。湿地生态补偿相对于森林、矿区等生态补偿而言起步较晚，相关研究仍需进一步加强。目前研究内容主要包括湿地生态补偿机制（鲍达明等，2007；Emily et al., 2008）、补偿效益（Rubec et al., 2009）、补偿的决定因素等方面（Bendor et al., 2007）。而如何确定湿地生态补偿标准是湿地生态领域目前亟待解决的问题之一。

第二节 基于生态功能价值损失的生态补偿标准

第六章第四节中我们选取了 1992 年、1995 年、2000 年、2006 年和 2010 年 5 期 Landsat5 TM 和 Landsat7 ETM+ 遥感影像作为数据源，通过对遥感影像进行几何校正、波段组合、图像增强等处理，识别出每种湿地类型的色调、纹理、形状等解译标志。采取面向对象的分类方法，利用 ERDAS 软件对研究区的湿地进行自动分类。为了提高自动分类的精度，又利用人工目视解译的方法，通过 Arcmap 软件对湿地自动分类结果进行修改、细化与补充，从而得到 1992 年、1995 年、2000 年、2006 年和 2010 年 5 期湿地类型、面积、植被类型及其时空变化等数据信息，为湿地生态功能价值的估算和生态补偿标准的制定提供了可靠的数据来源（韩美，2012）。

生态功能价值估算是制定生态补偿标准的前提。为保证生态功能价值估算的客观性，首先本着尽量减少各功能之间交织重叠的原则，对研究区湿地的生态服务功能进行分类和识别。然后，依据每种功能的特点分别选择直接市场法（包括市场价值法、费用支出法、机会成本法、影子工程法、人力资本法等）、揭示偏好与替代市场法（包括旅行费用法、防护费用法、享乐价格法等）、模拟市场价值法（包括条件价值法、碳税法和造林成本法）等对湿地的成陆造地、物质生产、气候调节、调洪蓄水、污染降解、盐碱地改良等生态功能的价值进行量化，不同功能选用不同的量化方法。通过计算得到湿地每种生态功能的价值、各种生态功能总价值及单位面积价值，再将所得结果与国内外同类研究结果进行比较分析，验证结果可信度。依据计算结果确定湿地生态补偿标准。

一、黄河三角洲湿地生态功能价值估算

（一）气候调节功能的价值

1. 吸收 CO_2、释放 O_2 的价值

湿地既能吸收 CO_2、释放 O_2，又能排放 CH_4、NO_2，该价值既有改善气候的价值，又有恶化气候的负价值。估算这类价值的方法较多，如碳税法、造林成本法、工业制氧影子法等（侯元兆等，1995；薛达元，1999；李建国等，2005 苏敬华，2008）。

（1）估算方法：常用的有 3 种。

碳税法　碳税法是各国为减少温室气体排放，对温室气体排放者，尤其是 CO_2 的排放者实施的税收。其计算步骤是：首先利用光合作用方程，用干物质产量换成湿地植物固定 CO_2 的量，然后按国际规定的碳税率，计算湿地固定 CO_2 的价值（薛达元，1999）。我国大多数学者采用《中国生物多样性国情研究报告》所公布的瑞典碳税率，即 150 美元 /t(C)，以 2004 年不变价格计算，折合成人民币为 1 242 元 /t(C)。固定 CO_2 的价值根据碳税法计算，公式为：

$$吸收 CO_2 的价值 =1.62 × 净生产力 × 相应的湿地面积 × 碳税率$$

造林成本法　造林成本法即用营造吸收同等数量 CO_2 的林地所花费的成本来代替其他方式吸收 CO_2 的功能价值，目前采用的中国造林成本为 250 元 /t(C)。

绿色植物在光合作用中吸收 CO_2 和水，并将其合成转化为自身的有机物质，从而使碳素固定在植物体内，同时释放出氧气，其方程式为：

$$6CO_2+12H_2O \xrightarrow{光合作用} C_6H_{12}O_6+6O_2+6H_2O \longrightarrow 多糖$$

由上面的公式可算出，湿地植物每生产 1 g 干物质，吸收 1.62 g CO_2，放出 1.2 g O_2。吸收 CO_2、释放 O_2 的功能取决于相应的生产力，一般根据蓄积量计算生物量，然后乘以生长率计算出相应的生产力（苏敬华，2008）。

以造林成本法为依据，固定 CO_2 的价值可用下式计算：

固定 CO_2 的价值 =1.62× 净生产力 × 相应的湿地面积 × 造林成本价

工业制氧影子法 工业制氧影子价格（侯元兆等，1995），是根据光合作用反应方程式得出生态系统释放 O_2 的量，再结合工业制氧的成本价格（目前国内采用 0.4 元 /kg）进行计算的，公式如下：

释放 O_2 的价值 =1.2× 净生产力 × 相应的湿地面积 × 生产成本价

（2）主要湿地的生物量：计算黄河三角洲湿地吸收 CO_2、释放 O_2 的价值，首先需要对主要湿地类型的植物生物量进行计算。黄河三角洲湿地类型较多，但面积较大、对气候改善作用较强的湿地是灌草地、芦苇湿地、稻田、碱蓬湿地等。以下对这 4 种主要湿地的生物量进行计算。

灌草地生物量 主要有灌木柽柳、绵柳（*Wendlandia longidens*）等，还有草本如大麦草（*Hordeum* Linn.）、蒿、野大豆、大茅草、劲草等，总计约 17 845.77 hm^2。因黄河三角洲湿地位于黄河下游，海拔低，水分供应充足，灌草地生长茂盛，适合选取日本内岛所提出的生物量计算模型——CHIKUGO 模型：

$$NPP=0.29\exp^{(-0.216(RDI)2)}*Rn$$

式中：NPP 是植被的净第一性生产力 $t/(hm^2 \cdot a)$；RDI 为辐射干燥度（$RDI= Rn/Lr$；L 为蒸发潜热 J/g，且 $L=2\,507.4-2.39\,t$，r 为年降水量 cm/a）；Rn 为陆地表面所获得的净辐射量 $kcal/cm^2$。

查阅气象资料可知，黄河三角洲多年平均太阳辐射量为 128 $kcal/cm^2$。因大气吸收、反射、散射和地面反射的影响，削弱了到达地面的太阳辐射。就全球平均状况而言，到达地面的太阳辐射只占平均太阳辐射的 35%，以这个百分数计算黄河三角洲太阳净辐射量大约是 44.87 $kcal/cm^2$。另外，气象资料表明，研究区多年平均降水是 592.2 mm，多年平均气温是 11.9℃。

$$RDI= Rn/Lr= Rn/(2\,507.4-2.39\,t)r =1.28$$

大量实例表明，对于辐射干燥度 RDI 小于 4 的区域来说，适合选择内岛模型，用该模

型计算的结果是 NPP=9.16 t/(hm^2·a)。该区域 5 期灌草地平均面积为 17 845.77 hm^2，得出灌草地每年平均生物量为 46 997 t。

芦苇生物量　根据黄河三角洲自然保护区管理局每年收割芦苇的情况，芦苇年生产力为 7.9 t/ hm^2。该区域 5 期芦苇地的平均面积为 41 212.47 hm^2，芦苇每年平均生物量为 325 574.8 t。

水稻生物量　研究区稻田湿地分布较集中，主要有三大块，分别位于辛安水库、孤河水库和孤东水库周围。5 期稻田湿地平均面积为 30 733.12 hm^2。对稻田选取 100 cm×100 cm 的样方进行调查，并进行生物量试验分析，得出稻田湿地生物量为 6.88 t/hm^2，研究区稻田湿地的总生物量为每年 211 443.87 t。

碱蓬生物量　根据以往对黄河三角洲植被的研究，碱蓬每年的生产力为 6.22 t/hm^2，5 期碱蓬湿地的平均面积为 7 537.41 hm^2，总生物量为 46 882.75 t。

草甸生物量　黄河三角洲 5 期解译结果显示，草甸平均面积为 13 927.06 hm^2，草甸每年的生产力为 6.01 t/hm^2，总生物量为 83 701.63 t。

林地生物量　从黄河三角洲 5 期解译结果的数据来看，研究区平均林地面积为 6 942.05 hm^2。参考张希彪和上官周平（2005）的成果并结合以往的研究得出，林地每年平均单位面积生物量为 5.7 t/ hm^2，整个研究区每年的林地总生物量为 39 570 t。

汇总上述各主要湿地类型的生物量得出，黄河三角洲主要湿地类型每年植物生物量为 754 170.05 t。

根据光合作用方程式，生产 1 g 干物质，吸收 1.62 g CO$_2$，释放 1.2 g O$_2$，也就是生产 1 g 干物质，固定纯 C 量为 0.44 g。研究区湿地每年释放 O$_2$ 和固定 CO$_2$ 的价值为：

固定 CO$_2$ 的总价值 = 总生物量 ×0.44× 碳税率 = 754 170.05 t×0.44×1 242 元 /t = 4.12 亿元。

其中，灌草地固定 CO_2 的价值 $= 46\,997\,t \times 0.44 \times 1\,242$ 元 $/t = 0.26$ 亿元；

芦苇湿地固定 CO_2 的价值 $= 325\,574.8\,t \times 0.44 \times 1\,242$ 元 $/t = 1.78$ 亿元；

水稻湿地固定 CO_2 的价值 $= 211\,443.87\,t \times 0.44 \times 1\,242$ 元 $/t = 1.16$ 亿元；

碱蓬湿地固定 CO_2 的价值 $= 46\,882.75\,t \times 0.44 \times 1\,242$ 元 $/t = 0.26$ 亿元；

草甸湿地固定 CO_2 的价值 $= 83\,701.63\,t \times 0.44 \times 1\,242$ 元 $/t = 0.46$ 亿元；

林地固定 CO_2 的价值 $= 39\,570\,t \times 0.44 \times 1\,242$ 元 $/t = 0.22$ 亿元。

释放 O_2 的总价值 $=$ 总生物量 $\times 1.2 \times$ 单位 O_2 的价值 $= 754\,170.05\,t \times 1.2 \times 0.4$ 元 $/kg \times 10^3 = 3.62$ 亿元。

其中，灌草地释放 O_2 的价值 $= 46\,997\,t \times 1.2 \times 0.4$ 元 $/kg \times 10^3 = 0.23$ 亿元；

芦苇湿地释放 O_2 的价值 $= 325\,574.8\,t \times 1.2 \times 0.4$ 元 $/kg \times 10^3 = 1.56$ 亿元；

水稻湿地释放 O_2 的价值 $= 211\,443.87\,t \times 1.2 \times 0.4$ 元 $/kg \times 10^3 = 1.01$ 亿元；

碱蓬湿地释放 O_2 的价值 $= 46\,882.75\,t \times 1.2 \times 0.4$ 元 $/kg \times 10^3 = 0.23$ 亿元；

草甸湿地释放 O_2 的价值 $= 83\,701.63\,t \times 1.2 \times 0.4$ 元 $/kg \times 10^3 = 0.40$ 亿元；

林地释放 O_2 的价值 $= 39\,570\,t \times 1.2 \times 0.4$ 元 $/kg \times 10^3 = 0.19$ 亿元。

2. 温室气体排放损失的价值

湿地植被一方面吸收 CO_2、释放 O_2，对气候具有改善作用；另一方面又排放 CH_4、NO_2 等温室气体，对气候有负面影响。CH_4 的排放量较 NO_2 大得多，而且以芦苇湿地和稻田湿地排放为主。所以，这里主要计算芦苇湿地和稻田湿地排放 CH_4 造成的价值损失。参考肖笃宁等（2001）的成果，芦苇湿地排放 CH_4 的通量平均为 $0.52mg/(m^2 \cdot h)$，研究区 5 期芦苇湿地的平均面积为 $41\,212.47\,hm^2$，得出 CH_4 的排放总量为 74.62 万 kg C，即 99.52 万 kg CH_4。

采用闫敏华等（2000）对北方稻田 CH_4 排放量的研究结果，稻田湿地 CH_4 排放的平均通量为 $2.984\,mg/(m^2 \cdot h)$，研究区 5 期平均稻田面积为 $30\,733.12\,hm^2$，得出 CH_4 的排放总量为 17.54 万 kg C，即 21.99 万 kg CH_4。

对上述计算结果进行综合后可见，研究区湿地（主要包括芦苇湿地和稻田湿地）每年 CH_4 排放量为 92.16 万 kg C。采用 Pearce 等人在对气候变化的经济学分析中提出的指标来估算 CH_4 排放造成的价值损失，即采用 0.11 \$ /kg。按 1 美元兑换 7 元人民币计算，那么，由于湿地排放 CH_4 而造成的价值损失为 70.97 万元。其中芦苇 CH_4 排放造成的经济损失为 57.46 万元，稻田 CH_4 排放造成的经济损失为 13.51 万元。

3. 气候调节功能的价值

固定 CO_2 和释放 O_2 的价值，减去温室气体排放损失的价值，即为该区域湿地的气候调节功能价值。黄河三角洲湿地每年气候调节功能价值为 7.74 亿元。

（二） 蓄水调洪功能的价值

湿地具有巨大的涵养水源的生态功能，并且对于均化河川径流、防止洪涝和干旱灾害具有重要的作用。计算水文调节功能价值的方法较多，常用的估算方法有生产成本法、搬迁费用法、影子工程法等（崔丽娟等，2006）。

1. 估算方法

（1）影子工程法：影子工程法就是用建设一项具有相同生态功能的工程的造价来替代湿地的某项生态功能价值的方法，如在计算湿地涵养水源的价值时，建相同容积水库的投资，即为该湿地生态系统涵养水源功能的价值。公式如下：

$$V = C \times \sum (S_i \times D_i)$$

式中：V 为涵养水源的价值；C 为单位蓄水量的库容成本；S 为第 i 种湿地类型的面积；D 为第 i 种湿地类型的蓄水深度；$\sum (S_i \times D_i)$ 为总蓄水量，即水分调节量。

按照影子工程法，把调水总量和单位蓄水量的库容成本相乘，便得到研究区湿地的涵养水源功能价值量。该方法简洁直观，通过替代工程造价直接反映价值，运用较广泛。

（2）生产成本法：生产成本法即按照生产某种生态产品所花费的成本来定价的方法（任志远，2003）。通常用来估算由洪水导致的农田损失。公式如下：

$$V = C \times P \times S$$

式中：V 为防洪功能价值；C 为当地多年单位质量农产品的平均生产成本；P 为单位农田面积的农产品产量；S 为由于洪水受灾的农田面积。

（3）搬迁费用法：搬迁费用法是指假设在没有湿地的情况下，为防止洪水带来损失，用搬迁住户所需要的费用当作湿地蓄水调洪的价值（辛琨，2009）。

上述生产成本法和搬迁费用法的资料来源为当地的相关统计资料，结果不够准确，通用性较差，而影子工程法简洁直观，具有通用性，是水文调节功能研究的主要方法。因此，采用该方法对研究区湿地的蓄水调洪功能进行价值估算。

2. 各类湿地的蓄水调洪价值

在黄河三角洲各湿地类型中，水库、稻田和芦苇沼泽湿地的蓄水调洪功能较大，下面重点计算这几类湿地的蓄水调洪功能的价值。

（1）稻田和芦苇湿地调洪的价值：由遥感解译得出，研究区 5 期芦苇湿地和稻田湿地的平均面积分别为 41 212.47 hm² 和 30 733.12 hm²，这两类湿地对均化洪水起着重要作用。根据孟宪民（1999）的研究，每 hm² 沼泽湿地或稻田湿地可蓄水 8 100 m³，得出稻田和沼泽湿地总蓄水量为 5.83 亿 m³。用存储相同体积的洪水所需的工程造价来估算该功能价值。公式为：

$$Q_t = V_t \times t$$

式中：Q_t 为湿地调洪的价值；V_t 为湿地蓄存水的数量；t 为淹没 1 m³ 库容的投入成本。

单位蓄水量库容成本按 1992~2010 年多年平均价，每建设 1 m³ 库容需投入成本 2.8 元 / m³。

依据影子工程法，湿地调洪价值＝调水总量 × 单位蓄水量库容成本＝5.83（亿 m³）× 2.8（元 / m³）＝ 16.32 亿元。

其中芦苇湿地的价值为 9.35 亿元，稻田湿地的价值为 6.97 亿元。

（2）水库蓄水的价值：黄河三角洲内库容 500 万 m³ 以上的平原水库有 14 座，总库容为 40 157 万 m³。库容 500 万 m³ 以下的水库主要分布在垦利区和河口区，其中垦利区有 17 座，总库容为 3 490 万 m³；河口区 3 座，总库容为 1 000 万 m³。研究区内水库总蓄水量为 44 647 万 m³。

按照影子工程法，水库蓄水的价值＝蓄水总量 × 单位蓄水量库容成本＝ 44 647（万 m³）× 2.8（元 /m³）＝ 12.5 亿元。

（3）蓄水调洪功能的价值：研究区内湿地所提供的蓄水调洪价值用稻田和芦苇沼泽湿地的调洪价值和水库蓄水价值之和来近似代替，为 28.82 亿元。

（三）提供水源功能的价值

黄河三角洲水资源包括当地水资源和客水资源，其中来自黄河的客水资源占水资源总量的 90% 以上，来自当地地下水的不足 10%。所以对研究区供水功能价值的评估主要选取客水资源。目前，黄河三角洲每年工业用水 2.9 亿 m³，按工业用水的成本价格 1.8 元 /t 计算，供给水源的价值可达 5.22 亿元；生活用水 1.0 亿 m³，按生活用水的价格 1.4 元 /t 计算，供给水源的价值可达 1.4 亿元；农业灌溉用水 7.4 亿 m³，按农用水的价格 0.5 元 /t 计算，供给水源的价值可达 3.7 亿元。

因此，工业、农业、生活 3 类供水的总价值为 10.32 亿元。扣除 10% 的地下水价值，得到湿地供水价值为 9.29 亿元。

（四）生物栖息地功能的价值

生物栖息地功能属于生态系统的非使用价值，生物栖息地价值的量化在世界上仍是一个难题，目前使用较多的方法有替代法、条件价值法（权变估值法）、生态价值法、Costanza 成果参数法、费用效益分析法、香浓－威纳指数法等。其中香浓－威纳指数法更适用于对森林生物栖息地功能的价值估算（Simpson, 1949；Pielou, 1975；赵慧勋，1990；Hanemann, 1994；洪伟等，1999；蒋卫国等，2012），因此，本次计算不考虑使用该方法。

权变估值法（CVM），也叫条件价值法、调查法或假设评估法，是一种直接调查方法，适用于没有实际市场交换的生态效益价值评估，可以评估各种环境效益的经济价值（辛琨，2001；鞠美婷等，2009）。它是在假设市场存在的情况下，通过调查或问询群众对某一生态系统服务的支付意愿（WTP）或对某种生态系统服务损失的接收赔偿意愿（WTA）来估计其经济价值，计算公式如下（欧阳志云等，1999a；庄大昌，2006）：

$$WTP = \sum_{i=1}^{k} AWP_i \frac{n_i}{N} \bullet M$$

式中：WTP 是被调查者对湿地功能的总支付或总接受意愿；AWP_i 为被调查者第 i 水平的支付或接受意愿；n_i 为所有被调查者中支付或接受意愿为 AWP_i 的人数；N 为被调查者总数；M 为被调查地区的居民总数。

这种方法与被调查者的主观意愿直接相关，由于身份偏差、理解偏差、奉承偏差、隐私偏差、样本偏差等方面的误差存在，人们对于湿地生态服务功能的支付意愿往往很不稳定，在调查时需要大量的样本，并且需要较大的调查经费和较长的调查时间，因此操作起来比较困难，容易出现偏差。

替代法是用建设和维护保护区的费用来替代该区作为生物栖息地功能价值的方法。黄河三角洲湿地的生物栖息地功能主要体现在黄河三角洲自然保护区内，自然保护区的建设和维护费用易于获取，因此，在计算时采用替代法。

黄河三角洲自然保护区始建于 1990 年，1992 年被国务院批准为国家级自然保护区。保护区面积为 153 000 hm², 区内有野生植物 393 种、各类野生动物 1 542 种。根据《黄河三角洲自然保护区科学考察集》《东营生态市建设总体规划》《黄河三角洲自然保护区规划》等资料,结合黄河三角洲自然保护区管理局提供的数据,自然保护区内基本建设投资的历年累计额为 10.6 亿元。由于受人们支付能力的限制,投资数额不能代替栖息地的真正价值,因此,需运用生态价值法对估算结果进行修正。根据李金昌等人的研究,发展阶段系数计算公式(即 R·Pearl 生长曲线的简化形式)如下:

$$k = 1/(1+e-t)$$

式中:k 为发展阶段系数;e 为自然对数的底;t = T–3 = 1/En–3(T 为恩格尔系数的倒数)。

根据东营市近几年国民经济和社会发展统计公报,东营市恩格尔系数为 0.295,处于富裕阶段。自然保护区也采用这个数值,通过计算得出发展阶段系数为 0.60,即自然保护区内基本建设投资额只占生物栖息地功能的 60%,因此黄河三角洲湿地生物栖息地功能价值为 17.67 亿元。

(五)成陆造地功能的价值

众所周知,黄河含沙量居世界首位,河口不断淤积致使三角洲面积不断向海延伸,成陆造地功能成为黄河三角洲湿地特有的功能。对成陆造地的价值采用市场价值法进行评估,其计算公式为:

成陆造地的价值 = 当地土地使用权转让价格 × 每年造地面积

根据东营市土地利用现状及潜力分析,东营市沿海新增加的土地使用权转让价格为 4 500~15 000 元 /hm², 取其平均值 9 750 元 /hm², 近 20 年来每年新增土地面积平均约 1 250 hm², 所以每年造地价值为:

每年造地价值 = 新增土地面积 × 每 hm² 土地使用权平均转让价格 = 1 250 hm² × 9 750 元 / hm² = 0.12 亿元。

该结果暂不考虑由于黄河断流或径流量减少引起海岸侵蚀而造成的损失。

（六）物质生产功能的价值

湿地的物质生产功能主要是指为人类提供粮食、鱼类、原盐、药材等动植物产品的能力。评价指标因地而异，通常包括淡水产品、木材产品、芦苇产品、盐、海沙等。数据获取一般来自研究区各年物质产量资料、物价年鉴等。这些自然资源大都可以进行市场交换，通常采用市场价格法。计算方法如下（辛琨，2001；鞠美婷等，2009）：

$$V = \sum Y_i \bullet P_i - \sum W_i - \sum R_i$$

式中：V 为湿地产品的价值；Y_i 为第 i 类产品的产量；P_i 为第 i 类产品的市场价格；W_i 为生成第 i 类产品的物质成本投入；R_i 为生成第 i 类产品的人力成本投入。

目前，多数学者在采用市场价值法对湿地生产功能价值进行评估时，不考虑物质和人力成本的投入，一般采用以下公式（辛琨，2009）：

$$V = \sum Y_i \bullet P_i$$

式中：Y_i、P_i 为第 i 类产品的产量、市场价格。

张华等（2008）计算湿地生态系统的物质产品功能时，主要统计了水产品（海水产品、淡水产品）、芦苇、原盐 3 项的产量和市场价格。江波等（2011）在计算海河流域湿地提供的产品功能价值时，采用了水电、淡水产品、芦苇产品和生活、生产及生态用水 4 项评价指标。

市场价格法的优点是易于操作，并且能直接体现在收益账户上，令人一目了然，应用普遍。但是该方法也存在着较大的不足，它受到市场政策中价格剪刀差的影响，比实际价值偏低。并且，该方法只考虑了生态系统的直接经济效益，或者说只考虑了有形商品的价值，没有考虑生态系统的间接效益，或者说没有考虑无形交换的服务价值。

依据黄河三角洲湿地的物质生产种类，选取水产品、芦苇、牧草和原盐 4 种主要产品，采用市场价值法进行价值估算。由于湿地每年的产品、产量、价格波动较大，难以获得可靠的数据资料。查阅了东营市历年统计年鉴，并对当地的水产养殖专业户及盐场做了问卷调查，最终估算出主要物质生产功能的总价值为 36 亿元 /a。其中水产品在整个物质生产功能价值中所占的比重最大，为 18 亿元 /a，占 50%。其他产品的价值分别为芦苇 1 亿元 /a、牧草 2 亿元 /a、原盐 15 亿元 /a。

（七）降解污染物功能的价值

湿地中的水生植物能减缓水流速度，有利于水中溶解和携带污染物的沉降。植物的根茎还能吸附污染物，所以湿地具有减少环境污染的作用，被誉为地球之肾。计算湿地的净化功能通常用替代费用法、恢复费用法、防护费用法等。

1. 替代费用法

利用替代费用法时，可根据公式（庄大昌等，2009）：

$$L = C_i \times V_i$$

式中：L 表示净化水质的价值；C_i 为单位污水处理成本；V_i 为湿地每年接纳周边地区的污水量。

2. 恢复费用法

恢复费用法是指生态系统遭受破坏以后，要付出相当的费用来将生态系统恢复，我们用恢复生态系统的费用来替代生态系统提供的服务功能的大小（蒋菊生，2001）。

3. 防护费用法

防护费用法是用保护某生态系统或某生态功能不被破坏而投入的费用来作为评

估生态价值的方法。该方法最早出现在环境经济学中，主要用来预算环保投资（李金昌，1999）。防护费用法体现了预防原则，有利于决策者采取有效措施预防生态环境的破坏或者环境质量的下降，体现了人们为了防止生态环境遭到破坏等的支付意愿。该方法相对简单，但是在假定生态环境遭到破坏或者环境质量下降的情况下进行估算的，所以结果的真实性和准确性较低。

研究区各类型自然湿地和人工稻田湿地对污染物的降解和吸收能力较强。降解污染物价值的估算最终选用替代费用法，即根据污水处理厂净化主要污染物的总花费和湿地对主要污染物的去除率来估算湿地降解污染物的价值。本研究借用谢高地等（2001b）的研究结论，即单位面积湿地废物处理功能的价值为 16 086.6 元 /(hm^2 · a)。

研究区 5 期平均自然湿地面积为 167 831 hm^2，人工湿地中稻田湿地面积为 30 733.12 hm^2，降解污染物功能的价值为：

降解污染物功能的价值 =16 086.6 元 /(hm^2 · a) × (167 831 hm^2+30 733 hm^2) =31.94 亿元 /a

其中，自然湿地该项功能的价值为 27 亿元，稻田湿地该项功能的价值为 4.94 亿元。

（八）保护土壤功能的价值

湿地保护土壤的功能体现在减少水土流失和土壤肥力丧失两方面（辛琨，2009）。通常采用机会成本法和替代费用法进行计算（任志远，2003）。对于黄河三角洲湿地来讲，由于地势平坦，土壤盐碱化严重，所以湿地保护土壤的价值主要体现在防止土壤肥力流失方面，因此主要运用替代费用法来计算湿地保护土壤肥力的价值。选取易溶于水或容易在外力作用下与土壤分离的氮、磷、钾等养分来进行计算。

黄河三角洲土壤养分含量平均值：全氮 0.05%，全磷 0.06%，全钾 2.65%（田家怡等，1999b）。2010 年山东省农科院对黄河三角洲湿地养分含量监测结果为全氮 0.05%，全磷 0.06%，全钾 2.64%。

借用崔丽娟（2004）的成果，湿地保护土壤的价值 = 土壤流失量 × 土壤中氮、磷、

钾的百分比 × 氮、磷、钾肥的价格。流失的土壤重量等于每年废弃的土地面积乘以土壤厚度再乘以土壤层容重，即土壤侵蚀总量乘以土壤层容重。

研究经验表明，由于湿地对土壤的保护作用而减少的土壤侵蚀量可以用草地中等侵蚀深度 25 mm/a 来替代。遥感解译结果表明，研究区 5 期自然湿地的平均面积为 167 831 hm^2，5 期稻田湿地的平均面积为 30 733.12 hm^2，取土壤容重 1.3 g/cm^3，可按下式算出流失的土壤重量：

流失的土壤重量 = 侵蚀深度 × 湿地面积 × 土层容重 = 25 mm/a × (30 733.12 hm^2 +167 831 hm^2) × 1.3 g/cm^3 ≈ 64.53 × 10^6 t

根据农业部门和物价部门的相关资料，2004 年氮、磷、钾肥的均价大约为 366.67 元 /t（何浩等，2005）。由于物价上涨幅度较大，近几年氮、磷、钾肥的平均价格升至 720 元 /t 左右，则湿地每年减少土壤肥力流失的价值 = 流失的土壤重量 × 氮、磷、钾含量 × 氮、磷、钾肥均价 = 64.53 × 10^6 t × 2.755% × 720 元 /t ≈ 12.80 亿元。

其中自然湿地该项功能的价值为 11.08 亿元，人工湿地中稻田湿地的价值为 1.72 亿元。

（九） 教育科研功能的价值

湿地独特的生境和重要的价值引起了科技工作者的高度关注，同时许多湿地也成为科普教育的基地。它不仅是地理、环境、生态等科学的重要研究对象，而且可作为教学实习基地、科普基地、环境保护宣传教育基地等。教育科研价值的估算大多采用替代费用法，用科研投入和教育投入的经费来代替这部分生态价值的大小，公式如下（鞠美婷等，2009）：

科研教育价值 = 科研经费投入 + 教育经费投入（王蕾，2009）

对于一些开发较晚的自然湿地，在科研、教育没有全面展开、经费投入缺乏统计的情况下，不能使用替代费用法，这时常用成果参数法，借用 Costanza 等（1998）的成果，即湿地的科研教育价值为 881 美元 /hm^2。其计算公式为：

$$V_t = P \times S$$

式中：V_t 为研究区每年科研服务的价值；P 为每年投入单位面积湿地的研究经费，取值 881 美元 /hm²；S 为保护区的总面积。

黄河三角洲湿地的教育科研功能主要集中在黄河三角洲国家级自然保护区内，其科研价值可分为基础研究价值、应用开发价值和国际研究价值。教育价值主要体现在教学实习价值、出版物价值以及野视产品价值 3 个方面。由于缺乏具体的统计数据，在本研究中，取我国单位面积湿地生态系统的平均科研价值和 Costanza 等（1998）对湿地生态系统科研教育评估价值的平均值作为本次研究区湿地的科研教育价值。根据陈仲新等（2000）的研究，我国湿地生态系统的教育科研价值大约为 382 元 /hm²，全球大约为 861 美元 /hm²，二者平均值为 3 755.54 元 /hm²，黄三角自然保护区面积为153 000 hm²，则教育科研价值为 5.75 亿元。

（十） 旅游休闲功能的价值

湿地物种丰富，气候湿润，景观优美，具有很好的旅游休闲功能。前人一般运用旅行费用法和费用支出法（苗苗，2008；董金凯等，2012）评估其旅游休闲价值。

旅行费用法就是利用游客的实际消费额来确定湿地旅游休闲功能的价值（Grayson et al., 1999；李文华等，2002）。旅游休闲功能的价值分为旅游花费、旅行时间花费和其他附属费用（钱莉莉，2011）。旅行费用法需要通过询问大量游客来调查其消费情况，此方法对旅行费用很低或者只作参观的景点不适宜。

费用支出法就是用旅游者对某种自然景观的总费用支出来替代旅游休闲功能的价值。例如苗苗（2008）运用费用支出法估算了辽宁省滨海湿地的旅游休闲价值，用游客费用支出的总和（交通、食宿、门票费等）作为景观旅游休闲功能的价值。

黄河三角洲湿地拥有河海交汇、湿地生态、滨海滩涂等丰富秀丽的自然风光，具有较高的美学价值。但是由于黄河三角洲旅行费用较低，所以适合采用费用支出法估算其作为景观旅游休闲服务功能的价值，其公式为：

旅游休闲价值＝旅行费用支出＋消费者剩余＋旅游时间价值＋其他花费

2001~2010 年，东营市共接待游客 1 720 万人次，旅游总收入 91.8 亿元。其中，国外游客 25 000 人次，国际旅游外汇收入 2 850 万美元；国内游客 1 717.5 万人次，国内旅游总收入 90 亿元。与湿地相关的景点，特别是黄河口生态旅游的人数占整个东营市游客总数的 70% 左右，湿地旅游收入也按这个比例进行计算，得出黄河三角洲湿地每年由旅游休闲功能所创造的价值为 6.58 亿元。

二、黄河三角洲湿地生态功能的总价值与验证

（一）湿地生态服务功能的总价值

通过对上述几种服务功能的价值评估，得出黄河三角洲湿地生态服务功能总价值为 160.71 亿元。各功能的价值量、所占比例及估算方法见表 7-3。

表 7-3　黄河三角洲各项湿地生态服务功能价值统计表

湿地功能	计算方法	价值量 / 亿元	占全部价值比例 /%
成陆造地功能	市场价值法	0.12	0.17
物质生产功能	市场价值法	36.00	22.95
气候调节功能	碳税法	7.74	4.93
提供水源功能	市场价值法	9.29	5.92
蓄水调洪功能	影子工程法	28.82	18.37
降解污染物功能	成果参数法	31.94	20.36
保护土壤功能	替代法	12.80	8.16
生物栖息地功能	生态价值法、替代法	17.67	11.27
教育科研功能	成果参数法	5.75	3.67
旅游休闲功能	费用支出法	6.58	4.20
总计		156.71	100

从表 7-3 可知，在评估的各项生态服务功能中，以物质生产功能和降解污染物功能的价值最大，分别占总价值的 22.95% 和 20.36%；其次是蓄水调洪功能和生物栖息地功能，分别占总价值的 18.37% 和 11.27%。说明黄河三角洲湿地的生态服务功能以物质生产、蓄水调洪、降解污染、生物栖息为主，以气候改善、保护土壤、旅游休闲、教育科研、成陆造地等功能为辅。

（二）湿地生态服务功能价值估算结果验证

在上述价值估算过程中，依据各种湿地不同的功能特点和作用机理，采取了不同的评估方法，得出的结果是黄河三角洲湿地总价值为 156.71 亿元。为了验证该结论的可信性，以下再利用 Costanza（1998）提出的生态服务功能价值估算公式对黄河三角洲湿地生态服务功能总价值进行估算。Costanza（1998）的生态服务功能价值估算公式为：

$$V = \sum_{i=1}^{n} P_i \times A_i$$

式中：V 为黄三角湿地生态服务功能总价值（元）；P_i 为第 i 类湿地类型单位面积的生态服务功能总价值（元 /hm²）；A_i 为研究区内第 i 类湿地的面积（hm²）；n 为湿地类型数目；P_i 采用谢高地等制定的中国陆地生态服务功能单位面积价值 55 489 元 / hm²（郭健等，2006）。

研究区 5 期平均湿地总面积（包括人工湿地和天然湿地）为 269 656.7 hm²，通过计算得出研究区湿地生态服务功能总价值为 149.66 亿元。可以看出这个结果与上述总价值为 156.71 亿元的结果比较接近，说明采取的评估方法是可行的。

1. 研究区湿地生态服务功能价值与中国及全球的比较

据郭健等（2006）的研究，全球湿地单位面积生态服务功能价值为 55 420 元 /hm²，中国湿地单位面积生态服务功能价值为 55 489 元 /hm²。黄河三角洲湿地面积为 269 656.7 hm²，即 2 696.567 km²，生态服务功能价值 15.671 × 10⁹ 元，单位面积生态服务功能价值为 58 115 元 /hm²。由此可见，黄河三角洲湿地的单位面积生态服务功能价值略高于全球和全国的平均水平。

2. 研究区不同湿地类型的生态服务功能价值

　　黄河三角洲湿地生态系统中不同湿地类型都具有其特殊的生态效益，各类型湿地生态服务功能价值见表 7-4 所示。

表 7-4　黄河三角洲不同类型湿地生态服务功能价值量

湿地类型及功能价值	天然湿地						人工湿地				
	河流湿地	碱蓬湿地	林地	芦苇湿地	草甸湿地	灌草湿地	水库湿地	沟渠湿地	坑塘湿地	虾蟹盐田湿地	稻田湿地
成陆造地/亿元	0.12										
物质生产/亿元	3.00						33.00				
气候调节/亿元		0.49	0.41	3.33	0.86	0.49					2.16
提供水源/亿元	9.29										
蓄水调洪/亿元				9.35			12.50				6.97
降解污染/亿元	27.00										4.94
保护土壤/亿元	11.08										1.72
生物栖息地/亿元	17.67										
教育科研（亿元）	5.75										
旅游休闲/亿元	6.58										
合计/亿元	97.14						61.29				
单位面积价值/（元/hm²）	57 880						60 191				

由表 7-4 可见，黄河三角洲湿地中自然湿地的单位面积价值为 57 880 元 / hm²，略小于人工湿地的价值 60 191 元 / hm²，这主要是由于人工湿地具有较强的物质生产功能和蓄水功能，产生了很大的市场价值。自然湿地的单位面积价值虽小于人工湿地，但比人工湿地表现出更多样的生态功能，而且有的生态功能为自然湿地所特有，如成陆造地功能。

三、基于生态功能价值的生态补偿标准

由上述湿地生态服务功能价值评估可知，黄河三角洲湿地生态服务功能总价值为 156.71 亿元，平均单位面积价值为 58 115 元 /hm²，自然湿地的单位面积价值为 57 880 元 / hm²，人工湿地的单位面积价值为 60 191 元 / hm²，这些单位面积价值即为依据湿地生态服务功能价值估算得到的生态补偿标准理论值。另外，还依据 1992~2010 年湿地面积减少情况，以平均单位面积价值为 58 115 元 /hm² 计算，制定了如下生态补偿方案（表 7-5）。由表可见，2010 年与 1992 年相比，滩涂湿地减少的百分比最大，为 26.67%。芦苇湿地减少的百分比次之，为 18.52%。其他草地和灌草地减少的百分比再次之，分别为 17.82% 和 17.28%。1992~2010 年，湿地生态服务功能价值损失（总补偿资金）为 43.5 亿元，其中滩涂湿地为 11.6 亿元，芦苇湿地为 8.06 亿元，其他草地为 7.75 亿元，灌草地为 7.52 亿元。

表 7-5　依据生态服务功能价值损失量得出的湿地生态补偿资金分配方案

湿地类型	1992 年面积 /hm²	2010 年面积 /hm²	面积减少量 /hm²	减少百分比 /%	资金分配 / 亿元	每年补偿资金 / 亿元
河流湿地	12 298.68	9 549.81	2 748.87	3.68	1.60	0.09
滩涂湿地	78 822.19	58 875.87	19 946.32	26.67	11.60	0.64
灌草地	23 266.25	10 345.77	12 920.48	17.28	7.52	0.42
盐地碱蓬	9 873.71	4 802.58	5 071.13	6.78	2.95	0.16
芦苇草地	47 261.33	33 407.91	13 853.42	18.52	8.06	0.45
其他草地	19 905.00	6 579.00	13 326.00	17.82	7.75	0.43
水田湿地	32 827.16	25 909.47	6 917.69	9.25	4.02	0.22
总计	224 254.32	149 470.41	74 783.85	100	43.50	2.42

第三节　基于市场价值损失的生态补偿标准

以上一章第四节遥感解译结果为基础，根据上述遥感解译结果得出：1992~2010年多种类型的湿地出现了面积减少的趋势，另外由于胜利油田位于黄河三角洲地区，油田占地和环境污染也造成了湿地生态价值的损失，所以本节探讨通过生态服务功能市场价值损失来制定生态补偿标准的途径，以此结果来与上述依据生态服务功能价值损失制定的生态补偿标准进行比对与验证。

一、黄河三角洲湿地市场价值损失估算

湿地生态被破坏的直接结果是湿地面积大幅度减少，导致的生态损失包括直接损失和间接损失。直接损失采用市场价值法计算，就是利用因湿地面积变化引起的产值和利润的变化来计量经济损益的方法。生态间接损失由恢复生态环境的费用来确定。胜利油田是造成黄河三角洲湿地环境污染的主要因素，由于受资料、方法等因素的限制，很难准确地对其造成的环境污染损失进行计量，但这些影响基本都能利用工程设施进行防护、恢复或取代原有的生态功能。因此，本节对环境污染损失量的计算主要采取环境保护投入费用评价法（戴星翼等，2005）。

本节以1992~2010年湿地动态变化数据为基准，从生态破坏损失和环境污染损失两方面计算湿地市场价值损失量（即补偿量）。

$$EC = EC_1 + EC_2$$

式中：EC为市场价值损失量（补偿量）；EC_1为生态破坏市场价值损失量；EC_2为环境污染市场价值损失量。

生态补偿的构成要素主要包括湿地生态破坏损失和湿地环境污染导致的市场价值损失两个方面。生态破坏损失主要指自然和人为因素的影响使湿地面积减少带来的损失。2010 年与 1992 年相比，研究区湿地总面积减少了 74 783.85 hm^2，由此产生了严重的生态损失。环境污染损失，是指企业排污特别是胜利油田排污带来的湿地生态损失。

1. 湿地生态破坏引起的市场价值损失

通过遥感解译结果可知，研究区在 1992~2010 年间湿地面积发生了显著变化（表 7-5），本节选取了这个时段进行湿地价值损失量计算。

由表 7-5 可见，滩涂湿地、芦苇湿地、草甸湿地、灌草湿地面积减少量位于前四位，盐地碱蓬、河流、水田也有不同程度的减少。对这些湿地进行生态破坏市场价值损失量计算。计算公式如下（i =1，2，3，4，5，6，分别为滩涂湿地、芦苇湿地、草甸湿地、稻田湿地、盐地碱蓬、河流）：

$$EC_1 = \sum_{i=1}^{n} E_i L_i + EC_r = E_1 L_1 + E_2 L_2 + E_3 L_3 + E_4 L_4 + E_5 L_5 + E_6 L_6 + EC_r$$

式中：EC_1 为湿地生态破坏市场价值损失量（元）；$\sum_{i=1}^{n} E_i L_i$ 为直接损失量（元）；EC_r 为间接损失量（恢复生态环境的费用）（元）；$E_i L_i$ 为第 i 种湿地的生态破坏损失量（元）；$E_1 L_1$ 为滩涂湿地损失量（元）；$E_2 L_2$ 为芦苇湿地损失量（元）；$E_3 L_3$ 为草甸湿地损失量（元）；$E_4 L_4$ 为稻田湿地损失量（元）；$E_5 L_5$ 为盐地碱蓬湿地损失量（元）；$E_6 L_6$ 为河流湿地损失量（元）。

2010 年与 1992 年相比，滩涂湿地损失面积为 19 946.32 hm^2，由此带来的市场价值损失用 $E_1 L_1$ 表示。滩涂湿地主要用于原盐生产和水产养殖，因此滩涂湿地的直接市场价值主要依据原盐产值和水产产值确定。为获取相关资料，研究人员走访了山东省盐业、水产、物价相关部门，并到黄河三角洲做了实地调研。研究区多年平均滩涂湿地单位面积产值为 2.9 万元 / (hm² · a)。1992~2010 年间滩涂湿地面积减少了 19 946.32 hm²，带来的滩涂湿地市场价值损失 E_1L_1 为 5.78 亿元。

2010 年与 1992 年相比，芦苇湿地损失面积为 13 853.42 hm²，由此带来的市场价值损失用 E_2L_2 表示。芦苇收割后主要用于造纸和编制苇箔用于农村建房。据当地每年收割芦苇的统计资料，芦苇年生产力为 7.9 t/hm²。1992~2010 年芦苇损失量为 109 442 t，芦苇的多年平均价格为 500 元 /t，其价值损失量为 0.55 亿元。

2010 年与 1992 年相比，草甸湿地损失面积为 13 326.00 hm²，由此带来的市场价值损失用 E_3L_3 表示。草甸每年生产力为 6.01 t/hm²，收割后主要用于饲草或燃料，多年平均价格为 500 元 /t，其价值损失量为 0.4 亿元。

2010 年与 1992 年相比，稻田湿地损失面积为 6 917.69 hm²，由此带来的市场价值损失用 E_4L_4 表示。大量调查显示，我国 1992~2010 年水稻平均价格为 2.24 元 /kg，同期东营市的水稻平均单产量为 5 980 kg/hm²，稻田平均土地产值为 13 395 元 /hm²，稻田湿地损失面积为 6 917.69 hm²，因此稻田湿地直接市场价值损失量 E_4L_4 为 0.93 亿元。

2010 年与 1992 年相比，盐地碱蓬湿地损失面积为 5 071.13 hm²，由此带来的市场价值损失用 E_5L_5 表示。依据王海梅等（2006）的研究，碱蓬每年生产力为 6.22 t/hm²。碱蓬可入药，幼芽可食用，收割后可做燃料，但其市场价格难以考证，若按与芦苇同价，即 500 元 /t 计，则其市场价值损失量 E_5L_5 为 0.16 亿元。

2010 年与 1992 年相比，河流水面损失面积为 2 748.87 hm²，由此带来的市场价值损失用 E_6L_6 表示。河流湿地的价值损失用修建同样规模的人工河流的投资额替代，据水利部门统计，近 10 年来，开挖深 3 米、面积 1 hm² 的人工河道约需费用 15 万元，因此河流湿地的价值损失 E_6L_6 为 4.12 亿元。

1992~2010 年，由湿地面积减少带来的直接市场价值损失量为：

$$\sum_{i=1}^{n} E_iL_i = E_1L_1 + E_2L_2 + E_3L_3 + E_4L_4 + E_5L_5 + E_6L_6$$

$$=5.78+0.55+0.4+0.93+0.16+4.12=11.94（亿元）$$

生态间接损失量（恢复生态环境的费用）EC_r根据胜利油田 1996~2010 年征地费和补偿费（表 7-6）及占用湿地面积情况（表 7-7）来确定。

表 7-6　不同年份胜利油田所交征地税费

单位：万元

税费种类	1996	1998	2001	2002	2003	2004	2005	2006	2007	2008	2009	2010
水保设施补偿费	148	202	79	97	121	147	60	97	111	117	46	56
污染赔偿费	5 430	1 690	4 830	5 527	6 124	6 535	7 538	8 038	8 581	8 612	6 870	3 256
青苗补偿费	19 405	12 390	20 031	21 037	22 159	23 026	26 709	27 196	27 730	27 790	11 430	9 840
征地费	11 890	10 236	13 806	15 325	16 876	18 999	20 636	22 328	24 062	24 106	10 890	8 234
总计	36 873	24 518	38 746	41 986	45 280	48 707	54 943	57 659	60 483	60 625	29 236	21 385

表 7-7　不同年份胜利油田占用湿地面积

项目	1996	1998	2001	2002	2003	2004	2005	2006	2007	2008	2009	2010
占用湿地 /hm^2	10.86	13.45	2.88	6.29	1.94	5.4	4.94	5.26	5.58	6.34	10.5	6.7
总占地 /hm^2	76.0	109.0	174.0	264.0	88.0	270.0	308.0	303.0	331.0	334.0	67.0	104.5
湿地比例 /%	14.29	12.34	1.66	2.38	2.20	2.00	1.60	1.74	1.69	1.90	15.67	6.40

生态间接损失量（生态环境费用）：

EC_r=36 873 × 14.29%+24 518 × 12.34%+38 746 × 1.66%+41 986 × 2.38%+45 280 × 2.20%+48 707 × 2.00%+54 943 × 1.60%+57 659 × 1.74%+60 483 × 1.69%+60 625 × 1.90%+29 236 × 15.67%+21 385 × 6.40% ＝ 21 931.81（万元）≈ 2.19（亿元）。

因此，湿地生态破坏市场价值损失量 $EC_1 = \sum_{i=1}^{n} E_i L_i + EC_r = 11.94 + 2.19 = 14.13$（亿元）。

2. 湿地环境污染引起的市场价值损失

湿地环境污染主要包括大气污染、水污染、噪声污染、固体废物污染，它们造成的损失通过所花费的工程费用来计量。胜利油田环境综合整治工程费用见表7-8。

表7-8　不同年份胜利油田环境综合整治工程投资

单位：万元

项目	1996	1998	2001	2002	2003	2004	2005	2006	2007	2008	2009	2010
废水治理	12 560	12 409	22 260	8890	11 404	17 596	38 083	30 675	18 852	21 110	15 690	11 022
废气治理	1 890	983	737	665	3 916	6 802	2 897	17 659	40 634	10 473	8 945	9 839
固废治理	789	368	199	200	817	274	181	4241	500	916	670	596
噪声治理	67	345	21	170	162	105	172	286	408	189	123	145

胜利油田环境污染的市场价值损失量：

$$EC_0 = L_A + L_W + L_{sw} + L_N$$

式中：EC_0 为油田环境污染的损失量（万元）；L_A 为油田的空气污染损失（万元）；L_W 为油田的水污染损失（万元）；L_{sw} 为油田的固体废物污染损失（万元）；L_N 为噪声污染损失（万元）。

环保项目设备的服务年限一般为10年，空气污染损失量、水污染损失量和噪声污染损失量分别取各环保投资费用的1/10。固体废物损失量按国务院《排污费征收管理条例》（国务院令第369号）规定，油井产生的油泥是危险固体废物，每吨可以收取1 000元的排污治理费，同时参考投资于油泥砂、钻井泥浆治理等的环保项目的工程费用，所以L_{sw}＝固体废物环保投资费用/10＋1 000× 泥浆产生量，计算结果见表7-9。

表7-9 不同年份胜利油田环境污染的市场价值损失量

单位：万元

环境污染损失量值	1996	1998	2001	2002	2003	2004	2005	2006	2007	2008	2009	2010
L_W	1 256	1 241	2 226	889	1 140	1 760	3 808	2 068	1 885	2 111	1 569	1 102
L_A	189	98	74	67	392	680	290	1 766	4 063	1 047	895	984
L_{sw}	29 654	24 638	17 000	15 990	16 642	24 587	25 798	24 924	25 320	21 466	57 232	29 340
L_N	7	35	2	17	16	11	17	29	41	19	12	13
EC_0	32 206	26 012	19 302	16 963	18 190	27 038	29 913	28 787	31 309	24 643	59 708	31 439

胜利油田环境污染给湿地带来的市场价值损失量：EC_2 =32 206×14.29%＋26 012 ×12.34%＋19 302×1.66%＋16 963×2.38%＋18 190×2.20%＋27 038×2.00%＋29 913 ×1.60%＋28 787×1.74%＋31 309×1.69%＋24 643×1.90%＋59 708×15.67%＋31 439 ×6.40%＝2.28（亿元）。

3. 湿地市场价值总损失

湿地市场价值总损失是前两项损失之和，即 $EC = EC_1 + EC_2$ =14.13+2.28 =16.41 亿元。

二、基于市场价值损失的生态补偿标准

根据市场价值损失量16.41亿元和湿地面积减少百分比，得出对水田、滩涂等的补偿资金分配方案（表7-10）。1992~2010年，湿地面积减少了74 783.85 hm^2，根据市场价值损失量计算的补偿标准为2 194元/(hm^2·a)。

表 7-10　依据市场价值损失得出的湿地生态补偿资金分配方案

湿地类型	1992 年面积 /hm²	2010 年面积 /hm²	面积减少量 /hm²	减少百分比 /%	资金分配 / 亿元
河流湿地	12 298.68	9 549.81	2 748.87	3.68	0.60
滩涂湿地	78 822.19	58 875.87	19 946.32	26.67	4.38
灌草地	23 266.25	10 345.77	12 920.48	17.28	2.84
盐地碱蓬	9 873.71	4 802.58	5 071.13	6.78	1.11
芦苇草地	47 261.33	33 407.91	13 853.42	18.52	3.04
其他草地	19 905.00	6 579.00	13 326.00	17.82	2.92
水田湿地	32 827.16	25 909.47	6 917.69	9.25	1.52
总计	224 254.32	149 470.41	74 783.85	100	16.41

　　由表 7-10 可见，2010 年与 1992 年相比，滩涂湿地减少的百分比最大，为
26.67%。芦苇湿地减少的百分比次之，为 18.52%。其他草地和灌草地减少的百分比
再次之，分别为 17.82% 和 17.28%。1992~2010 年，湿地市场价值总损失（总补偿资金）
为 16.41 亿元，其中滩涂湿地为 4.38 亿元，芦苇湿地为 3.04 亿元，其他草地为 2.92 亿元，
灌草地为 2.84 亿元。

第四节 湿地生态功能价值核算与生态补偿建议

一、湿地生态功能价值与市场价值损失估算

1. 黄河三角洲湿地生态服务功能总价值为 156.71 亿元，单位面积生态服务功能价值为 58 115 元 /hm²。高于全国及全球平均水平。不同生态功能具有不同的价值。在评估的 10 项生态服务功能中，以物质生产功能和降解污染物功能的价值最大，其次是蓄水调洪功能和生物栖息地功能，再次是保护土壤、提供水源、气候调节、旅游休闲、教育科研及成陆造地功能。不同湿地类型具有不同的价值。从总价值上来看，自然湿地价值远高于人工湿地的价值。从单位面积价值来看，人工湿地的单位面积价值高于自然湿地的单位面积价值。

2. 2010 年与 1992 年相比，研究区湿地面积减少了 74 783.85 hm²，由此带来的生态功能价值损失为 43.5 亿元，据此制定的生态补偿标准为全区平均 58 115 元 /hm²，自然湿地 57 880 元 / hm²，人工湿地 60 191 元 / hm²。补偿资金分配为滩涂湿地 11.6 亿元，芦苇湿地 8.06 亿元，灌草地 7.52 亿元，其他草地 7.75 亿元。

3. 2010 年与 1992 年相比，因湿地面积减少带来的直接市场价值损失为 11.94 亿元，生态间接损失为 2.19 亿元。油田环境污染带来的市场价值损失为 2.28 亿元，湿地市场价值总损失 16.41 亿元。根据市场价值损失量计算的补偿标准为 2 194 元 / (hm²·a)。据此制定的补偿资金分配方案为：滩涂湿地 4.38 亿元，芦苇湿地 3.04 亿元，其他草地 2.92 亿元，灌草地 2.84 亿元。

4. 依据生态功能价值损失制定的补偿标准远高于依据市场价值损失制定的补偿标准。这主要是由于前者充分考虑了湿地的各种生态功能价值，而后者只考虑了湿地的直接市场价值损失，未考虑湿地的非市场价值损失（如调节气候价值的损失、保护生物多样性价值的损失等）。

二、生态补偿建议

（1）湿地是宝贵的自然资源，建议尽快完善湿地资源认证制度，明确对湿地资源的使用权、所有权、经营权等权利的获得、转让、终止等方面的要求。成立由相关专家学者组成的湿地资源认证委员会，对湿地资源的评估、认证、保护、利用等提供技术咨询，为湿地资源的合理保护和有效利用提供强有力的科技支持（韩美，2012；韩美等，2018）。

（2）湿地生态补偿的标准不是一成不变的，它会随着湿地生态环境质量、社会经济发展水平、人们对湿地生态服务功能认知程度等方面的变化而变化，因此，有必要确定生态补偿的上限和下限，使其在合理的阈值范围内上下浮动。建议将依据湿地生态服务功能价值确定的生态补偿标准作为上限，而生态补偿的下限则由补偿主体和客体根据补偿主体的支付能力、支付意愿和补偿客体的接受水平协商制定。

（3）落实资金来源是实施生态补偿的前提条件，拓宽生态补偿资金注入渠道是当前亟待解决的问题。建议政府尽快成立湿地生态补偿专项基金，并将股票、债券等金融手段应用到湿地资源保护中去。社会资本的注入将有效解决生态补偿资金不足和政府压力过大的问题，为湿地生态补偿工作的有序开展提供资金保障。

（4）根据湿地生态补偿主客体分布及补偿活动的性质，生态补偿应包括管理型生态补偿、公益型生态补偿、开发型生态补偿3种类型，从黄河三角洲目前实施的生态补偿活动来看，公益性生态补偿尚未展开，因此，有必要加大湿地在人与自然生命共同体中所具有的重要生态地位的宣传力度，吸引爱护自然生态的民间组织和个人自愿投入到公益型生态补偿行列中来。

本章小结

在第六章第四节遥感解译结果的基础上，本章首先探讨了依据湿地生态功能价值制定生态补偿标准的途径。得到如下结论：2010 年黄河三角洲湿地生态服务功能总价值为 156.71 亿元，单位面积生态服务功能价值为 58 115 元 /hm²。不同生态服务功能具有不同的价值。在评估的 10 项生态服务功能中，以物质生产功能和降解污染物功能的价值最大，分别占总价值的 22.95% 和 20.36%。其次是蓄水调洪功能和生物栖息地功能，分别占总价值的 18.37% 和 11.27%。说明黄河三角洲湿地的生态服务功能以物质生产、蓄水调洪、降解污染、生物栖息为主，以保护土壤、提供水源、气候调节、旅游休闲、教育科研及成陆造地功能为辅。同时，不同湿地类型具有不同的价值。从总价值上来看，自然湿地价值为 97.14 亿元，远高于人工湿地的价值 61.29 亿元。从单位面积价值来看，人工湿地的单位面积价值为 60 191 元 /hm²，高于自然湿地的单位面积价值 57 880 元 /hm²，这主要是由于人工湿地需要较大的成本，并且其生态功能较自然湿地少、弱。2010 年与 1992 年相比，研究区湿地面积减少了 74 783.85 hm²，由此带来的生态服务功能价值损失为 43.5 亿元，依据生态服务功能价值制定的生态补偿标准为全区平均 58 115 元 /hm²，自然湿地 57 880 元 /hm²，人工湿地 60 191 元 /hm²。补偿资金分配为滩涂湿地 11.6 亿元，芦苇湿地 8.06 亿元，灌草地 7.52 亿元，其他草地 7.75 亿元。

本章还探讨了如何依据湿地市场价值的损失量制定生态补偿标准。湿地市场价值损失包括湿地面积减少带来的损失和湿地环境污染造成的损失。前者造成的损失为 14.13 亿元，后者造成的损失为 2.28 亿元，湿地市场价值总损失 16.41 亿元。根据市场价值损失量计算的补偿标准为 2 194 元 /(hm²·a)。这个补偿标准远低于依据生态服务功能价值损失制定的补偿标准。这主要是由于前者只考虑了湿地的直接市场价值损失，未考虑湿地的非市场价值损失（如调节气候价值的损失、保护生物多样性价值的损失等），而后者充分考虑了湿地的各种生态服务功能价值。依据生态服务功能价值损失制定的补偿标准付诸实施的可行性较差。因为有些生态功能比较抽象，如气候调节、生物多样性保护等，目前很难被广大群众所接受。同时，由于该标准包括了湿地的各项功能价值，高出了当地的经济发展水平和人们的支付能力和意愿。依据市场价值损失制定的补偿标准，考虑的是因湿地面积变化引起的产值和利润的损失，因此更直观，更容易被群众接受，也比较符合当地的经济发展水平和人们的支付能力及意愿，所以操作性更强。

生态补偿标准关系到生态补偿的可行性及效果，因此是生态补偿研究的核心。生态补偿标准的制定涉及生态经济学、环境管理学、区域地理学等相关理论和方法，并且与当地的生态环境水平、经济发展水平、公民生态意识等密切相关，所以至今尚没有统一的量化方法。本章以黄河三角洲湿地为研究对象，探讨依据生态功能价值损失和市场价值损失来制定生态补偿标准的途径，以期为研究区实施湿地生态补偿提供科学依据，为其他区域相关研究提供方法参考。

第八章

结论、建议与展望

第一节 结论

本书通过长期实地调查，并结合多项相关研究，对黄河三角洲植被分布格局及动态变化进行了全面分析和系统概括，旨在对黄河三角洲植被格局及动态变化有一个清晰的认识，为生态保护和恢复提供科学依据。主要结论如下。

第一，黄河三角洲植被演替规律主要为原生演替，形成了明显的生态序列，植被类型空间异质性强。

本书对黄河三角洲植物群落演替数量与空间分布特征进行了分析，探讨了黄河三角洲植物群落自然演替规律。现代黄河三角洲植物群落自然演替属于原生演替，在无人为干扰的情况下，植物群落演替序列为裸地－盐地碱蓬群落－柽柳群落－草甸。这种演替序列的形成与土壤水盐动态有密切关系。靠近海岸线、土壤含盐量较高的地段是盐碱裸地；裸地的远海侧分布着耐盐碱的碱蓬、柽柳，这两种植物形成单优群落，或由两种植物共同组成群落。随着距海岸线距离的增大和海拔的升高，土壤含盐量降低，碱蓬、柽柳的重要性降低，多年生草本成分逐渐开始占优，在合适的区域形成以芦苇、白茅、獐毛为优势种的群落类型。这些类型为现代黄河三角洲自然演替的较高阶段。采用一次性同时采样方法获取了现代黄河三角洲不同演替阶段的植物群落演替数据，并利用数量分类方法（TWINSPAN）对调查数据进行了分析。此方法将研究区植物群落分为 3 个大类 12 个小类，用以代表 3 个演替阶段 12 个演替群落。3 个大类为：以碱蓬为优势种的群落，以柽柳为优势种的群落和以芦苇、稗、白茅为优势种组成的草本群落。12 个演替群落分别为：盐地碱蓬群落，盐地碱蓬＋芦苇群落，柽柳群落，柽柳＋碱蓬群落，柽柳＋碱蓬＋芦苇群落，柽柳＋碱蓬＋补血草群落，芦苇＋碱蓬＋罗布麻群落，芦苇＋鹅绒藤（*Cynanchum chinense*）＋茵陈蒿群落，稗＋苦菜＋芦苇群落，芦苇＋野大豆群落，白茅＋野大豆群落以及獐毛＋芦苇＋碱蓬群落。计算了 12 个演替群落的演替度。大多数群落处于较低的演替阶段，演替度在 30~184.3 之间，而芦苇＋野大豆群落、獐毛＋芦苇群落已接近顶极演替阶段，演替度分别为 286.9 和 230.7。群落在演替过程中，物种多样性指数和丰富度随演替进程逐渐增加，而物种均匀度指数呈减少趋势。利用排序技术（DCA）研究了演替与环境之间的关系，结果表明，土壤盐分是现代黄河三角洲植物演替的主导因子，它影响着群落的结构、物种组成和演替进程。而从空间上分析，现代黄河三角洲植被演替活跃区主要集中在北部和东部近海岸区及东南部黄河新淤进区域。1977~1996 年间，北部植被分布边界线向内陆缩退的最大距离为 6.3 km，植被蚀退面积总计 29 309.06 hm^2。1996 年后，由于海岸工程建设的实施，黄河三角洲北部和东部海岸线相对稳定，北部植被蚀退现象得到遏止。东南部黄河新淤出区域由于淡水充足，土壤条件较好，植物能很快迁入。此区域内的植被分布区总体以黄河为轴心向两侧扩张。1977~1987 年间，东南部区域植被增加面积为 40 592.34 hm^2；1987~1996 年间，植被增加面积为 26 027.14 hm^2；1996~2004 年间，植被增加面积为 31 310.31 hm^2。

第二，黄河三角洲植被和动态分布明显受到土壤盐分和水分的影响和制约，不同区域间差异明显，人为干扰也越显重要。

通过遥感技术和地理信息系统技术解译了黄河三角洲地区的植被信息，搜集、获取了区域重要的环境变量，在 GIS 平台上进行了多尺度的排序分析，探讨了黄河三角洲多尺度植被与环境之间的关系。研究结果显示，黄河三角洲滨海盐生植被景观存在着植被与环境间的尺度依赖关系：与植被分布最显著相关的变量是土壤盐分和表征土壤水分的 TVDI 指数，表明在研究区域内土壤水分与盐分的交互作用在所研究的尺度上是植被分布的决定性变量；在小尺度上，高程起伏与地下水的埋深通过影响土壤表面蒸发对土壤水分和盐分进行调控；在大尺度上，地形因素参与水分再分配的过程，并通过再分配对土壤水分和盐分进行调控；排序轴与部分表征人类干扰的变量在某些尺度上显著相关，区域内的人类干扰已经对研究区域内植被的整体格局产生了明显的作用。通过对 1999 年、2001 年和 2005 年 Landsat TM 和 ETM+ 影像 NDVI 和地形要素的多尺度分析进一步发现，地形要素同样是研究区域内影响植被分布格局的重要因素，在较大尺度上通过地表径流和地下水系统完成对降水的再分配，从而决定中等或者更大尺度上植被的分布格局。750 m 尺度是黄河三角洲植被与地形关系的关键尺度，在该尺度上 TWI 和坡度两个变量表现出较强的协同作用，并达到显著或者接近于显著的程度，该尺度极有可能对应着黄河三角洲地形起伏单元的平均大小。通过对样线的小波分析，降水再分配过程作用的尺度区域可大可小，但是一般分布在较大尺度上。

利用 3S 技术对黄河三角洲植被与景观的动态变化进行了分析，发现植被覆盖面积呈增加趋势，植被累计增加面积 91 089.43 hm^2，平均每年增加 3 373.68 hm^2。覆盖率增加了 34.71%，平均每年增加 1.29%。植被以低盖度植被为主，高盖度植被所占面积较小，但高盖度植被逐年增加，平均每年增加 412.83 hm^2。同时，对研究区植被类型进行解译发现，从总体上看，芦苇植被的面积是增加的，增加了 314.19 hm^2。柽柳、碱蓬群落和农田植被的分布面积也呈逐年增加的趋势，分别增加了 1 066.14 hm^2、1 128.87 hm^2 和 5 811.71 hm^2。刺槐林面积有增有减，1987~1996 年间，刺槐面积增加了 1 674.18 hm^2，平均每年增加 186.02 hm^2；1996~2004 年间，刺槐林面积呈减少趋势，减少了 709.65 hm^2。通过对黄河三角洲 1992~2008 年间土地覆被状况的解译，获取了土地覆被的动态变化特征：刁口河附近的海岸线蚀退速度较为缓慢，在 2001 年以后，海岸线基本上处于一种相对平衡的状态；1996 年后形成的新河口的南汊部分逐步蚀退，而北汊部分的西侧则表现出逐步扩张的趋势。1992~2008 年间，研究区域内土地覆被变化迅速而复杂，灌草地、耕地、裸地、水域和滩涂地的状态转换频繁，水资源条件和人类活动是区域土地覆被的最主要驱动要素。1992~2008 年间，强烈变化区域和较强变化区域主要分布在人类干扰较为频繁的区域，而新河口地区也有一定面积的强烈变化和较强变化区域。对湿地景观动态变化的研究发现，研究区总面积呈波动增加的趋势，这主要是黄河携带泥沙在河口淤积所致。总体来看，自 1992~2010 年，研究区湿地发生了明显的时间和空间变化，总体呈退化趋势。从一级湿地类型来看，人工湿地呈增加趋势，天然湿地呈减少趋势，非湿地呈基本稳定态势。这主要是由于部分天然的滩涂、芦苇等转化成了人工的盐田、养殖水面等，尽管非湿地中大量未利用地转化成了建设用地，但非湿地与湿地转化较少。从二级湿地类型来看，河流水面、水田、滩涂、灌草地、盐地碱蓬草地、芦苇草地及其他草地面积总体呈减少趋势。盐田、水库水面、养殖水面的面积总体呈增加趋势。在非湿地中，旱地保持稳定，建筑用地持续增加，未利用地持续减少。从整个区域的景观格局来看，变化最明显的区域集中在研究区的北部、东部滨海地区以及中东部平原地区。北部及东部滨海地区景观变化显著的原因是人类对滨海地区草地、滩涂及未利用地的大量开发。中东部平原地区变化显著则是因该区为东营市所在地，城市扩张所致。西部及南部多为耕地，景观变化不明显。

第三，黄河三角洲自然湿地生态系统具有很高的生态价值，需考虑适当的生态补偿，提升生态产品价值。

最后以上述研究结果为基础，探讨了依据生态价值损失和市场价值损失的黄河三角洲湿地生态补偿标准。黄河三角洲湿地生态服务功能总价值为 160.71 亿元，单位面积生态服务功能价值为 58 115 元 $/hm^2$，高于全国及全球平均水平。不同生态功能具有不同的价值。在评估的 10 项生态服务功能中，以物质生产功能和降解污染物功能的价值最大，其次是蓄水调洪功能和生物栖息地功能，再次是保护土壤、提供水源、气候调节、旅游休闲、教育科研及成陆造地功能。不同湿地类型具有不同的价值。从总价值上来看，自然湿地价值远高于人工湿地的价值。从单位面积价值来看，人工湿地的单位面积价值高于自然湿地的单位面积价值。2010 年与 1992 年相比，研究区湿地面积减少了74 783.85 hm^2，由此带来的生态功能价值损失为 43.5 亿元，据此制定的生态补偿标准为全区平均 58 115 元 $/hm^2$，自然湿地 57 880 元 $/hm^2$，人工湿地 60 191 元 $/hm^2$。补偿资金分配为滩涂湿地 11.6 亿元，芦苇湿地 8.06 亿元，灌草地 7.52 亿元，其他草地 7.75 亿元。而 2010 年与 1992 年相比，因湿地面积减少带来的直接市场价值损失为 11.94 亿元，生态间接损失为 2.19 亿元。油田环境污染带来的市场价值损失为 2.28 亿元，湿地市场价值总损失 16.41 亿元。根据市场价值损失量计算的补偿标准为 2 194 元 /(hm² · a)。据此制定的补偿资金分配为：滩涂湿地 4.38 亿元，芦苇湿地 3.04 亿元，其他草地 2.92 亿元，灌草地 2.84 亿元。根据结果可以看出，依据生态功能价值损失制定的补偿标准远高于依据市场价值损失制定的补偿标准。这主要是由于前者充分考虑了湿地的各种生态功能价值，而后者只考虑了湿地的直接市场价值损失，未考虑湿地的非市场价值损失（如调节气候价值的损失、保护生物多样性价值的损失等）。

黄河三角洲植被分布格局及动态变化分析研究，是黄河三角洲植被研究的基础工作，这项研究对黄河三角洲植被的动态特征、分类与分区、植被恢复与重建、植被开发与利用等都具有重要意义。利用 3S 技术研究黄河三角洲植被分布格局及动态变化，是系统研究黄河三角洲动态变化的重要组成部分，对今后数字黄河三角洲的建设和该区资源开发与保护具有较高的应用价值。

第二节 问题与建议

一、黄河三角洲主要生态问题

1. 湿地生态系统退化

由于黄河三角洲特殊的地理位置，黄河下游的生态用水有时得不到保障。在黄河流域出现一系列干旱年份的情况下，黄河三角洲下游阶段会出现断流，随着时间的推移，中断时间将继续延长，停水频率将继续增加。黄河三角洲自然保护区分为南北两部分，以南部为主体。在黄河水流路径周围，由于黄河水的不断补给，南部湿地面积不断扩大，物种相对丰富。然而，由于黄河入海的不断沉积，以及水与泥沙的冲刷效应对河道的调节，原有湿地越来越难以进入正常补水水域，一些湿地正面临着退化的风险。而位于黄河故道的保护区由于常年缺水，海岸线不断受到侵蚀，近年来因实施生态补水有所好转。

黄河三角洲位于海陆交互区域，复杂程度高，脆弱性强，同时要面临来自陆、海两个方面的压力。不同类型的湿地存在着不同的生态问题，并且问题强度也存在着强烈的空间异质性。

淡水湿地是位于潮上带、以芦苇等淡水植物为优势种的淡水沼泽，其主要生态问题是淡水资源的不足。黄河三角洲的淡水资源主要来源于上游黄河来水和降水，但该地区年均降水量为 542 mm，集中于夏秋季节，年均蒸发量为 1 962 mm，年蒸降比为 3.6:1.0（崔广州等，2012）。因此，黄河上游来水是该地区唯一具有开发利用价值的淡水资源。自 20 世纪 70 年代起，黄河开始出现断流，20 世纪 90 年代后，断流时间不断延长，范围不断扩大，造成该地区淡水湿地严重萎缩和退化（孙志高等，2011）。2010 年以来，实施生态补水，情况有所改善。

盐沼湿地是滨海重要的生态系统，其盐沼植被是盐沼湿地的主体。黄河三角洲的盐沼湿地包括芦苇、盐地碱蓬、柽柳三种本土植物和互花米草（*Spartina alterniflora*）这一外来入侵植物形成的四个主要植被类型。其存在的主要生态问题有：围垦养殖和农业、城市、旅游、工业用地的侵占造成盐沼面积大幅减少；过度的渔业养殖使得盐沼生态系统中的特定物种迅速增加，破坏了自然的食物链结构；围垦、大坝建设等改变了水文过程，阻断了潮汐，导致土壤营养不足和高度盐渍化，加上互花米草群落的入侵，该地区原生植被遭到破坏，盐沼原有的植物群落消失，自然演替序列发生中断，使得湿地生态系统发生快速逆向演替，物种组成和非生物环境因素等都变得简单；同时，潮沟等的阻断也对生物迁徙、鱼类洄游、营养交换、淡咸水交换、泥沙输运产生了一定的影响，鸟类、甲壳类的栖息地遭到破坏，生物多样性降低；外来植物互花米草的入侵也对盐沼湿地的生物群落和生态功能造成了极大的不利影响；

此外，工厂、生活废水、医疗、石油开发等造成了盐沼水体的污染。

黄河三角洲的滩涂湿地为淤泥质，是无植被覆盖或盖度极低的海洋滩涂。主要面临的生态问题有：滨海滩涂养殖、盐田开发、工业设施扩张、娱乐设施建设等侵占了大量的滨海滩涂湿地；防护堤坝的建设直接阻断了滩涂潮沟系统，带来了大面积的地表硬化，造成了滩涂湿地水文特征改变，包括改变地表径流、干扰地表水系下渗、阻断海陆连通性等，进而造成了滩涂湿地的结构被破坏或功能丧失；工业、生活废水、油污、养殖废水等直接造成了滩涂水土环境的污染；海水上升、风暴潮等气候也会加剧对滩涂的海水侵蚀，破坏地表结构，引起地质结构崩塌，造成滩涂紧缩、下陷等严重损害。

需要说明的是，在保护区内，湿地退化问题相对较轻，但是互花米草的入侵问题不容忽视。

2. 生物多样性降低

由于风暴潮的侵袭，高盐度的海水会带来大量的盐分，淹没土地，造成大面积的土壤盐渍化，从而导致生物多样性降低。在低洼地区，土壤盐分含量高达 1% 以上，随着从海滩向内陆的推进，盐生植物逐渐增多，形成单一优势的肉质盐生植物群落，在柽柳分布区生长着以柽柳为主的柽柳灌丛。随着地势的升高，地表盐分含量降低，有机质增加，形成了一定的抗盐草甸植被，植物种类逐渐增多，主要有蒿属、獐牙菜属（*Swertia*）等种类。适宜的地理位置和生态环境有利于外来生物的入侵和生存。研究发现，害虫入侵有二分之一是人为引入的结果。入侵的主要地区是港口、铁路和公路两侧以及周边的建筑工程所用的进口设备。山东省位于黄河下游，生态环境多样，海岸线长达 3 000 km，交通发达，外来害虫易于入侵和传播。研究发现，互花米草在黄河三角洲的分布正在扩大，生长旺盛，已形成单优群落，其潜在风险也在持续增加。互花米草对芦苇、盐地碱蓬等侵害的同时，也降低了底栖动物的生存空间，间接影响了鸟类的觅食。

二、黄河三角洲生态保护建议

1. 加强自然保护地建设和管理

习近平总书记在郑州黄河流域生态保护和高质量发展座谈会上强调，"黄河三角洲要做好保护工作，促进河流生态系统健康，提高生物多样性"。按照习近平总书记的指示，保护区应高起点规划、高标准推进黄河下游生态保护和修复工作，立足于促进河流生态系统健康、提高生物多样性，实施黄河三角洲自然保护地建设、生物多样性动态监测网络建设、生物资源库建设、近海水环境与水生态修复、黄河入海口湿地生态用水优化配置、互花米草治理、海岸带生态防护等生态系统保护与修复等工程。

黄河三角洲国家级自然保护区按照"因地制宜、实事求是"的原则，对自然保护区内受到破坏的生境，采取以自然恢复为主、自然恢复与人工修复相结合的方式，促进其生态功能的恢复，避免不当人工干预对生境造成二次破坏，取得明显成效。同时，积极引导周边社区绿色发展，优先安排生态环境综合整治项目，积极宣传生态产品并提升其附加值。黄河口国家公园的建设会明显提升保护区的管理水平、能力和成效，对于黄河三角洲地区生态系统保护和生物多样性提升具有重要意义。

2. 加强湿地保护

近年来，随着入海水量和泥沙的不断减少，黄河三角洲湿地面临着整体生态退化的潜在风险。由于黄河三角洲生态区位的全局性和复杂性以及面临的生态问题，湿地保护正在进行更高层次的统筹规划和综合措施。东营市作为黄河三角洲湿地地区之一，采取了一系列的湿地生态保护和控制措施，如加大生态补水和湿地修复工程等。国家正在推进科学的水转移政策，补给的淡水资源已经大大改善了黄河河口湿地生态系统，使这里生物资源越来越丰富，保障了多种鸟类的迁徙地和越冬场所的稳定。

未来，以黄河三角洲湿地为依托，以盐沼、滩涂等典型湿地的综合修复技术为主导，积极推进建设涵盖植被修复、地表径流控制、海陆水文作用调节、滩涂微地形修饰、土壤改良、水盐调节、水环境净化、土壤修复、生境重建、生物多样性恢复等多种技术的综合生态修复技术示范区。此外,开发湿地生态修复的新技术,同时学习国内外典型的生态修复案例,总结其经验,编制修复技术规程,为我国其他区域滨海湿地生态修复工程的设计和施工提供技术支持。

3. 加强湿地科学研究与宣传教育工作

目前,已有研究虽然对黄河三角洲的生态问题进行了有益的探索,但是对湿地生态系统中各组分之间的相互关系及其相互作用机理的了解仍不够深入。因此,应重点加强生态系统结构、功能、内在过程、影响机制等领域的研究。另外,吸引国内外相关研究机构开展多方合作,加强黄河三角洲生态保护理论研究和技术开发,实现黄河三角洲的高质量发展。

同时,公众是参与湿地保护的主要群体。我国湿地保护与修复工作起步较晚,并且大多数群众对湿地保护与修复的参与并不积极。因此,现阶段急需加强宣传,科普湿地相关的基本常识和重要性,增强公众的湿地保护意识,发动全民参与到湿地保护与修复工作中来。

第三节　展　望

第一,黄河三角洲植被在国家公园建设和生物多样性提升方面具有重要作用,加强植被动态的相关研究非常重要。

黄河三角洲植物动态和群落演替研究属于理论研究范畴,要深入探讨植物群落的演替特征和机制,弄清植被分布格局和动态变化,除本书中所采用的常规植被研究和数量分类方法外,开展群落构建的地理学、植被生态学、生物学及分子生态学机制研究也是必要的。采用等位酶、PCR 技术研究优势种的进化地位,更有助于确定各植物的演替进程和演替关系。此外,需开展长期定位观测以获得更丰富、更准确的数据。

第二，除水、盐两个主要因素外，还要考虑地形因素。

以往的研究多聚焦于水分和盐分两个主导因素，对地形等因素的研究相对较少。地形是黄河三角洲植被分布格局的重要影响因素，在较大尺度上通过地表径流和地下水系统完成对降水的再分配，决定着中等或者更大尺度上植被的分布格局。地势较高地区的水文学过程发生不利变化时，可能影响到地势较低地区的植被。以往对黄河三角洲水分再分配过程的研究并不深入，在今后的研究中必须综合考虑地形及其对黄河三角洲的水文学过程的影响，从水文学的角度入手开展长期研究。由于对黄河三角洲植被与地形关系的研究都是从景观生态学的角度出发的，因此需要野外实地结果的进一步验证，同时还需要构建分布式水文学模型，以便更好地了解黄河三角洲的生态水文过程。

第三，加强水资源对黄河三角洲湿地生态系统影响的研究。

黄河是形成和维系黄河三角洲植被发生和湿地生态系统维持的关键因素。只有在稳定黄河来水的条件下，生态系统才能维持健康，才会为鸟类和各种珍稀、濒危物种提供适宜的栖息地。随着经济的发展和生态保护与恢复工作的推进，生态用水也将增大，水资源短缺与发展和保护工作对水的需求增加的矛盾将会更加突出，区域水资源条件将成为限制黄河三角洲发展的重要因子。加强黄河水资源合理分配与利用，对于保护湿地生态系统和促进高质量发展至关重要。

第四，加强景观生态研究。

由于黄河三角洲的生态保护和高质量发展已被纳入国家战略，今后人类活动的力度仍将维持在一个较高的水平上，黄河三角洲地区的土地利用变化仍然会十分频繁和活跃。本书中针对黄河三角洲景观变化的研究仍停留在解译和量化的阶段，今后需要结合经济社会的发展制定出更加符合实际的土地利用政策，利用元胞自动机等空间直观方法对土地利用的动态进行模拟，以提出相关对策。因此，下一步的研究工作可以针对黄河三角洲区域内的水资源状况设置不同的情景模式，构建耦合社会经济要素的元胞自动机模型，探讨区域水资源的最优配置下的土地利用策略，为区域农业生产和工业生产的可持续发展提供科学的依据。

第五，开展生态补偿，提高生态产品价值。

建立合理的补偿机制是实施生态补偿活动的前提。从理论上讲，湿地生态补偿的标准应体现其成陆造地、降解污染物、提供生物栖息地、进行物质生产、调节气候、调蓄洪水、保护土壤、提供教育科研和旅游休闲等所有生态服务功能的价值，但由于受到人们对湿地生态功能认知程度、当地经济发展水平、补偿主体的支付意愿、开发者对湿地功能的使用类型等多方面的影响，依据生态功能价值核算制定的生态补偿标准难以付诸实施，因此，有必要对其做适当的调整。目前正在实施的《用海建设项目海洋生态损失补偿评估技术导则》《山东省省级及以上自然保护区生态补偿办法（试行）》在一定程度上弥补了上述不足。其中，《用海建设项目海洋生态损失补偿评估技术导则》中，补偿标准的制订以生态系统服务功能价值为基础，综合考虑区域背景基底差异、项目性质、政策导向等因素，对具体赔偿金额进行了适当调整，使得补偿标准更加容易为补偿主体所接受，具有较强的可操作性。《山东省省级及以上自然保护区生态补偿办法（试行）》主要针对自然保护区的生态补偿，该办法在生态补偿标准的制定中既考虑了自然保护区的生态服务功能价值、规模和自然保护区级别，又考虑了自然保护区的管理水平。该补偿的实施对于自然保护区提高保护和管理水平具有积极的推动作用。

第六，加强对外来入侵植物的入侵机理研究。

互花米草入侵在黄河三角洲尤其是河口地区已经造成了严重的生态危害，对河口区域生态系统保护和生物多样性维持造成了极大威胁。当地相关管理部门已对此有高度认识，也采取了一系列的治理措施，取得了明显成效。建议今后在互花米草生物学特征、入侵机理、扩散机制、治理对策等方面开展更深入、广泛的研究，为科学防治提供理论指导和技术支持。

参 考 文 献

安乐生，周葆华，赵全升，等，2017. 黄河三角洲植被空间分布特征及其环境解释 [J]. 生态学报，37(20)：6809 - 6817.

白春礼，2020. 科技创新引领黄河三角洲农业高质量发展 [J]. 中国科学院院刊，35(2)：138 - 144.

鲍达明，谢屹，温亚利，2007. 构建中国湿地生态效益补偿制度的思考 [J]. 湿地科学，5(2)：128 - 132.

鲍锋，孙虎，延军平，2005. 森林主导生态价值评估及生态补偿初探 [J]. 水土保持通报，25(6)：101 - 104.

蔡学军，田家怡，2000. 黄河三角洲潮间带动物多样性的研究 [J]. 海洋湖沼通报 (04)：45 - 52.

曹宝，2006. 面向对象方法在 SPOT5 遥感图像分类中的应用 [J]. 地理与地理信息科学，22(2)·45 - 49.

曹越，侯姝彧，曾子轩，等，2020. 基于"三类分区框架"的黄河流域生物多样性保护策略 [J]. 生物多样性，28(12)：1447 - 1458.

常军，刘高焕，刘庆生，2004. 黄河口海岸线演变时空特征及其与黄河来水来沙关系 [J]. 地理研究，23(3)：339 - 346.

陈沈良，谷国传，吴桑云，2007. 黄河三角洲风暴潮灾害及其防御对策 [J]. 地理与地理信息科学，23(3)：100 - 112.

陈亚宁，李卫红，徐海量，等，2003. 塔里木河下游地下水位对植被的影响 [J]. 地理学报 (04)：542 - 549.

陈怡平，傅伯杰，2021. 黄河流域不同区段生态保护与治理的关键问题 [N]. 中国科学报，2021-03-02(7).

陈宜瑜，1995. 中国湿地研究 [M]. 长春：吉林出版社.

陈仲新，张新时，2000. 中国生态系统效益的价值 [J]. 科学通报，45(1)：17 - 22.

褚琳，黄翀，刘庆生，等，2015. 2000 - 2010 年辽宁省海岸带景观格局与生境质量变化研究 [J]. 资源科学 (10)：1962 - 1972.

崔保山，刘兴土，2001. 黄河三角洲湿地生态特征变化及可持续性管理对策 [J]. 地理科学，21(3)：251 - 255.

崔广州，张绪良，张朝晖，等，2012. 黄河三角洲滨海湿地生态系统的变化及保护对策 [J]. 安徽农业科学，40(25)：12599 - 12600，12687.

崔丽娟，2001. 湿地价值评价研究 [M]. 北京：科学出版社.

崔丽娟，2004. 鄱阳湖湿地生态系统服务功能价值评估研究 [J]. 生态学杂志，23(4)：47 - 51.

崔丽娟，张曼胤，2006. 扎龙湿地非使用价值评价研究 [J]. 林业科学研究，19(4)：491 - 496.

戴星翼，俞后未，董梅，2005. 生态服务的价值实现 [M]. 北京：科学出版社.

党安荣，王晓栋，陈晓峰，2003. ERDAS IMAGINE 等遥感图像处理方法 [M]. 北京：清华大学出版社.

东营市人民政府，2020. 2019 东营年鉴 [M]. 北京：中华书局.

董厚德，全奎国，邵成，等，1995. 辽河河口湿地自然保护区植物群落生态的研究 [J]. 应用生态学报，6(2)：190 - 195.

董金凯，贺锋，肖蕾，等，2012.人工湿地生态系统服务综合评价研究 [J]. 水生生物学报，36(1): 109－118.

董林水，宋爱云，任月恒，等，2018.黄河三角洲地区城市绿地鸟类多样性研究 [J]. 干旱区资源与环境 (11): 156－162.

杜凤兰，田庆久，夏学齐，2004.遥感图像分类方法评析与展望 [J]. 遥感技术与应用，19(06): 521－525.

杜受祜，2001.环境经济学：理论与实践 [M]. 北京：中国大百科全书出版社.

段菲，李晟，2020.黄河流域鸟类多样性现状、分布格局及保护空缺 [J]. 生物多样性，28(12): 1459－1468.

方精云，郭柯，王国宏，等，2020a.《中国植被志》的植被分类系统、植被类型划分及编排体系 [J]. 植物生态学报，44: 96－110. DOI: 10.17521/cjpe.2019.0259.

方精云，王国宏，2020b.《中国植被志》：为中国植被登记造册 [J]. 植物生态学报，44: 93－95. DOI: 10.17521/cjpe.2020.0033.

房用，王淑军，刘磊，等，2009.黄河三角洲不同人工干扰下的湿地群落种类组成及其成因 [J]. 东北林业大学学报 (07): 67－70.

傅伯杰，徐延达，吕一河，2010.景观格局与水土流失的尺度特征与耦合方法 [J]. 地球科学进展 (07): 673－681.

傅声雷，2020.黄河流域生物多样性保护应考虑复杂的空间异质性 [J]. 生物多样性，28(12): 1445－1446.

高晓奇，王学霞，汪浩，等，2017.黄河三角洲丰水期上覆水中 PAHs 分布、来源及生态风险研究 [J]. 生态环境学报，26(5): 831－836.

谷奉天，1986.现代黄河口三角洲草地资源与演替规律 [J]. 中国草原与牧草，3(4): 18－35.

顾岗，陆根法，蔡邦成，2006.南水北调东线水源地保护区建设的区际生态补偿研究 [J]. 生态经济 (02): 49－50, 72.

关元秀，刘高焕，刘庆生，等，2001.黄河三角洲盐碱地遥感调查研究 [J]. 遥感学报 (01): 46－52.

郭笃发，2005.黄河三角洲滨海湿地土地覆被和景观格局的变化 [J]. 生态学杂志，24(8): 907－912.

郭健，于礼，董新光，2006.孔雀河流域平原区土地利用覆盖变化及生态服务价值分析 [J]. 新疆农业科学，43(4): 260－263.

郭卫华，2001.黄河三角洲及其附近湿地芦苇种群的遗传多样性及克隆结构研究 [D]. 济南：山东大学.

韩美，2012.基于多期遥感影像的黄河三角洲湿地动态与湿地补偿标准研究 [D]. 济南：山东大学.

韩美，李云龙，2018.湿地生态补偿的理论与实践：以黄河三角洲湿地为例 [J]. 理论学刊 (01): 71－77.

韩维栋，高秀梅，卢昌义，等，2000.中国红树林生态系统生态价值评估 [J]. 生态科学，19(01): 41－46.

郝春旭，杨莉菲，温亚利，2010.基于典型案例研究的中国湿地生态补偿模式探析 [J]. 林业经济问题，20(3): 189－198.

何浩，潘耀忠，朱文泉，2005.中国陆地生态系统服务价值测量 [J]. 应用生态学报，16(6): 1122－1127.

贺强，崔保山，赵欣胜，等，2007.水盐梯度下黄河三角洲湿地植被空间分异规律的定量分析 [J]. 湿地科学 (03): 208－214.

洪伟，吴承祯，1999. Shannon-Wiener 指数的改进 [J]. 热带亚热带植物学报，7(2): 120 - 124.

侯元兆，张佩昌，王琦，等，1995. 中国森林资源的核算研究 [M]. 北京：中国林业出版社.

贾文泽，田家怡，潘怀剑，2002. 黄河三角洲生物多样性保护与可持续利用的研究 [J]. 环境科学研究 (04): 35 - 39, 53.

江波，欧阳志云，苗鸿，等，2011. 海河流域湿地生态系统服务功能价值评价 [J]. 生态学报，31(8): 2236 - 2244.

江春波，惠二青，孔庆蓉，等. 2007. 天然湿地生态系统评价技术研究进展 [J]. 生态环境，16(4): 1304 - 1309.

江泽慧，1999. 林业生态工程建设与黄河三角洲可持续发展 [J]. 林业科学研究 (05): 447 - 451.

蒋菊生，2001. 生态资产评估与可持续发展 [J]. 华南热带农业大学报，7(3): 41 - 46.

蒋卫国，李雪，蒋韬，等，2012. 基于模型集成的北京湿地价值评价系统设计与实现 [J]. 地理研究，31(2): 377 - 387.

蒋延玲，周广胜，1999. 中国主要森林生态系统公益的评估 [J]. 植物生态学报，23(5): 426 - 432.

金蓉，石培基，王雪平，2005. 黑河流域生态补偿机制及效益评估研究 [J]. 人民黄河，27(7): 4 - 7.

鞠美婷，王艳霞，孟伟庆，等，2009. 湿地生态系统的保护与评估 [M]. 北京：化学工业出版社.

孔凡亭，郗敏，李悦，等，2013. 基于 RS 和 GIS 技术的湿地景观格局变化研究进展 [J]. 应用生态学报 (04): 941 - 946.

赖力，黄贤金，刘伟良，等，2008. 生态补偿理论、方法研究进展 [J]. 生态学报，28(6): 2870 - 2876.

雷天赐，黄圭成，雷义均，2009. 基于高程模型的鄱阳湖湿地植被遥感信息识别与分类提取 [J]. 资源环境与工程 (06): 844 - 847.

雷璇，杨波，蒋卫国，等，2012. 东洞庭湿地植被格局变化及其影响因素 [J]. 地理研究 (03): 461 - 470.

李宝泉，姜少玉，吕卷章，等，2020. 黄河三角洲潮间带及近岸浅海大型底栖动物物种组成及长周期变化 [J]. 生物多样性，28(12): 1511 - 1522.

李建国，李贵宝，王殿武，等，2005. 白洋淀湿地生态系统服务功能与价值估算的研究 [J]. 南水北调与水利科技，3(3): 18 - 21.

李金昌，1999. 生态价值论 [M]. 重庆：重庆大学出版社.

李立钢，刘波，尤红建，等，2006. 星载遥感影像几何精校正算法分析比较 [J]. 光子学报 (07): 1028 - 1034.

李满良，2006. 北京湿地主要植物群落对水因子的响应 [D]. 北京：首都师范大学.

李明涛，王晓燕，刘文竹，2013. 潮河流域景观格局与非点源污染负荷关系研究 [J]. 环境科学学报 (08): 2296 - 2306.

李胜男，王根绪，邓伟，等，2008. 黄河三角洲典型区域地下水动态分析 [J]. 地理科学进展，27(5): 49 - 56.

李文华，欧阳志云，赵景柱，2002. 生物系统服务功能研究 [M]. 北京：气象出版社.

李兴东，1988. 典范分析法在黄河三角洲莱州湾滨海区盐生植物群落研究中的应用 [J]. 植物生态学与地植
　　物学学报，12(4)：300 - 305.

李兴东，1989. 黄河三角洲的草地退化的研究 [J]. 生态学杂志，8(5)：47 - 49.

李兴东，1992. 獐茅种群地上生物量及光合面积的生长季动态 [J]. 生态学杂志，11(2)：56 - 58.

李兴东，1993. 黄河三角洲植物群落与环境因子的典范分析和主分量分析 [J]. 植物学报，35(增刊)：
　　139 - 143.

李旭，谢永宏，黄继山，等，2009. 湿地植被格局成因研究进展 [J]. 湿地科学 (03)：280 - 288.

李政海，王海梅，刘书润，等，2006. 黄河三角洲生物多样性分析 [J]. 生态环境，15(3)：577 - 582.

梁楠，刘嘉元，丰玥，等，2021. 黄河三角洲盐地碱蓬 - 芦苇群落土壤粒径组成与细菌多样性 [J]. 山东林
　　业科技，51(01)：27 - 30.

廖芳均，赵东升，2014. 南岭国家级自然保护区森林景观格局变化与动态模拟 [J]. 地理科学，34(9)：
　　1099 - 1107.

刘德彬，李逸凡，王振猛，等，2017. 1983 - 2014 年来黄河三角洲景观类型与景观格局动态变化及驱动
　　因素 [J]. 山东林业科技，231(4)：1 - 8.

刘东林，2003. 森林生态效益补偿研究的现状及趋势 [J]. 吉林林业科技，32(1)：22 - 25.

刘富强，王延平，杨阳，等，2009. 黄河三角洲柽柳种群空间分布格局研究 [J]. 西北林学院学报 (3)：
　　7 - 11，16.

刘高焕，汉斯·德罗斯特，1997. 黄河三角洲可持续发展图集 [M]. 北京：北京测绘出版社.

刘桂环，张惠远，万军，等，2006. 京津冀北流域生态补偿机制初探 [J]. 中国人口·资源与环境 (04)：
　　120 - 124.

刘吉平，赵丹丹，田学智，等，2014. 1954 - 2010 年三江平原土地利用景观格局动态变化及驱动力 [J].
　　生态学报，34(12)：3234 - 3244.

刘建涛，2018. 黄河三角洲典型地表类型遥感协同提取方法及生态环境遥感评价研究 [D]. 北京：中国科
　　学院大学中国科学院遥感与数字地球研究所.

刘莉，韩美，刘玉斌，等，2017. 黄河三角洲自然保护区湿地植被生物量空间分布及其影响因素 [J]. 生态
　　学报，37(13)：4346 - 4355.

刘明远，郑奋田，2006. 论政府包办型生态建设补偿机制的低效性成因及应对策略 [J]. 生态经济 (02)：
　　81 - 84.

刘娜，王克林，段亚锋，2012. 洞庭湖景观格局变化及其对水文调蓄功能的影响 [J]. 生态学报，32(15)：
　　4641 - 4650.

刘世梁，安南南，尹艺洁，等，2017. 广西滨海区域景观格局分析及土地利用变化预测 [J]. 生态学报，

37(18): 5915 - 5923.

刘晓玲，王光美，于君，等，2018. 氮磷供应条件对黄河三角洲滨海湿地植物群落结构的影响 [J]. 生态学杂志，37(3)：801 - 809.

刘兴华，2013. 黄河三角洲湿地植物与土壤 C、N、P 生态化学计量特征研究 [D]. 泰安：山东农业大学.

刘艳芬，张杰，马毅，等，2010. 1995 - 1999 年黄河三角洲东部自然保护区湿地景观格局变化 [J]. 应用生态学报，21(11): 2904 - 2911.

鲁开宏，1988. 鲁北滨海盐生草甸獐茅群落生长季动态 [J]. 植物生态学与地植物学学报，11(3): 193 - 201.

陆健健，何文珊，童春富，等，2007. 湿地生态学 [M]. 北京：高等教育出版社.

马克平，郭庆华，2021. 中国植被生态学研究的进展和趋势 [J]. 中国科学：生命科学，51: 215 - 218.

马玉蕾，王德，刘俊民，等，2013. 黄河三角洲典型植被与地下水埋深和土壤盐分的关系 [J]. 应用生态学报，24(9): 2423 - 2430.

梅安新，2001. 遥感导论 [M]. 北京：高等教育出版社.

孟宪民，1999. 湿地与全球环境变化 [J]. 地理科学，19(5): 386 - 391.

苗苗，2008. 辽宁省滨海湿地生态系统服务功能价值评估 [D]. 辽宁：辽宁师范大学.

穆从如，杨林生，王景华，等，2000. 黄河三角洲湿地生态系统的形成及其保护 [J]. 应用生态学报，11(1): 123 - 126.

那晓东，张树清，孔博，等，2009. 三江平原土地利用 / 覆被动态变化对洪河保护区湿地植被退化的影响 [J]. 干旱区资源与环境，23(3): 144 - 150.

欧阳志云，王如松，赵景柱，1999a. 生态系统服务功能及其生态经济价值评价 [J]. 应用生态学报，10(5): 635 - 640.

欧阳志云，王效科，苗鸿，1999b. 中国陆地生态系统生态服务功能及其生态经济价值的初步研究 [J]. 生态学报，19(5): 608 - 613.

潘竟虎，苏有才，黄永生，等，2012. 近 30 年玉门市土地利用与景观格局变化及其驱动力 [J]. 地理研究，31(9): 1631 - 1639.

潘志强，刘高焕，周成虎，2005. 基于遥感的黄河三角洲农作物需水时空分析 [J]. 水科学进展，16(1): 62 - 68.

钱莉莉，2011. 基于 TCM 方法的淮北市采煤塌陷湿地游憩价值评估 [D]. 杭州：浙江工商大学.

秦庆武，2016. 黄河三角洲高效生态产业选择与土地利用 [J]. 科学与管理，36(2): 29 - 39, 57.

任志远，2003. 区域生态环境服务功能经济价值评价的理论与方法 [J]. 经济地理 (01): 1 - 4.

沈芳，周云轩，张杰，等，2006. 九段沙湿地植被时空遥感监测与分析 [J]. 海洋与湖沼，37(6): 498 - 504.

史培军，李晓兵，周武光，2000. 利用"3S"技术检测我国北方气候变化的植被响应 [J]. 第四纪研究 (03): 220 - 228.

宋百敏，2002. 黄河三角洲盐地碱蓬 (*Suaeda salsa*) 种群生态学研究 [D]. 济南：山东大学.

宋创业，胡慧霞，黄欢，等，2016. 黄河三角洲人工恢复芦苇湿地生态系统健康评价 [J]. 生态学报，36(9)：2705 - 2714.

宋创业，刘高焕，刘庆生，等，2008. 黄河三角洲植物群落分布格局及其影响因素 [J]. 生态学杂志，27(12)：2042 - 2048.

宋红丽，牟晓杰，刘兴土，等，2019. 人为干扰活动对黄河三角洲滨海湿地典型植被生长的影响 [J]. 生态环境学报 (12)：2307 - 2314.

宋永昌，2017. 植被生态学（第二版）[M]. 北京：高等教育出版社.

苏敬华，2008. 崇明岛生态系统服务功能价值评估 [D]. 上海：东华大学.

孙才志，闫晓露，2014. 基于 GIS-Logistic 耦合模型的下辽河平原景观格局变化驱动机制分析 [J]. 生态学报，34(24)：7280 - 7292.

孙工棋，张明祥，雷光春，2020. 黄河流域湿地水鸟多样性保护对策 [J]. 生物多样性，28(12)：1469 - 1482.

孙万龙，孙志高，田莉萍，等，2017. 黄河三角洲潮间带不同类型湿地景观格局变化与趋势预测 [J]. 生态学报，37(1)：215 - 225.

孙远，胡维刚，姚树冉，等，2020. 黄河流域被子植物和陆栖脊椎动物丰富度格局及其影响因子 [J]. 生物多样性，28(12)：1523 - 1532.

孙志高，牟晓杰，陈小兵，等，2011. 黄河三角洲湿地保护与恢复的现状、问题与建议 [J]. 湿地科学，9(2)：107 - 115.

谭学界，赵欣胜，2006. 水深梯度下湿地植被空间分布与生态适应 [J]. 生态学杂志，25(12)：1460 - 1464.

唐小平，黄桂林，2003. 中国湿地分类系统的研究 [J]. 林业科学研究，16(5)：531 - 539.

陶思明，2000. 黄河三角洲湿地生态与石油生产：保护、冲突和协调发展 [J]. 环境保护 (6)：26 - 28.

田波，2008. 面向对象的滩涂湿地遥感与 GIS 应用研究 [D]. 上海：华东师范大学.

田家怡，1999a. 黄河三角洲鸟类多样性研究 [J]. 滨州教育学院学报，5(3)：35 - 42.

田家怡，贾文泽，窦洪云，等，1999b. 黄河三角洲生物多样性研究 [M]. 青岛：青岛出版社.

田家怡，潘怀剑，傅荣恕，2001. 黄河三角洲土壤动物多样性初步调查研究 [J]. 生物多样性，9(3)：228 - 236.

田静，2010. 滨州市沿海防潮工程的生态响应 [J]. 中国环境管理干部学院学报，20(4)：9 - 11,18.

童庆禧，郑兰芬，王晋年，等，1997. 湿地植被成象光谱遥感研究 [J]. 遥感学报，1(1)：50 - 57, 82 - 83, 85.

童笑笑，陈春娣，吴胜军，等，2018. 三峡库区澎溪河消落带植物群落分布格局与生境影响 [J]. 生态学报 (2)：571 - 580.

万丹，梁博，喻武，等，2018. 藏东南泥石流沉积区植被演替过程物种多样性研究 [J]. 中南林业科技大学学报，38(1)：68 - 74.

汪小钦，王钦敏，励惠国，等，2008. 黄河三角洲土地利用／覆盖变化的微地貌区域分异 [J]. 地理科学，28(4)：513 - 517.

汪小钦，王钦敏，刘高焕，等，2006. 黄河三角洲土地利用／土地覆被区域分异 [J]. 自然资源学报，21(2)：165 - 171，333 - 334.

王芳，谢小平，陈芝聪，2017. 太湖流域景观空间格局动态演变 [J]. 应用生态学报，28(11)：3720 - 3730.

王海梅，李政海，宋国宝，等，2006. 黄河三角洲植被分布、土地利用类型与土壤理化性状关系的初步研究 [J]. 内蒙古大学学报（自然科学版），37(1)：69 - 75.

王红，宫鹏，刘高焕，2005. 利用 Cokriging 提高估算土壤盐离子浓度分布的精度：以黄河三角洲为例 [J]. 地理学报，60(3)：511 - 518.

王蕾，2009. 内陆湿地类型自然保护区经济价值评估体系构建 [D]. 北京：北京林业大学.

王丽群，张志强，李格，等，2018. 北京边缘地区景观格局变化及对生态系统服务的影响评价：以牛栏山－马坡镇为例 [J]. 生态学报，38(3)：750 - 759.

王清，王仁卿，张治国，等，1993. 黄河三角洲的植物区系 [J]. 山东大学学报（理学版），28（增刊：黄河三角洲植被专辑）：15 - 22.

王仁卿，张煜涵，孙淑霞，等，2021. 黄河三角洲植被研究回顾与展望 [J]. 山东大学学报（理学版），56(10)：135 - 148.

王仁卿，张治国，1993a. 黄河三角洲的生态条件特征及其与植被的关系 [J]. 山东大学学报（自然科学版），28：8 - 14.

王仁卿，张治国，王清，1993b. 黄河三角洲植被的分类 [J]. 山东大学学报（自然科学版），28：23 - 28.

王仁卿，周光裕，2000. 山东植被 [M]. 济南：山东科学技术出版社.

王世雄，2013. 黄土高原子午岭植物群落物种多样性的时空格局与过程 [D]. 西安：陕西师范大学.

王宪礼，李秀珍，1997. 湿地的国内外研究进展 [J]. 生态学杂志，16(1)：58 - 62.

王霄鹏，2014. 黄河三角洲湿地典型植被高光谱遥感研究 [D]. 大连：大连海事大学.

王秀兰，包玉海，1999. 土地利用动态变化研究方法探讨 [J]. 地理科学进展，18(1)：81 - 87.

王岩，陈永金，刘加珍，2013. 黄河三角洲湿地植被空间分布对土壤环境的响应 [J]. 东北林业大学学报(9)：59 - 62.

王永丽，于君宝，董洪芳，等，2012. 黄河三角洲滨海湿地的景观格局空间演变分析 [J]. 地理科学，32(6)：717 - 724.

王志秀，2017. 滇池湖滨带湿地植被格局与功能研究 [D]. 武汉：中国科学院大学.

魏伟，石培基，王旭峰，等，2012. 基于 GIS 的石羊河流域景观格局演变分析 [J]. 土壤通报，43(6)：1287 - 1293.

吴大千，2010. 黄河三角洲植被的空间格局、动态监测与模拟 [D]. 济南：山东大学.

吴玲玲，陆健健，童春富，等，2003. 长江口湿地生态系统服务功能价值的评估 [J]. 长江流域资源与环境，12(5)：411 - 416.

吴水荣，马天乐，赵伟，2001. 森林生态补偿政策进展与经济分析 [J]. 林业经济(4)：20 - 23.

吴晓青，洪尚群，段昌群，等，2003. 区际生态补偿机制是区域间协调发展的关键 [J]. 长江流域资源与环境，12(1)：13 - 16.

吴征镒，1980. 中国植被 [M]. 北京：科学出版社.

吴志芬，赵善伦，张学雷，1994. 黄河三角洲盐生植被与土壤盐分的相关性研究 [J]. 植物生态学报，18(2)：184 - 193.

武海涛，吕宪国，2005. 中国湿地评价研究进展与展望 [J]. 世界林业研究，18(4)：49 - 53.

武洪涛，张震宇，常宗广，2001. 小浪底工程对黄河下游湿地生态环境影响预测 [J]. 国土与自然资源研究 (3)：53 - 55.

武亚楠，王宇，张振明，2020. 黄河三角洲潮沟形态特征对湿地植物群落演替的影响 [J]. 生态科学，39 (01)：33 - 41.

郗金标，1997. 黄河三角洲盐渍土资源现状及开发利用的生物学对策 [J]. 山东林业科技 (增订本)：105 - 107.

郗金标，宋玉民，邢尚军，等，2002. 黄河三角洲生态系统特征与演替规律 [J]. 东北林业大学学报，30(6)：111 - 114.

肖笃宁，黄国宏，李玉祥，等，2001. 芦苇湿地温室气体甲烷排放研究 [J]. 生态学报，21(9)：1494 - 1497.

谢高地，鲁春霞，成升魁，2001a. 全球生态系统服务价值评估研究进展 [J]. 资源科学，23(6)：5 - 9.

谢高地，张钇锂，鲁春霞等，2001b. 中国自然草地生态系统服务价值 [J]. 自然资源学报，16(1)：47 - 53.

辛琨，2001. 生态系统服务功能价值估算：以辽宁省盘锦地区为例 [D]. 沈阳：中国科学院沈阳应用生态研究所.

辛琨，2009. 湿地生态价值评估理论与方法 [M]. 北京：中国环境出版社.

熊鹰，王克林，蓝万炼，等，2004. 洞庭湖区湿地恢复的生态补偿效应评估 [J]. 地理学报，59(5)：772 - 780.

修长军，王晓慧，2003. 胜利油田开发对黄河三角洲湿地的环境影响及环境管理 [J]. 中国环境管理，22(3)：59 - 60.

修玉娇，龙诗颖，李晓茜，等，2021. 黄河三角洲底栖动物群落分布及与环境的关系 [J]. 北京师范大学学报 (自然科学版)，57(01)：112 - 120.

徐恺，2020. 黄河三角洲典型湿地大型底栖动物与土壤微生物的群落结构及其相互影响 [D]. 济南：山东大学.

徐梦辰，刘加珍，陈永金，2015. 黄河三角洲湿地柽柳群落退化的特征分析 [J]. 人民黄河，37(7)：85 - 88.

徐远杰，陈亚宁，李卫红，等，2010. 伊犁河谷山地植物群落物种多样性分布格局及环境解释 [J]. 植物生态学报，34(10)：1142 - 1154.

许吉仁，董霁红，2013. 1987 - 2010 年南四湖湿地景观格局变化及其驱动力研究 [J]. 湿地科学 (4)：438 - 445.

许文宁，2011. Kappa 系数在干旱预测模型精度评价中的应用 [J]. 自然灾害学报，20(6)：81 - 86.

许学工，陈晓玲，郭洪海，等，2001. 黄河三角洲土地利用与土地覆被的质量变化 [J]. 地理学报，56(6)：640 - 648.

许学工，梁泽，周鑫，2020.黄河三角洲陆海统筹可持续发展探讨 [J].资源科学，42(3)：424 - 432.

许妍，高俊峰，黄佳聪，2010.太湖湿地生态系统服务功能价值评估 [J].长江流域资源与环境，19(6)：646 - 652.

薛达元，1999.长白山自然保护区生物多样性旅游价值评估研究 [J].自然资源学报，14(2)：140 - 145.

闫敏华，华润葵，王德宣，等，2000.长春地区稻田甲烷排放量的估算研究 [J].地理科学，20(4)：386 - 390.

颜世强，2005.黄河三角洲生态地质环境综合研究 [D].长春：吉林大学.

杨红生，邢丽丽，张立斌，2020.黄河三角洲蓝色农业绿色发展模式与途径的思考 [J].中国科学院院刊，35(2)：175 - 182.

阳文锐，2015.北京城市景观格局时空变化及驱动力 [J].生态学报，35(13)：4357 - 4366.

姚荣江，杨劲松，刘广明，等，2006.黄河三角洲地区典型地块土壤盐分空间变异特征研究 [J].农业工程学报，22(6)：61 - 66.

叶功富，谭芳林，罗彩莲，等，2010.泉州湾河口湿地景观格局变化研究 [J].湿地科学，8(4)：360 - 365.

叶庆华，2001.黄河三角洲土地利用土地覆被变化的时空复合分析 [D].北京：中国科学院地理科学与资源研究所.

叶庆华，田国良，刘高焕，等，2004.黄河三角洲新生湿地土地覆被演替图谱 [J].地理研究，23(2)：257 - 264，282.

叶文虎，魏斌，仝川，1998.城市生态补偿能力衡量和应用 [J].中国环境科学，18(4)：298 - 301.

殷万东，吴明可，田宝良，等，2020.生物入侵对黄河流域生态系统的影响及对策 [J].生物多样性，28(12)：1533 - 1545.

于欢，张树清，孔博，等，2010.面向对象遥感影像分类的最优分割尺度选择研究 [J].中国图象图形学报，15(2)：352 - 360.

于君宝，陈小兵，孙志高，等，2010.黄河三角洲新生滨海湿地土壤营养元素空间分布特征 [J].环境科学学报，30(4)：855 - 861.

于泉洲，张祖陆，吕建树，等，2012.1987 - 2008 年南四湖湿地植被碳储量时空变化特征 [J].生态环境学报，21(9)：1527 - 1532.

余悦，2012.黄河三角洲原生演替中微生物多样性及其与土壤理化性质关系 [D].济南：山东大学.

袁西龙，李清平，贾永山，等，2008.黄河三角洲生态地质环境演化及其原因探索 [J].地质调查与研究，31(3)：229 - 235.

詹庆明，2001.城市遥感技术 [M].武汉：武汉大学出版社.

张翠，2017.人类活动干扰下的黄河三角洲湿地景观格局变化研究 [D].济南：山东师范大学.

张高生，2008.基于 RS、GIS 技术的现代黄河三角洲植物群落演替数量分析及近 30 年植被动态研究 [D].济南：山东大学.

张华，武晶，孙才志，2008.辽宁省湿地生态系统服务功能价值测评 [J].资源科学，30(2)：267 - 273.

张金屯，1995. 植物数量生态学方法 [M]. 北京：中国科学技术出版社.

张金屯，2004. 数量生态学 [M]. 北京：科学出版社.

章锦河，张捷，梁玥琳，等，2005. 九寨沟旅游生态足迹与生态补偿分析 [J]. 自然资源学报，20(5)：735－744.

张军，2017. 丹江流域植被格局演变及其与水质响应关系研究 [D]. 西安：西安理工大学.

张丽丽，殷峻暹，蒋云钟，等，2012. 鄱阳湖自然保护区湿地植被群落与水文情势关系 [J]. 水科学进展，23(6)：768－775.

张玲玲，赵永华，殷莎，等，2014. 基于移动窗口法的岷江干旱河谷景观格局梯度分析 [J]. 生态学报，34(12)：3276－3284.

张明才，2000. 黄河三角洲怪柳群落土壤微生物多样性及其生态系统功能的研究 [D]. 济南：山东大学.

张苹，马涛，2011. 湿地生态系统服务价值评估的国内研究评述 [J]. 湿地科学，9(2)：203－208.

张希彪，上官周平，2005. 黄土丘陵区主要林分生物量及营养元素生物循环特征 [J]. 生态学报，25(3)：527－537.

张晓龙，李培英，2006. 黄河三角洲滨海湿地的区域自然灾害风险 [J]. 自然灾害学报，15(1)：159－164.

张新时，2007. 中国植被地理格局与植被区划：中华人民共和国植被图集 1:100 万说明书 [M]. 北京：地质出版社.

张绪良，叶思源，印萍，等，2009. 黄河三角洲自然湿地植被的特征及演化 [J]. 生态环境学报，18(1)：292－298.

赵慧勋，1990. 群体生态学 [M]. 哈尔滨：东北林业大学出版社.

赵清贺，刘倩，马丽娇，等，2017. 黄河中下游典型河岸缓冲带植被格局时空动态 [J]. 生态学杂志，36(8)：2127－2137.

赵亚辉，邢迎春，吕彬彬，等，2020. 黄河流域淡水鱼类多样性和保护 [J]. 生物多样性，28(12)：1496－1510.

赵延茂，1997. 黄河三角洲林业发展与自然保护 [M]. 北京：中国林业出版社.

赵延茂，宋朝枢，1995. 黄河三角洲自然保护区科学考察集 [M]. 北京：中国林业出版社.

赵银军，曾兰，何忠，等，2017. 基于多源遥感影像的喀斯特地貌景观解译及格局研究 [J]. 水土保持研究，24(4)：158－162.

赵永华，贾夏，刘建朝，等，2013. 基于多源遥感数据的景观格局及预测研究 [J]. 生态学报，33(8)：2556－2564.

郑海霞，张陆彪，2006. 流域生态服务补偿定量标准研究 [J]. 环境科学 (1)：42－46.

周葆华，操璟璟，朱超平，等，2011. 安庆沿江湖泊湿地生态系统服务功能价值评估 [J]. 地理研究，30(12)：2296－2304.

周成虎，1999. 遥感影像地学理解与分析 [M]. 北京：科学出版社.

周光裕，叶正丰，1956. 山东沾化县徒骇河东岸荒地植物群落的初步调查：植物生态学与地植物学资料丛刊（第13号）[M]. 北京：科学出版社.

周晓峰，张洪军，2002. 生态系统的服务功能：森林生态系统的服务功能 [M]. 北京：科学出版社.

朱会义，李秀彬，2003. 关于区域土地利用变化指数模型方法的讨论 [J]. 地理学报，58(5): 643 - 650.

庄大昌，2006. 基于CVM的洞庭湖湿地资源非使用价值评估 [J]. 地域研究与开发，25(2): 105 - 110.

庄大昌，杨青生，2009. 广州市城市湿地生态系统服务功能价值评估 [J]. 热带地理，29(5): 407 - 411.

宗美娟，2002. 黄河三角洲新生湿地植物群落与数字植被研究 [D]. 济南：山东大学.

宗敏，2017. 基于MaxEnt模型的黄河三角洲滨海湿地优势植物群落潜在分布模拟 [J]. 应用生态学报，28(6), 1833 - 1842.

宗秀影，刘高焕，乔工良，等，2009. 黄河三角洲湿地景观格局动态变分析 [J]. 地球信息科学学报，11(1): 91 - 97.

AGUIAR M R, SALA O E, 1999. Patch structure, dynamics, and implications for the functioning of arid ecosystems[J]. Trends in Ecology and Evolution, 14: 273–277.

ALLEN A O, FEDDEMA J J, 1996. Wetland loss and substitution by the section 404 permit program in southern California, USA[J]. Environmental Management, 20(2): 263–274.

ASCHWANDEN J, BIRRER S, JENNI L, 2005. Are ecological compensation areas attractive hunting sites for common kestrels (*Falco tinnunculus*) and long-eared owls (*Asio otus*)[J]. Journal of Ornithology, 146(3): 279–286.

AUESTAD I, RYDGREN K, ØKLAND R H, 2008. Scale-dependence of vegetation-environment relationships in semi-natural grasslands[J]. Journal of Vegetation Science, 19: 139–148.

BENDOR T, BROZOVIC N, 2007. Determinants of spatial and temporal patterns in compensatory wetland mitigation[J]. Environmental Management, 40(3): 349–364.

BENZ U C, HOFMANN P, WILLHAUCK G, et al, 2004. Multi-resolution, object-oriented fuzzy analysis of remote sensing data for GIS-ready information[J]. ISPRS Journal of Photogrammetry and Remote Sensing, 58: 239–258.

BERTNESS M D, 1991. Interspecific interactions among high marsh perennials in a New England salt marsh[J]. Ecology, 72: 125–137.

BEVEN K J, KIRKBY M J, 1979. A physically based variable contributing area model of basin hydrology[J]. Hydrological Science Bulletin, 24: 43–69.

BLAINE T W, LICHTKOPPLER F R, JONES K R, et al, 2005. An assessment of household willingness to pay for curbside recycling: A comparison of payment card and referendum approaches[J]. Journal of Environmental Management, 76(1): 15–22.

BORCARD D, LEGENDRE P, DRAPEAU P, 1992. Partialling out the spatial component of ecological variation[J]. Ecology, 73: 1045–1055.

CAIRNS J, 1977. Recovery and restoration of damaged ecosystem[M]. Charlottesville: University Press of Virginia.

CANTERO J J, LEON R, CISNEROS J M, 1998. Habitat structure and vegetation relationships in central Argentina salt marsh landscapes[J]. Plant Ecology, 137: 79–100.

CANTERS K J, UDO DE HAES H A, CUPERUS R, et al, 1999. Guidelines for ecological compensation associated with highways[J]. Biological Conservation, 90(1): 41–51.

CHAPMAN V J, 1974. Salt marshes and salt desert of the world[M]//In Reinold R J, Queen W H. Ecology of Halophytes. London: Academic Press.

CHEN J Y, TANIGUCHI M, LIU G Q, 2007. Nitrate pollution of groundwater in the Yellow River delta, China[J]. Hydrogeology Journal, 15: 1605–1614.

CHUVIECO E, COCCERO D, RIAÑO D, 2004. Combining NDVI and surface temperature for the estimation of live fuel moisture content in forest fire danger rating[J]. Remote Sensing of Environment, 92: 322–331.

CICCHETTI D V, FEINSTEIN A R, 1990. High agreement but low Kappa: II. Resolving the paradoxes[J]. Journal of Clinical Epidemiology, 43(6): 551–558.

COHEN J, 1960. A coefficient of agreement for nominal scales[J]. Educational and Psychological Measurement, 20(1): 37–46.

COSTANZA R, D'ARGE R, DE GROOT R, et al, 1998. The value of the world's ecosystem services and natural capital[J]. Ecological Economics, 25(1): 3–15.

COUPERUS R, CATERS K J, PIEPERSB A A G, 1996. Ecological compensation of the impacts of a road. Preliminary method of A50 road link[J]. Ecological Engineering, 7(4): 327–349.

CUI B S, YANG Q C, YANG Z F, et al, 2009. Evaluating the ecological performance of wetland restoration in the Yellow River Delta, China[J]. Ecological Engineering, 35(7): 1090–1103.

DAILY G C, 1997. Nature's Services: Societal Dependence on Natural Ecosystems[M]. Washington D. C.: Island Press.

DALE M R T, MAH M, 1998. The Use of Wavelets for Spatial Pattern Analysis in Ecology[J]. Journal of Vegetation Science, 9(6): 805–814.

DARGIE T C D, EL-DEMERDASH M A, 1991. A quantitative study of vegetation-environment relationships in two Egyptian deserts[J]. Journal of Vegetation Science, 2: 3–10.

WARDLE D A, BARDGETT R D, KLIRONOMOS J N, et al, 2004. Ecological linkages between aboveground and belowground biota[J]. Science (New York, N.Y.), 304(5677): 1629–1633.

DEL BARRIO G, ALVERA B, PUIGDEFABREGAS J, 1997. Response of high mountain landscape to topographic variables: Central Pyrenees[J]. Landscape Ecology, 12: 95–115.

DENG Y, CHEN X, CHUVIECO E, 2007. Multi-scale linkages between topographic attributes and vegetation indices in a mountainous landscape[J]. Remote Sensing of Environment, 111: 122–134.

DIETSCHI S, HOLDEREGGER R, SCKMIDT S G, et al, 2007. Agri-environment incentive payments and plant species richness under different management intensities in mountain meadows of Switzerland[J]. Acta Oecologica, 31(2): 216–222.

DINIZ-FILHO J A F, HAWKINS B A, BINI L M, et al, 2007. Are spatial regression methods a panacea or a Pandora's box? A reply to Beale et al[J]. Ecography, 30(6): 848–851.

DORMANN C F, 2007. Effects of incorporating spatial autocorrelation into the analysis of species distribution data[J]. Global Ecology and Biogeography, 16: 129–138.

ELITH J, LEATHWICK J R, 2009. Species Distribution Models: Ecological Explanation and Prediction Across Space and Time[J]. Annual Review of Ecology, Evolution, and Systematics, 40(1): 677–697.

EMERY N C, EWANCHUK P J, BERTNESS M D, 2001. Competition and salt-marsh plant zonation: Stress tolerators may be dominant competitors[J]. Ecology, 82: 2471–2485.

EMILY A, ALAN H, 2008. Identifying Wetland Compensation Principles and Mechanisms for Atlantic Canada Using a Delphi Approach[J]. Wetlands, 28(3): 640–655.

FANG H L, LIU G H, KEARNEY M, 2005. Georalational analysis of soil type, soil salt content, topography, and land use in the Yellow River Delta, China[J]. Environment Management, 35: 72–83.

FEINSTEIN A R, CICCHETTI D V, 1990. High agreement but low Kappa: I. the problems of two paradoxes[J]. Journal of Clinical Epidemiology, 43(6): 543–549.

FRENCH L J, SMITH G F, KELLY D L, 2008. Ground flora communities in temperate oceanic plantation forests and the influence of silvicultural, geographic and edaphic factors[J]. Forest

Ecology and Management, 255: 3–4.

FU B, BURGHER I, 2015. Riparian vegetation NDVI dynamics and its relationship with climate, surface water and groundwater[J]. Journal of Arid Environments, 113: 59–68.

GALLE S, EHRMANN M, PEUGEOT C, 1999. Water balance in a banded vegetation pattern: a case study of tiger bush in western Niger[J]. Catena, 37: 197–216.

GAO Y F, LIU L L, ZHU P C, et al, 2021. Patterns and Dynamics of the Soil Microbial Community with Gradual Vegetation Succession in the Yellow River Delta, China[J]. Wetlands, 41(1): 1–11.

GARCIA-AGUIRRE M C, ORTIZ M A, ZAMORANO J J, 2007. Vegetation and topography relationships at Ajusco volcano Mexico, using a geographic information system (GIS)[J]. Forest Ecology and Managment, 239: 1–12.

GAUDET C L, KEDDY P A, 1995. Competitive performance and species distribution in shoreline plant communities: a comparative approach[J]. Ecology, 76: 280–291.

GRAYSON J E, CHAPMAN M G, UNDERWOOD A J, 1999. The assessment of restoration of habitat in urban wetland[J]. Landscape and Urban Planning, 43(4): 227–236.

HANEMANN W M, 1994. Valuing the environment through contingent valuation[J]. The Journal of Economic Perspectives, 8(4): 9–43.

HARA M, HIRATA K, OONO K, 1996. Relationship between microlandform and vegetation structure in an evergreen broad-leaved forest on Okinawa Island, S-W Japan[J]. Natural History Research, 4: 27–35.

HERZOG F, DREIER S, HOFER G, et al, 2005. Effect of ecological compensation on floristic and breeding bird diversity in Swiss agricultural landscapes[J]. Agriculture, Ecosystems and Environment, 108(3): 189–204.

HOLLING C S, 1992. Cross-scale morphology, geometry, and dynamics of ecosystems[J]. Ecological Monographs, 62: 447–502.

JENKINS M, SCHERR S J, INBAR M, 2004. Markets for biodiversity services: potential roles and challenges[J]. Environment, 46(6): 32–42.

JOHST K, DRECHSLER M, WATZOLD F, 2002. An ecological-economic modelling procedure to design compensation payments for the efficient spatio-temporal allocation of species protection measures[J]. Ecological Economics, 41(1): 37–49.

KEITT T H, URBAN D L, 2005. Scale-Specific Inference Using Wavelets[J]. Ecology, 86(9): 2497–

2504.

KENTULA M E, 1997. A comparison of approaches to prioritizing sites for riparian restoration[J]. Restoration Ecology, 5: 69–74.

KERR J T, OSTROVSKY M, 2003. From space to species: ecological applications for remote sensing[J]. Trends in Ecology and Evolution, 18(6): 299–304.

KERR J T, PACKER L, 1997. Habitat heterogeneity as a determinant of mammal species richness patterns in high energy regions[J]. Nature, 385: 252–254.

KING R S, RICHARDSON C J, URBAN D L, et al, 2004. Spatial dependency of vegetation-environment linkages in an anthropogenically influenced wetland ecosystem[J]. Ecosystem, 7: 75–97.

KLEIJN D, BERENDSE F, SMIT R, et al, 2004. Ecological effectiveness of agri-environment schemes in different agricultural landscapes in the Netherlands[J]. Biological Conservation, 18(3): 775–786.

KÜHN I, 2007. Incorporating spatial autocorrelation may invert observed patterns[J]. Diversity and Distributions, 13: 66–69.

LEGENDRE P, 1993. A patial autocorrelation-Trouble or newparadigm[J]. Ecology, 74: 1659–1673.

LENNON J J, 2000. Red-shifts and red herrings in geographical ecology[J]. Ecography, 23: 101–113.

LEVINS S A, 1992. The problem of pattern and scale in ecology[J]. Ecology, 73: 1943–1967.

LI J Y, CHEN Q F, LI Q, et al, 2021. Influence of plants and environmental variables on the diversity of soil microbial communities in the Yellow River Delta Wetland, China[J]. Chemosphere, 274: 129967.

LI X B, CHEN Y H, YANG H, 2005. Improvement, comparison and application of field measurement methods for grassland vegetation fractional coverage[J]. Journal of Integrative Plant Biology, 47: 1074–1083.

LIU L L, YIN M Q, GUO X, et al, 2021. The river shapes the genetic diversity of common reed in the Yellow River Delta via hydrochory dispersal and habitat selection[J]. Science of the Total Environment, 764: 144382.

LU D, WENG Q, 2007. A survey of image classification methods and techniques for improving classification performance[J]. International Journal of Remote Sensing, 28(5): 823–870.

LU G R, XIE B H, CAGLE G A, et al, 2021. Effects of simulated nitrogen deposition on soil microbial community diversity in coastal wetland of the Yellow River Delta[J]. Science of the Total Environment, 757: 143825.

LUDWIG J A, WILCOX B P, BRESHEARS D D, 2005. Vegetation patches and runoff-erosion as interacting ecohydrological processes in semiarid landscapes[J]. Ecology, 86: 288–297.

MCINTOSH R P, 1967. An index of diversity and relation of certain concepts to diversity[J]. Ecology, 48(3): 392–404.

MI X C, REN H B, OUYANG Z S, 2005. The use of the Mexican Hat and the Morlet wavelets for detection of ecological patterns[J]. Plant Ecology, 179: 1–19.

Millennium Ecosystem Assessment, 2003. Ecosystems and Human Well-being: A Framework for Assessment[M]. Washing D.C.: Island Press.

MOORE I D, GESSLER P E, NIELSEN G A, 1993. Soil attribute prediction using terrain analysis[J]. Soil Science Society of America journal, 57: 443–452.

MORRIS J, COWING D J G, MILLS J, et al, 2000. Reconciling agricultural economic and environmental objectives: the case of recreating wetlands in the Fenland area of eastern England[J]. Agriculture, Ecosystems and Environment, 79(2–3): 245–257.

MUÑOZ-REINOSO J C, NOVO F G, 2005. Multiscale control of vegetation patterns: the case of Doñana (SW Spain)[J]. Landscape Ecology, 20: 51–61.

ODUM H T, 1986. Emerge in ecosystems. Environmental Monographs and Symposia[M]. New York: John Wiley.

OINDO B O, SKIDMORE A K, DE SALVO P, 2003. Mapping habitat and biological diversity in the Maasai Mara ecosystem[J]. International Journal of Remote Sensing, 24: 1053–1069.

O'NEILL M P, SCHMIDT J C, DOBROWOLSKE J P, 1997. Identifying sites for riparian wetland restoration: application of a model to the Upper Arkansas River basin[J]. Restoration Ecology, 5: 85–102.

ONEMA J M K, TAIGBENU A, 2009. NDVI-rainfall relationship in the Semliki watershed of the equatorial Nile[J]. Physics and Chemistry of the Earth, 34(13): 711–721.

OVERMARS K P, DE KONING G H J, VELDKAMP A, 2003. Spatial autocorrelation in multi-scale land use models[J]. Ecological Modelling, 164: 257–270.

PAGIOLA S, ARCENAS A, PLATAIS G, 2005. Can payments for environmental services help reduce poverty? An exploration of the issues and the evidence to date from Latin America[J]. World Development, 33(2): 237–253.

PAN D Y, BOUCHARD A, LEGENDRE P, 1998. Influence of edaphic factors on the spatial structure of inland halophytic communities: A case study in China[J]. Journal of Vegetation Science, 9: 797–804.

PFEFFER K, PEBESMA E J, BURROUGH P A, 2003. Mapping alpine vegetation using vegetation observations and topographic attributes[J]. Landscape Ecology, 18: 759–776.

PIELOU E C, 1975. Ecological Diversity[M]. New York: Wiley-Interscience.

PIERNIK A, 2003. Inland halophilous vegetation as indicator of soil salinity[J]. Basic and Applied Ecology, 4: 525–536.

PIMENTEL D, WILSON C, MCCULLUM C, et al, 1997. Economic and environmental Benefits of biodiversity[J]. BioScience, 47(11): 747–757.

PINDER J E, KROH G C, WHITE J D, 1997. The relationships between vegetation types and topography in Lassen Vocalnic National Park[J]. Plant Ecology, 131: 17–29.

PUREVDORJ J T S, TATEISHI R, ISHIYAMA T, 1998. Relationships between percent vegetation cover and vegetation indices[J]. International Journal of Remote Sensing, 19(18): 3519–3535.

QIN Z, OUYANG Y, SU G, 2008. Characterization of CO_2 and water vapor fluxes in a summer maize field with wavelet analysis[J]. Ecological Informatics, 3: 397–409.

RANGEL T F L V B, DINIZ-FILHO J A F, BINI L M, 2006. Towards an integrated computational tool for spatial analysis in macroecology and biogeography[J]. Global Ecology and Biogeography, 15: 321–327.

REED R A, PEET R K, PALMER M W, 1996. Scale dependence of vegetation-environment correlations: a case study of a north Carolina piedmont woodland[J]. Journal of Vegetation Science, 4: 329–340.

RODRIGO S, ERIC R, 2006. On the efficiency of environmental service payments: A forest conservation assessment in the Osa Peninsula, Cesta Rica[J]. Ecological Economics, 59(1): 131–141.

RUBEC C, HANSON A, 2009. Wetland mitigation and compensation: Canadian experience[J]. Wetlands Ecology & Management, 17(1): 3–14.

SANDHOLT I, RASMUSSEN K, ANDERSEN J, 2002. A simple interpretation of the surface temperature/vegetation index space for assessment of surface moisture status[J]. Remote Sensing of Environment, 79: 213–224.

SAUNDERS S C, CHEN J, DRUMMER T D, 2005. Identifying scales of pattern in ecological data: a comparison of lacunarity, spectral and wavelet analyses[J]. Ecological Complexity, 2: 87–105.

SHEKEDE M D, KUSANGAYA S, SCHMIDT K, 2008. Spatio-temporal variations of aquatic weeds abundance and coverage in Lake Chivero, Zimbabwe[J]. Physics and Chemistry of the Earth, 33(8): 714–721.

SIMPSON E H, 1949. Measurement of diversity[J]. Nature, 163: 688.

SNOW A A, VINCE S W, 1984. Plant zonation in an Alaskan salt marsh. II. An experimental study of the role of edaphic conditions[J]. Journal of Ecology, 72: 669–684.

SWANSON F J, KRATZ T K, CAINE N, 1998. Landform effects on ecosystem patterns and processes[J]. BioScience, 38: 92–98.

TER BRAAK C J F, 1987. The analysis of vegetation-environment relationships by canonical correspondence analysis[J]. Vegetatio, 69: 69–77.

TORRENCE C, COMPO G P, 1998. Apractical guide towavelet analysis[J]. Bulletin of the American Meteorological Society, 79: 61–78.

TURNER M G, 1989. Landscape ecology: the effect of pattern on process[J]. Annual Review of Ecological Systems, 20: 171–197.

UNGAR I A, 1967. Vegetation-soil relationships on saline soils in the northern Kansas[J]. American Midland Naturalist, 78: 98–120.

UNGAR I A, HOGAN W, MCCLELLAND M, 1969. Plant communities of saline soils at Lincoln, Nebraska[J]. American Midland Naturalist, 82: 564–577.

VALENTIN C, D' HERBES J M, POESEN J, 1999. Soil and water components of banded vegetation patterns[J]. Catena, 37: 1–24.

VAN DE RIJT C W C, HAZELHOFF L, BLOM C W P M, 1996. Vegetation zonation in a former tidal area: A vegetation-type response model based on DCA and logistic regression using GIS[J]. Journal of Vegetation Science, 7: 505–518.

WANG X H, BENNETT J, XIE C, et al, 2007. Estimating non-market environmental benefits of the conversion of cropland to forest and grassland program: A choice modeling approach[J]. Ecological Economics, 63(1): 114–125.

WANG Z Y, XIN Y Z, GAO D M, et al, 2010. Microbial Community Characteristics in a Degraded Wetland of the Yellow River Delta[J]. Pedosphere, 20: 466–478.

WHITTAKER R H, NIERING W A, 1975. Vegetation of the Santa Catalina Mountains, Arizona V. Biomass, production and diversity along an elevational gradient[J]. Ecology, 56: 771–790.

WU X B, ARCHER S R, 2005. Scale-dependent influence of topography-based hydrologic features on patterns of wood plant encroachment in savanna landscapes[J]. Landscape Ecology, 20: 733–742.

WU X B, ARCHER S R, 2005. Scale-dependent influence of topography-based hydrologic features on patterns of wood plant encroachment in savanna landscapes[J]. Landscape Ecology, 20: 733–742.

XIONG Y, WANG K L, 2010. Eco-compensation effects of the wetland recovery in Dongting Lake area[J]. Journal of Geography Science, 20(3): 389–405.

YANG W, LI X X, SUN T, et al, 2017. Macrobenthos functional groups as indicators of ecological restoration in the northern part of China's Yellow River Delta Wetlands[J]. Ecological Indicators, 82: 381–391.

ZHANG G S, WANG R Q, SONG B M, 2007. Plant community succession in modern Yellow River Delta, China[J]. Journal of Zhejiang University Science B, 8: 540–548.

附录1 近年来研究团队承担的黄河三角洲相关课题

[1] 国家重大地质调查项目.山东省黄河下游土壤生物多样性及其作用研究，2005-2006.

[2] 国家科技支撑计划."黄河三角洲生态系统综合整治技术与模式"子课题，2010-2011.

[3] 国家自然科学基金.基于植物功能性状的黄河三角洲群落动态格局对人为扰动的快速响应机制研究，2011-2012.

[4] 山东省自主创新重大项目.黄河三角洲海岸带湿地保护与修复技术示范，2009-2010.

[5] 东营市校院重点合作项目.黄河三角洲野外生态观测站建设可行性研究，2019-2020.

[6] 黄河三角洲国家级自然保护区重点合作项目.黄河三角洲生物多样性监测与评估，2022-2023.

附录2　近年来研究团队发表的与黄河三角洲生态研究相关学位论文

[1] 张明才.黄河三角洲柽柳群落土壤微生物多样性及其生态系统功能的研究.2000.硕士论文.

[2] 郭卫华.黄河三角洲及其附近湿地芦苇种群的遗传多样性及克隆结构研究.2001.硕士论文.

[3] 宋百敏.黄河三角洲盐地碱蓬种群生态学研究.2002.硕士论文.

[4] 宗美娟.黄河三角洲新生湿地植物群落与数字植被研究.2002.硕士论文.

[5] 张高生.基于RS、GIS技术的现代黄河三角洲植物群落演替数量分析及近30年植被动态研究.2008.博士论文.

[6] 王淑军.山东省城市化发展进程的战略生态影响评价.2009.博士论文.

[7] 吴大千.黄河三角洲植被的空间格局、动态监测与模拟.2010.博士论文.

[8] 王炜.木质生物质能源植物中国柽柳的生理生态特性研究.2011.博士论文.

[9] 韩美.基于多期遥感影像的黄河三角洲湿地动态与湿地补偿标准研究.2012.博士论文.

[10] 余悦.黄河三角洲原生演替中土壤微生物多样性及其与土壤理化性质关系.2012.博士论文.

[11] 王成栋.基于能值分析的东营生态系统服务评估研究.2017.博士论文.

[12] 徐恺.黄河三角洲典型湿地大型底栖动物与土壤微生物的群落结构及其相互影响.2020.硕士论文.

附录3 黄河三角洲常见植物名录

一、被子植物

（一）杨柳科　Salicaceae

1. 小黑杨　*Populus × xiaohei*

2. 垂柳　*Salix babylonica*

3. 旱柳　*Salix matsudana*

4. 龙爪柳　*Salix matsudana f. tortuosa*

5. 杞柳　*Salix integra*

6. 毛白杨　*Populus tomentosa*

7. 小叶杨　*Populus simonii*

8. 加杨　*Populus × canadensis*

（二）榆科　Ulmaceae

榆树　*Ulmus pumila*

（三）桑科　Moraceae

1. 构树　*Broussonetia papyrifera*

2. 柘　*Maclura tricuspidata*

3. 无花果　*Ficus carica*

4. 桑　*Morus alba*

5. 鸡桑　*Morus australis*

（四）蓼科　Polygonaceae

1. 萹蓄　*Polygonum aviculare*

2. 红蓼　*Polygonum orientale*

3. 酸模叶蓼　*Polygonum lapathifolium*

4. 水蓼　*Polygonum hydropiper*

5. 丛枝蓼　*Polygonum posumbu*

6. 两栖蓼　*Polygonum amphibium*

7. 酸模　*Rumex acetosa*

8. 羊蹄　*Rumex japonicus*

9. 荞麦　*Fagopyrum esculentum*

10. 拳参　*Polygonum bistorta*

（五）藜科　Chenopodiaceae

1. 灰绿藜　*Chenopodium glaucum*

2. 藜　*Chenopodium album*

3. 小藜　*Chenopodium ficifolium*

4. 菠菜　*Spinacia oleracea*

5. 滨藜　*Atriplex patens*

6. 中亚滨藜　*Atriplex centralasiatica*

7. 东亚市藜　*Chenopodium urbicum* subsp. *sinicum*

8. 地肤　*Kochia scoparia*

9. 盐角草　*Salicornia europaea*

10. 猪毛菜　*Salsola collina*

11. 无翅猪毛菜　*Salsola komarovii*

12. 刺沙蓬　*Salsola tragus*

13. 盐地碱蓬（黄须菜）　*Suaeda salsa*

14. 碱蓬　*Suaeda glauca*

15. 西伯利亚滨藜　*Atriplex sibirica*

（六）苋科　Amaranthaceae

1. 鸡冠花　*Celosia cristata*

2. 皱果苋　*Amaranthus viridis*

3. 反枝苋　*Amaranthus retroflexus*

4. 刺苋　*Amaranthus spinosus*

5. 凹头苋　*Amaranthus blitum*

6. 北美苋　*Amaranthus blitoides*

7. 牛膝　*Achyranthes bidentata*

8. 绿穗苋　*Amaranthus hybridus*

9. 青葙　*Celosia argentea*

（七）马齿苋科　Portulacaceae

1. 马齿苋　*Portulaca oleracea*

2. 土人参土人参科　*Talinum paniculatum*

3. 大花马齿苋　*Portulaca grandiflora*

（八）睡莲科　Nymphaeaceae

1. 莲莲科　*Nelumbo nucifera*

2. 芡实　*Euryale ferox*

3. 睡莲　*Nymphaea tetragona*

（九）金鱼藻科　Ceratophyllaceae

金鱼藻　*Ceratophyllum demersum*

（十）毛茛科　Ranunculaceae

1. 白头翁　*Pulsatilla chinensis*

2. 茴茴蒜　*Ranunculus chinensis*

3. 牡丹　*Paeonia suffruticosa*

4. 芍药　*Paeonia lactiflora*

（十一）十字花科　Brassicaceae

1. 野甘蓝　*Brassica oleracea*

2. 白菜　*Brassica rapa* var. *glabra*

3. 芸苔　*Brassica rapa* var. *oleifera*

4. 擘蓝　*Brassica oleracea* var. *gongylodes*

5. 芥菜　*Brassica juncea*

6. 花旗杆　*Dontostemon dentatus*

7. 葶苈　*Draba nemorosa*

8. 糖芥　*Erysimum amurense*

9. 独行菜　*Lepidium apetalum*

10. 宽叶独行菜　*Lepidium latifolium*

11. 北美独行菜　*Lepidium virginicum*

12. 播娘蒿　*Descurainia sophia*

13. 异果芥　*Diptychocarpus strictus*

14. 萝卜　*Raphanus sativus*

15. 蔊菜　*Rorippa indica*

16. 风花菜　*Rorippa globosa*

（十二）杜仲科　Eucommiaceae

杜仲　*Eucommia ulmoides*

（十三）蔷薇科　Rosaceae

1. 龙芽草　*Agrimonia pilosa*

2. 木瓜　*Chaenomeles sinensis*

3. 皱皮木瓜　*Chaenomeles speciosa*

4. 山里红　*Crataegus pinnatifida* var. *major*

5. 草莓　*Fragaria × ananassa*

6. 杜梨　*Pyrus betulifolia*

7. 苹果　*Malus pumila*

8. 桃　*Amygdalus persica*

9. 杏　*Armeniaca vulgaris*

10. 樱桃　*Cerasus pseudocerasus*

11. 委陵菜　*Potentilla chinensis*

12. 朝天委陵菜　*Potentilla supina*

13. 翻白草　*Potentilla discolor*

14. 玫瑰　*Rosa rugosa*

15. 月季花　*Rosa chinensis*

16. 野蔷薇　*Rosa multiflora*

（十四）豆科　Fabaceae

1. 合欢　*Albizia julibrissin*

2. 紫荆　*Cercis chinensis*

3. 皂荚　*Gleditsia sinensis*

4. 槐　*Styphnolobium japonicum*

5. 糙叶黄芪　*Astragalus scaberrimus*

6. 斜茎黄芪　*Astragalus laxmannii*

7. 蒙古黄芪　*Astragalus mongholicus*

8. 合萌　*Aeschynomene indica*

9. 紫穗槐　*Amorpha fruticosa*

10. 落花生　*Arachis hypogaea*

11. 决明　*Senna tora*

12. 扁豆　*Lablab purpureus*

13. 野大豆　*Glycine soja*

14. 田菁　*Sesbania cannabina*

15. 白车轴草　*Trifolium repens*

16. 红车轴草　*Trifolium pratense*

17. 短豇豆　*Vigna unguiculata* subsp. *cylindrica*

18. 豇豆　*Vigna unguiculata*

19. 紫藤　*Wisteria sinensis*

20. 大豆　*Glycine max*

21. 甘草　*Glycyrrhiza uralensis*

22. 刺果甘草　*Glycyrrhiza pallidiflora*

23. 少花米口袋　*Gueldenstaedtia verna*

24. 长萼鸡眼草　*Kummerowia stipulacea*

25. 鸡眼草　*Kummerowia striata*

26. 兴安胡枝子　*Lespedeza davurica*

27. 截叶铁扫帚　*Lespedeza cuneata*

28. 紫苜蓿　*Medicago sativa*

29. 小苜蓿　*Medicago minima*

30. 草木樨　*Melilotus officinalis*

31. 白花草木樨　*Melilotus albus*

32. 含羞草　*Mimosa pudica*

33. 绿豆　*Vigna radiata*

34. 赤豆　*Vigna angularis*

35. 菜豆　*Phaseolus vulgaris*

36. 刺槐　*Robinia pseudoacacia*

37. 细齿草木樨　*Melilotus dentatus*

38. 蔓黄芪　*Phyllolobium chinense*

（十五）苦木科　Simaroubaceae

臭椿　*Ailanthus altissima*

（十六）黄杨科　Buxaceae

1. 雀舌黄杨　*Buxus bodinieri*

2. 黄杨　*Buxus sinica*

（十七）蒺藜科　Zygophyllaceae

1. 小果白刺　*Nitraria sibirica*

2. 蒺藜　*Tribulus terrestris*

（十八）楝科　Meliaceae

香椿　*Toona sinensis*

（十九）大戟科　Euphorbiaceae

1. 蓖麻　*Ricinus communis*

2. 铁苋菜　*Acalypha australis*

3. 地锦　*Parthenocissus tricuspidata*

4. 斑地锦　*Euphorbia maculata*

5. 猫眼草　*Chrysosplenium grayanum*

6. 乳浆大戟　*Euphorbia esula*

（二十）卫矛科　Celastraceae

冬青卫矛　*Euonymus japonicus*

（二十一）葡萄科　Vitaceae

1. 葡萄　*Vitis vinifera*

2. 白蔹　*Ampelopsis japonica*

3. 异叶爬山虎　*Parthenocissus heterophylla*

（二十二）锦葵科　Malvaceae

1. 锦葵　*Malva cathayensis*

2. 苘麻　*Abutilon theophrasti*

3. 蜀葵　*Alcea rosea*

4. 陆地棉　*Gossypium hirsutum*

5. 野西瓜苗　*Hibiscus trionum*

6. 朱槿　*Hibiscus rosa-sinensis*

7. 木槿　*Hibiscus syriacus*

8. 圆叶锦葵　*Malva pusilla*

（二十三）柽柳科　Tamaricaceae

柽柳　*Tamarix chinensis*

（二十四）龙胆科　Gentianaceae

荇菜　*Nymphoides peltata*

（二十五）胡颓子科　Elaeagnaceae

1. 沙枣　*Elaeagnus angustifolia*

2. 沙棘　*Hippophae rhamnoides*

（二十六）千屈菜科　Lythraceae

紫薇　*Lagerstroemia indica*

（二十七）小二仙草科　Haloragaceae

1. 狐尾藻　*Myriophyllum verticillatum*

2. 乌苏里狐尾藻　*Myriophyllum ussuriense*

（二十八）石榴科　Punicaceae

石榴　*Punica granatum*

（二十九）柳叶菜科　Onagraceae

月见草　*Oenothera biennis*

（三十）伞形科　Apiaceae

1. 芫荽　*Coriandrum sativum*

2. 水芹　*Oenanthe javanica*

3. 旱芹　*Apium graveolens*

4. 蛇床　*Cnidium monnieri*

5. 胡萝卜　*Daucus carota* var. *sativa*

6. 茴香　*Foeniculum vulgare*

7. 珊瑚菜　*Glehnia littoralis*

8. 防风　*Saposhnikovia divaricata*

9. 窃衣　*Torilis scabra*

（三十一）百合科　Liliaceae

1. 葱　*Allium fistulosum*

2. 洋葱　*Allium cepa*

3. 韭　*Allium tuberosum*

4. 蒜　*Allium sativum*

5. 萱草　*Hemerocallis fulva*

6. 黄花菜（金针菜）　*Hemerocallis citrina*

7. 阔叶山麦冬　*Liriope muscari*

8. 麦冬　*Ophiopogon japonicus*

（三十二）鸭跖草科　Commelinaceae

鸭跖草　*Commelina communis*

（三十三）灯心草科　Juncaceae

灯心草　*Juncus effusus*

（三十四）美人蕉科　Cannaceae

美人蕉　*Canna indica*

（三十五）薯蓣科　Dioscoreaceae

薯蓣　*Dioscorea polystachya*

（三十六）姜科　Zingiberaceae

姜　*Zingiber officinale*

（三十七）鸢尾科　Iridaceae

1. 射干　*Belamcanda chinensis*

2. 马蔺　*Iris lactea*

（三十八）天南星科　Araceae

1. 菖蒲菖蒲科　*Acorus calamus*

2. 半夏　*Pinellia ternata*

3. 独角莲　*Typhonium giganteum*

（三十九）浮萍科　Lemnaceae

1. 浮萍天南星科　*Lemna minor*

2. 紫萍天南星科　*Spirodela polyrhiza*

（四十）谷精草科　Eriocaulaceae

长苞谷精草　*Eriocaulon decemflorum*

（四十一）莎草科　Cyperaceae

1. 萤蔺　*Schoenoplectus juncoides*

2. 三轮草　*Cyperus orthostachyus*

3. 球柱草　*Bulbostylis barbata*

4. 翼果薹草　*Carex neurocarpa*

5. 筛草　*Carex kobomugi*

6. 青绿薹草　*Carex breviculmis*

7. 香附子　*Cyperus rotundus*

8. 头状穗莎草　*Cyperus glomeratus*

9. 碎米莎草　*Cyperus iria*

10. 旋鳞莎草　*Cyperus michelianus*

11. 牛毛毡　*Eleocharis yokoscensis*

12. 羽毛荸荠　*Eleocharis wichurae*

13. 具槽秆荸荠　*Eleocharis valleculosa*

14. 烟台飘拂草　*Fimbristylis stauntonii*

15. 水虱草　*Fimbristylis littoralis*

16. 水莎草　*Cyperus serotinus*

17. 荆三棱　*Bolboschoenus yagara*

18. 水葱　*Schoenoplectus tabernaemontani*

19. 扁秆荆三棱　*Bolboschoenus planiculmis*

20. 三棱水葱　*Schoenoplectus triqueter*

21. 水毛花　*Schoenoplectus mucronatus* subsp. *robustus*

（四十二）禾本科　Poaceae

1. 野燕麦　*Avena fatua*

2. 海滨猬毛　*Aeluropus littoralis*

3. 看麦娘　*Alopecurus aequalis*

4. 羊草　*Leymus chinensis*

5. 拂子茅　*Calamagrostis epigeios*

6. 长芒棒头草　*Polypogon monspeliensis*

7. 虎尾草　*Chloris virgata*

8. 狗牙根　*Cynodon dactylon*

9. 升马唐　*Digitaria ciliaris*

10. 毛马唐　*Digitaria ciliaris* var. *chrysoblephara*

11. 马唐　*Digitaria sanguinalis*

12. 止血马唐　*Digitaria ischaemum*

13. 紫马唐　*Digitaria violascens*

14. 稗　*Echinochloa crus-galli*

15. 牛筋草　*Eleusine indica*

16. 画眉草　*Eragrostis pilosa*

17. 小画眉草　*Eragrostis minor*

18. 大画眉草　*Eragrostis cilianensis*

19. 野黍　*Eriochloa villosa*

20. 金茅　*Eulalia speciosa*

21. 牛鞭草　*Hemarthria sibirica*

22. 大麦　*Hordeum vulgare*

23. 白茅　*Imperata cylindrica*

24. 滨麦　*Leymus mollis*

25. 稻　*Oryza sativa*

26. 黍　*Panicum miliaceum*

27. 狼尾草　*Pennisetum alopecuroides*

28. 芦苇　*Phragmites australis*

29. 早熟禾　*Poa annua*

30. 硬质早熟禾　*Poa sphondylodes*

31. 碱茅　*Puccinellia distans*

32. 柯孟披碱草　*Elymus kamoji*

33. 狗尾草　*Setaria viridis*

34. 金色狗尾草　*Setaria pumila*

35. 大狗尾草　*Setaria faberi*

36. 粟　*Setaria italica* var. *germanica*

37. 高粱　*Sorghum bicolor*

38. 大米草　*Spartina anglica*

39. 普通小麦　*Triticum aestivum*

40. 玉蜀黍　*Zea mays*

41. 菰　*Zizania latifolia*

42. 结缕草　*Zoysia japonica*

43. 矛叶荩草　*Arthraxon prionodes*

44. 粟　*Setaria italica* var. *germanica*

45. 千金子　*Leptochloa chinensis*

46. 多秆画眉草　*Eragrostis multicaulis*

47. 虉草　*Phalaris arundinacea*

（四十三）菊科　Asteraceae

1. 牛蒡　*Arctium lappa*

2. 黄花蒿　*Artemisia annua*

3. 茵陈蒿　*Artemisia capillaris*

4. 艾　*Artemisia argyi*

5. 青蒿　*Artemisia caruifolia*

6. 野艾蒿　*Artemisia lavandulifolia*

7. 大籽蒿　*Artemisia sieversiana*

8. 婆婆针　*Bidens bipinnata*

9. 小花鬼针草　*Bidens parviflora*

10. 飞廉　*Carduus nutans*

11. 刺儿菜（小蓟）　*Cirsium arvense* var. *integrifolium*

12. 蓟　*Cirsium japonicum*

13. 茼蒿　*Glebionis coronaria*

14. 小蓬草　*Erigeron canadensis*

15. 大丽花　*Dahlia pinnata*

16. 一年蓬　*Erigeron annuus*

17. 鳢肠　*Eclipta prostrata*

18. 向日葵　*Helianthus annuus*

19. 菊芋（洋姜）　*Helianthus tuberosus*

20. 剪刀股　*Ixeris japonica*

21. 泥胡菜　*Hemisteptia lyrata*

22. 阿尔泰狗娃花（铁杆蒿）　*Aster altaicus*

23. 旋覆花　*Inula japonica*

24. 中华苦荬菜　*Ixeris chinensis*

25. 苦荬菜　*Ixeris polycephala*

26. 沙苦荬菜　*Ixeris repens*

27. 尖裂假还阳参　*Crepidiastrum sonchifolium*

28. 蒙古鸦葱　*Scorzonera mongolica*

29. 鸦葱　*Scorzonera austriaca*

30. 马醉木（抢刀菜）杜鹃花科　*Pieris japonica*

31. 苦苣菜　*Sonchus oleraceus*

32. 蒲公英　*Taraxacum mongolicum*

33. 白缘蒲公英　*Taraxacum platypecidum*

34. 碱菀　*Tripolium pannonicum*

35. 苍耳　*Xanthium strumarium*

36. 紫菀　*Aster tataricus*

37. 飞蓬　*Erigeron acris*

38. 野菊　*Chrysanthemum indicum*

39. 菊花　*Chrysanthemum × morifolium*

40. 猪毛蒿　*Artemisia scoparia*

41. 莴苣　*Lactuca sativa*

（四十四）石竹科　Caryophyllaceae

1. 无心菜（鹅不食草）　*Arenaria serpyllifolia*

2. 石竹　*Dianthus chinensis*

3. 鹅肠菜　*Myosoton aquaticum*

4. 麦瓶草（米瓦罐）　*Silene conoidea*

5. 拟漆姑　*Spergularia marina*

6. 繁缕　*Stellaria media*

7. 麦蓝菜　*Vaccaria hispanica*

（四十五）蜡梅科　Calycanthaceae

蜡梅　*Chimonanthus praecox*

（四十六）苦木科　Simaroubaceae

臭椿　*Ailanthus altissima*

（四十七）兰雪科　Plumbaginaceae

1. 二色补血草　*Limonium bicolor*

2. 补血草白花丹科　*Limonium sinense*

（四十八）木樨科　Oleaceae

1. 连翘　*Forsythia suspensa*

2. 白蜡树　*Fraxinus chinensis*

3. 小叶女贞　*Ligustrum quihoui*

4. 紫丁香　*Syringa oblata*

5. 小叶梣　*Fraxinus bungeana*

6. 白蜡树　*Fraxinus chinensis*

7. 杜氏毡毛梣　*Fraxinus velutina*

（四十九）夹竹桃科　Apocynaceae

1. 罗布麻　*Apocynum venetum*

2. 夹竹桃　*Nerium oleander*

3. 黄花夹竹桃　*Thevetia peruviana*

4. 络石　*Trachelospermum jasminoides*

（五十）萝藦科　Asclepiadaceae

1. 鹅绒藤　*Cynanchum chinense*

2. 地梢瓜　*Cynanchum thesioides*

3. 徐长卿　*Cynanchum paniculatum*

4. 白薇（白前）　*Cynanchum atratum*

5. 萝藦　*Metaplexis japonica*

6. 杠柳　*Periploca sepium*

（五十一）旋花科　Convolvulaceae

1. 肾叶打碗花　*Calystegia soldanella*

2. 打碗花　*Calystegia hederacea*

3. 藤长苗　*Calystegia pellita*

4. 田旋花　*Convolvulus arvensis*

5. 菟丝子　*Cuscuta chinensis*

6. 南方菟丝子　*Cuscuta australis*

7. 甘薯薯蓣科　*Dioscorea esculenta*

8. 牵牛　*Ipomoea nil*

9. 圆叶牵牛　*Ipomoea purpurea*

（五十二）紫草科　Boraginaceae

1. 斑种草　*Bothriospermum chinense*

2. 多苞斑种草　*Bothriospermum secundum*

3. 鹤虱　*Lappula myosotis*

4. 田紫草　*Lithospermum arvense*

5. 砂引草　*Tournefortia sibirica*

6. 附地菜　*Trigonotis peduncularis*

7. 钝萼附地菜　*Trigonotis peduncularis* var. *amblyosepala*

（五十三）马鞭草科　Verbenaceae

1. 马鞭草　*Verbena officinalis*

2. 单叶蔓荆　*Vitex rotundifolia*

3. 荆条　*Vitex negundo* var. *heterophylla*

4. 蔓荆　*Vitex trifolia*

（五十四）唇形科　Lamiaceae

1. 筋骨草　*Ajuga ciliata*

2. 水棘针　*Amethystea caerulea*

3. 活血丹　*Glechoma longituba*

4. 夏至草　*Lagopsis supina*

5. 益母草　*Leonurus japonicus*

6. 錾菜　*Leonurus pseudomacranthus*

7. 硬毛地笋　*Lycopus lucidus* var. *hirtus*

8. 薄荷　*Mentha canadensis*

9. 荆芥　*Nepeta cataria*

10. 石荠苎　*Mosla scabra*

11. 紫苏　*Perilla frutescens*

12. 夏枯草　*Prunella vulgaris*

13. 丹参　*Salvia miltiorrhiza*

14. 荔枝草　*Salvia plebeia*

15. 黄芩　*Scutellaria baicalensis*

16. 沙滩黄芩　*Scutellaria strigillosa*

17. 半枝莲　*Scutellaria barbata*

18. 一串红　*Salvia splendens*

19. 水苏　*Stachys japonica*

20. 甘露子　*Stachys sieboldii*

21. 地椒　*Thymus quinquecostatus*

22. 宝盖草　*Lamium amplexicaule*

23. 地笋　*Lycopus lucidus*

（五十五）茄科　Solanaceae

1. 曼陀罗　*Datura stramonium*

2. 辣椒　*Capsicum annuum*

3. 毛曼陀罗　*Datura inoxia*

4. 洋金花　*Datura metel*

5. 枸杞　*Lycium chinense*

6. 宁夏枸杞　*Lycium barbarum*

7. 番茄　*Lycopersicon esculentum*

8. 烟草　*Nicotiana tabacum*

9. 酸浆　*Physalis alkekengi*

10. 茄　*Solanum melongena*

11. 龙葵　*Solanum nigrum*

12. 青杞　*Solanum septemlobum*

13. 白英　*Solanum lyratum*

（五十六）玄参科　Scrophulariaceae

1. 欧洲柳穿鱼　*Linaria vulgaris*

2. 毛泡桐　*Paulownia tomentosa*

3. 白花泡桐　*Paulownia fortunei*

4. 地黄　*Rehmannia glutinosa*

5. 阴行草　*Siphonostegia chinensis*

6. 婆婆纳　*Veronica polita*

7. 北水苦荬　*Veronica anagallis-aquatica*

8. 水苦荬　*Veronica undulata*

（五十七）芝麻科　Pedaliaceae

芝麻　*Sesamum indicum*

（五十八）车前科　Plantaginaceae

1. 车前　*Plantago asiatica*

2. 平车前　*Plantago depressa*

3. 大车前　*Plantago major*

4. 长叶车前　*Plantago lanceolata*

（五十九）列当科　Orobanchaceae

1. 列当　*Orobanche coerulescens*

2. 黄花列当　*Orobanche pycnostachya*

（六十）紫葳科　Bignoniaceae

1. 凌霄　*Campsis grandiflora*

2. 厚萼凌霄　*Campsis radicans*

3. 梓　*Catalpa ovata*

4. 角蒿（羊角透骨草）　*Incarvillea sinensis*

（六十一）茜草科　Rubiaceae

1. 四叶葎　*Galium bungei*

2. 蓬子菜　*Galium verum*

3. 猪殃殃　*Galium spurium*

4. 茜草　*Rubia cordifolia*

（六十二）忍冬科　Caprifoliaceae

忍冬　*Lonicera japonica*

（六十三）葫芦科　Cucurbitaceae

1. 冬瓜　*Benincasa hispida*

2. 假贝母　*Bolbostemma paniculatum*

3. 西瓜　*Citrullus lanatus*

4. 黄瓜　*Cucumis sativus*

5. 甜瓜　*Cucumis melo*

6. 南瓜　*Cucurbita moschata*

7. 西葫芦　*Cucurbita pepo*

8. 葫芦　*Lagenaria siceraria*

9. 丝瓜　*Luffa aegyptiaca*

10. 棱角丝瓜　*Luffa acutangula*

11. 栝楼　*Trichosanthes kirilowii*

12. 香瓜　*Cucumis melo* var. *makuwa*

（六十四）香蒲科　Typhaceae

1. 香蒲　*Typha orientalis*

2. 小香蒲　*Typha minima*

3. 长苞香蒲　*Typha domingensis*

4. 水烛　*Typha angustifolia*

（六十五）眼子菜科　Potamogetonaceae

1. 竹叶眼子菜　*Potamogeton wrightii*

2. 浮叶眼子菜　*Potamogeton natans*

3. 穿叶眼子菜　*Potamogeton perfoliatus*

4. 小眼子菜（丝藻）　*Potamogeton pusillus*

5. 眼子菜　*Potamogeton distinctus*

6. 菹草　*Potamogeton crispus*

7. 川蔓藻川蔓藻科　*Ruppia maritima*

8. 角果藻　*Zannichellia palustris*

9. 大叶藻大叶藻科　*Zostera marina*

（六十六）泽泻科　Alismataceae

1. 东方泽泻　*Alisma orientale*

2. 野慈姑　*Sagittaria trifolia*

3. 矮慈姑　*Sagittaria pygmaea*

（六十七）水鳖科　Hydrocharitaceae

1. 水鳖　*Hydrocharis dubia*

2. 黑藻　*Hydrilla verticillata*

3. 苦草　*Vallisneria natans*

（六十八）水麦冬科　Juncaginaceae

1. 水麦冬　*Triglochin palustris*

2. 海韭菜　*Triglochin maritima*

（六十九）景天科　Crassulaceae

1. 瓦松　*Orostachys fimbriata*

2. 垂盆草　*Sedum sarmentosum*

3. 费菜（土三七）　*Phedimus aizoon*

（七十）蜡梅科　Calycanthaceae

蜡梅　*Chimonanthus praecox*

（七十一）罂粟科　Papaveraceae

1. 土元胡　*Corydalis humosa*

2. 地丁草　*Corydalis bungeana*

（七十二）紫茉莉科　Nyctaginaceae

紫茉莉　*Mirabilis jalapa*

（七十三）马兜铃科　Aristolochiaceae

1. 北马兜铃　*Aristolochia contorta*

2. 汉城细辛　*Asarum sieboldii*

（七十四）胡桃科　Juglandaceae

胡桃　*Juglans regia*

二、裸子植物

（一）柏科　Cupressaceae

1. 侧柏　*Platycladus orientalis*

2. 千头柏　*Platycladus orientalis 'Sieboldii'*

（二）银杏科　Ginkgoaceae

银杏　*Ginkgo biloba*

（三）麻黄科　Ephedraceae

1. 草麻黄　*Ephedra sinica*

2. 木贼麻黄　*Ephedra equisetina*

三、蕨类植物

（一）木贼科　Equisetaceae

1. 问荆　*Equisetum arvense*

2. 草问荆　*Equisetum pratense*

3. 节节草　*Equisetum ramosissimum*

4. 木贼　*Equisetum hyemale*

（二）卷柏科　Selaginellaceae

1. 卷柏　*Selaginella tamariscina*

2. 中华卷柏　*Selaginella sinensis*

3. 鹿角卷柏　*Selaginella rossii*

（三）水龙骨科　Polypodiaceae

1. 瓦韦　*Lepisorus thunbergianus*

2. 乌苏里瓦韦　*Lepisorus ussuriensis*

3. 北京石韦　*Pyrrosia davidii*

4. 有柄石韦　*Pyrrosia petiolosa*

（四）蘋科　Marsileaceae

蘋　*Marsilea quadrifolia*

（五）蹄盖蕨科　Athyriaceae

日本安蕨　*Anisocampium niponicum*

附录4 黄河三角洲植被及景观图集

黄河入海口

日落景观

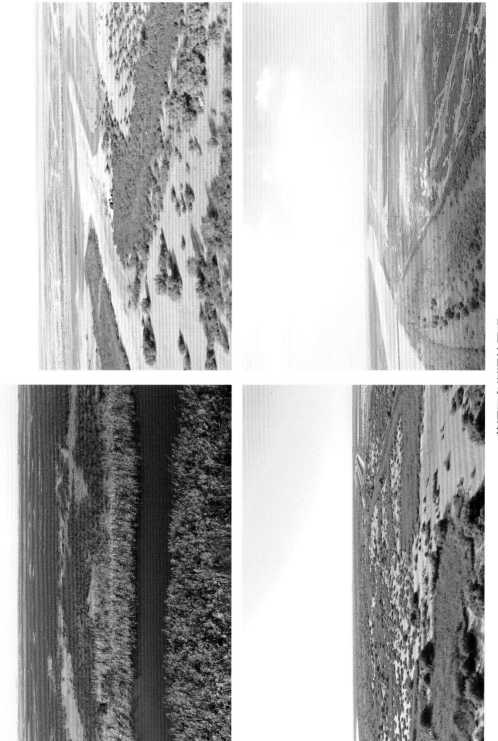

黄河三角洲典型地貌景观

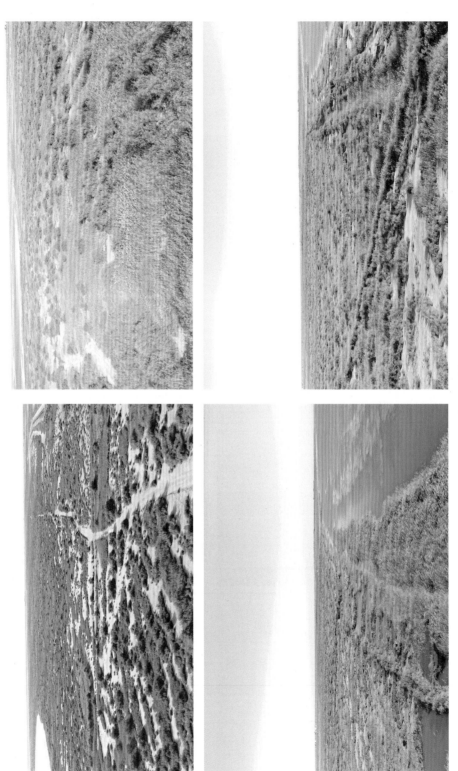

黄河三角洲湿地景观

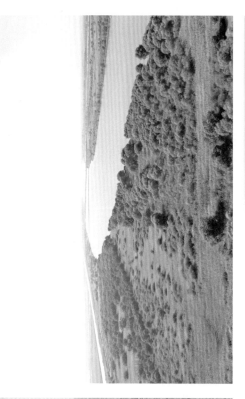

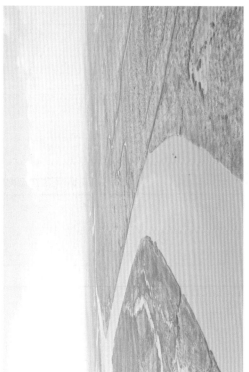

黄河三角洲湿地景观

柽柳景观

柽柳-芦苇景观

旱柳景观

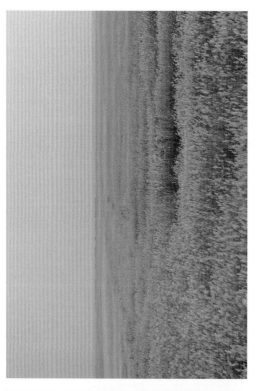

芦苇景观

盐地碱蓬景观

碱蓬景观

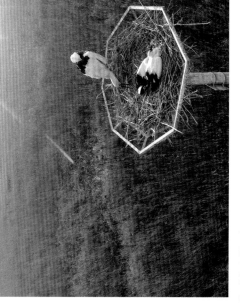

光板地

黄河三角洲鸟类（杨斌摄）

黄河三角洲鸟类（杨斌摄）

黄河三角洲鸟类（胡友文摄）

黄河三角洲鸟类（杨远摄）

油田